A Monsieur Charles Contejean
Professeur à la faculté
des sciences de Poitiers

en preuve d'estime
et de reconnaissance

J. Weinberg

LA GENÈSE
ET LE DÉVELOPPEMENT
DU GLOBE TERRESTRE
ET DES ÊTRES ORGANIQUES
QUI L'HABITENT

avec 21 figures gravées en bois

PAR

le Dr. Julien Weinberg

POLONAIS.

Dispersa colligo,
Mortua animo.

Prix: 10 francs = 8 Mark = 4 Roubles.

VARSOVIE.
Imprimerie de Ch. Kowalewski. Rue Royale Nr. 23.

1884.

Дозволено Цензурою.
Варшава, 3 Марта 1883 года.

A

Mon fils chéri

ALEXANDRE MARIEN WEINBERG

Docteur en philosophie

UN SOUVENIR

D'AFFECTION PATERNELLE.

PRÉFACE.

La *création* autrement dit, *l'univers,* le *cosmos*, la *nature* est un grand et majestueux mystère, dont les parties singulières, étudiées et approfondies à part, par les esprits les plus éminents, sont devenues si claires, si explicites et fondues sur des lois si constantes, que pour désigner une chose simple, claire et explicable, nous nous servons de ces termes: *c'est tout naturel*, ou *c'est une vérité.*

Nature et vérité sont des mots synonymes.

Les vérités que l'esprit humain a dévoilées, sont de deux catégories. Les unes, à la portée de notre intelligence, peuvent être constatées et vérifiées par des expériences répétées; les autres, ne reposent que sur une analogie frappante, ou sur la probabilité et vraisemblance. Ainsi par exemple, nous pouvons constater la vérité de l'affinité qualitative des éléments, et calculer leurs relations quantitatives; nous pouvons brûler, fondre et tuer au moyen d'une étincelle électrique artificielle, et nous en déduisons, que la foudre et l'étincelle électrique ne diffèrent, que par leur puissance; nous pouvons produire par l'appareil de Drumont une chaleur, et une lumière d'une intensité comparable à celle du soleil, et nous fondant sur l'analyse spectrale, nous arrivons à la conviction, que la chaleur et la lumière du soleil proviennent de la combustion de l'hydrogène.

Les études profondes, les observations, et les expériences nous ont appris un nombre des vérités, parmi lesquelles les plus importantes sont celles, qui suivent.

Dans la nature il n'y a ni repos, ni pause, ni relâche; le mouvement, le combat et la transformation sont incessants. Quand la vie organique s'évanouit, la vie chimique commence; quand la première débute, la dernière succombe.

Dans la nature, comme dans l'histoire rien ne se répete pas; tout est nouveau, insolite; parce que la source des influences et des vicissitudes est inépuisable, et leur combinaison réciproque est infinie. Ainsi par exemple, les roches cristallines schisteuses ont succédé les roches cristallines massives; les roches non cristallines schisteuses ont suivi les schistes cristallins; les derniers sont couverts par les masses non schisteuses.

Dans la nature aucune retrogradation n'a pas lieu; tout se développe, tout avance, tout va vers le progrès. Sur les tombeaux des silicates, l'acide carbonique a construit les batiments des carbonates; l'acide sulphurique et chlorhydrique ont rongé les pilastres des carbonates, formant les sulfates et les chlorures. Sur les catacombes des cryptogames les monocotylédones et bicotylédones ont fondé leur domaine. Une cellule, une monère, en passant par tous les dégrés du développement, a atteint la forme d'un être organique à sang chaud.

Dans la nature aucune unité matérielle n'est pas stable; parce qu'étant exposée à des influences chimiques, mécaniques ou organiques, elle subit une série des modifications, parmi lesquelles le changement de volume tient la première place, ayant pour conséquence une altération de forme, de structure, et pour ainsi dire d'architecture.

La science géologique a aussi révélé plusieures vérités, qui nous font connaître le développement successif du globe terrestre, par les traces de grands bouleversements survenus dans sa structure, architecture et sa forme, vu causés par les déplacements alternants des eaux et des terres fermes.

Par conséquent, nous avons le droit de dire: *le globe terrestre a changé de volume.*

Dans cet ouvrage nous nous sommes imposé la tâche de démontrer cette vérité: **que la matière, qui compose le globe terrestre, d'abord extremement raréfiée, après avoir atteint sa plus grande concentration, et son plus petit volume, bien inférieur à celui d'aujourd'hui, a commencé à croître, et que cet accroissement a continué pendant des milliards d'années**

jusqu'a nos jours, et continuera encore pendant des milliards d'années.

Lecteur! si cette vérité: *le globe terrestre s'accroît! s'augmente!* vous semble une chose bizarre et incroyable, j'ai une grâce à vous demander: quand vous aurez lu cet ouvrage, lisez le une seconde fois. Il est possible alors, que nous nous entendions, et que vous soyez d'accord avec moi.

Je le souhaite, je l'espère.

Wyk à l'île Föhr — Aout 1881.

Dr J. W.

I.

THÉORIE DE LA FORMATION
DU GLOBE TERRESTRE.

La terre, que nous foulons sous nos pieds semble l'image la plus parfaite du repos et de la stabilité, et cependant rien n'est plus mobile.
Ch. Contejean.—Eléments de Géologie p. 271.

Le naturaliste ne connait pas le doute, il voit partout la necéssité. Chaque phénomène est pour lui le résultat normal des actions légales dominant dans la nature (1).

Une nébuleuse a été l'origine du globe—théorie de Laplace—la nébuleuse s'est concentrée en sphéroide—calorique comme produit de la condensation—atmosphére primitive, sa composition, son poids, sa chaleur—océan universel, sa profondeur, son poids, sa chaleur—couche plastique, sa composition, son épaisseur, son poids, sa chaleur—couche fondue, sa composition, son épaisseur, son poids, sa chaleur—noyau metallique, sa densité, sa composition, sa chaleur, son poids spécifique — progression du calorique vers le centre du globe—expansion centrale terrestre — couches superposées comprimantes, noyau metallique comprimé—conséquence de cette organisation terrestre—calme pendant la création—difference entre ma théorie et les opinions précédentes—but de cet ouvrage.

1. Nos sens, même les plus perfectionnés, ont une activité restreinte. C'est pourquoi notre esprit, récipient pour ainsi dire des impressions transmises par nos sens, ne peut se former une idée de l'infini, de la perpétuité, de l'éternité.

[1]) Der Naturforscher kennt keinen Zweifel, sondern nur Nothwendigkeit; jeder Vorgang ist für ihn das Resultat naturgesetzlicher Wirkungen. *Bernhard von Cotta. Die Geologie. der Gegenwart. S. 336.*

Néanmoins une partie limitée de l'infini, quoique elle soit par elle même une éternité, peut être, je ne dirai pas parfaitement étudiée, mais du moins légèrement esquissée. Dans cet ouvrage j'ai pris la tâche difficile d'esquisser une partie de l'infini, la plus proche de nous—le globe terrestre.

2. Toutes les parties de notre globe, quelle que soit leur cohésion actuelle, étaient autrefois fondues ou dissoutes. Les cristaux et les masses cristallines, dont notre globe est encombré, sont un témoignage évident de cetet vérité. Comme dans un laboratoire de chimie, en fondant le bismuth, le zinc, le cuivre, le fer etc, ou en dissolvant dans l'eau différents sels, nous obtenons des cristaux et des masses cristallines; ils se sont formés de même dans l'intérieur de la terre, durant des millions d'années. Bref la terre était autrefois en partie fondue, en partie dissoute.

3. D'où provenait donc cette matière fondue ou dissoute? Nous ne pouvons admettre qu'elle provenait d'un corps solide, sans tomber dans ce cercle vicieux, qu'un corps *solide* s'est ultérieurement *fondu* et *dissous,* pour revenir à l'état *solide.* Nous sommes donc forcés d'admettre, que les masses fondues et dissoutes se sont formées par l'agrégation des molécules de corps volatils, de gaz, et de vapeurs.

4. Mais d'où provenaient ces gaz et ces vapeurs? De la matière cosmique, nommée *éther cosmique,* beaucoup plus légére que l'hydrogène et qui a rempli l'espace de l'univers. Ici, je suis obligé de citer avec le plus grand respect un illustre savant français, Laplace, qui dans son immortel ouvrage, *La Mécanique Céleste,* a exposé une théorie de la formation de notre système solaire, que je vais présenter succinctement de la manière suivante.

5. Un foyer cosmique primitif tournant avec une grande rapidité sur son axe de l'Ouest à l'Est, a séparé, et rejeté, par la force centrifuge, des anneaux cosmiques concentriques, éloignés les uns des autres par de grands intervalles. *La nébuleuse du Lion* nous donne un modèle de ces anneaux concentriques autour d'un foyer nébuleux.

La force centrifuge d'un globe tournant sur lui-même étant plus grande à l'équateur, les anneaux cosmiques qui y correspondaient, continuaient leur mouvement autour du foyer primitif de l'Ouest à l'Est, avec une vitesse d'autant plus grande qu'ils étaient plus éloignés du centre.

6. Les molécules les plus denses de l'anneau cosmique s'accumulant vers un bout, amincirent successivement le bout opposé jusqu'à le rompre. L'anneau rompu ayant perdu sa continuité, se pelotonna successivment sur son bout occidental et donna naissance à un second mouvement rotatoire de sa masse cosmique de l'Ouest à l'Est, jusqu'à ce que toute la masse de l'anneau eût atteint la forme sphérique. *La nébuleuse spirale de la Vierge* et *du Chien de Chasse* nous offre un modèle de ce genre.

Le globe cosmique secondaire ainsi formé, ayant conservé son mouvement de translation et celui de rotation devint proéminent à l'équateur et s'aplatit vers les pôles par la force centrifuge de la rotation. Les planètes *Jupiter* et *Saturne* qui sont à un état très raréfié, leur poids spécifique n'étant que 1,37 et 0,8, ont des aplatissements très notables, la première $^1/_{17}$ et la seconde $^1/_{10}$ de l'axe de chaque pôle.

7. La force centrifuge de plusieurs globes cosmiques secondaires ainsi formés, principalement de ceux

qui avaient un grand diamètre, écarta une certaine quantité de leur masse cosmique, qui forma un ou plusieurs anneaux secondaires, autour des globes secondaires. *Saturne* nous offre l'exemple d'un de ces anneaux. Les anneaux secondaires subissant des changements analogues à ceux des anneaux primitifs, donnèrent naissance aux globes cosmiques tertiaires, qui conservèrent deux mouvements, l'un autour de leur globe primitif, l'autre rotatoire autour de leur axe.

8. Le foyer cosmique primitif, c'est notre *soleil*; les globes cosmiques secondaires devinrent les *planètes*, au nombre des quelles se trouve notre terre; les globes tertiaires sont représentés par les *lunes* ou les *satellites*. Je commencerai l'histoire de notre terre par l'époque ou elle forma un globe cosmique à double mouvement.

9. Comme le peintre et le sculpteur présentent leurs sujets d'abord avec des contours indécis, puis en les retouchant successivement, ou pour mieux dire, en se répétant parviennent à créer des formes bien déterminées, de même je serai forcé de me répéter. Mais si le lecteur a raison de se plaindre de mon impuissance, qu'il soit indulgent, eu égard à la grandeur du sujet.

* * *

10. Le rayon équatorial actuel de notre globe n'a qu'à peine 6,377,398, en chiffre rond 6,377,000 mètres de longueur. Mais sa matière cosmique remplissant jadis tout l'espace jusqu'à la lune et même en dépassant beaucoup sa route, avait un rayon mille fois plus grand. Dès cette époque, soit par la formation de la lune, soit

par l'agrégation successive des molécules, le volume et le rayon de la terre ont énormément diminué.

11. Le mouvement rotatoire actuel de la terre se fait 365 fois par an. Mais lorsque le rayon du globe cosmique était mille fois plus grand, le mouvement rotatoire était probablement plus lent, et je tâcherai de prouver qu'il fut une époque où le globe cosmique ne tournait sur son axe que 12 fois par an. Ce n'est qu'à la condition d'une rotation relativement lente, qu'une agrégation moléculaire dans le globe cosmique a pu avoir lieu; dans le cas contraire la force centrifuge trop grande en dispersant les molécules aurait empêché leur agrégation.

Il est donc évident que le mouvement rotatoire s'est accéléré toujours, en proportion de la diminution du volume de notre globe, par conséquent les jours devinrent succesivement plus courts. [1])

12. Dans tous les corps, le calorique latent est en relation inverse de la cohésion moléculaire. D'où il résulte que plus la matière cosmique se condensa plus le calorique latent se degagea, et par conséquent le globe devint successivement plus brûlant et plus brillant.

13. Les molécules dans le globe cosmique étaient dispersées à tel point, qu'elles ne consistaient qu'en atomes élémentaires flottant dans l'espace. Mais quand se rapprochant de plus en plus elles se touchèrent, les atomes élémentaires formant des molécules, commencèrent à se lier les uns aux autres et à produire une longue série de combinaisons chimiques.

---

[1]) Dans toute masse matérielle en mouvement la vitesse augmente quand le volume diminue.

Ch. Contejean Elements de Géologie p. 2.

14. Les molécules dans le globe cosmique, comme es atomes élémentaires, étaient presque invisibles et impondérables; mais en se rapprochant elles formérent des combinaisons chimiques et devinrent de plus en plus visibles, tangibles et obéissantes aux lois physiques de la gravitation. Bref, le globe cosmique devint gazeux, les combinaisons chimiques les plus pesantes s'agglomérèrent vers le centre, tandis que les combinaisons chimiques progressivement plus légères reposèrent sur les précédentes, plus compactes et le globe entier fut formé de couches sphériques, concentriques, superposées les unes aux autres en proportion de leur légèreté. L'atmosphère, l'eau et le sol fixe superposés selon leur gravité spécifique, prouvent que jadis, toute la matière meuble s'est ainsi déposée.

15. Dans le globe gazeux, la couche centrale, ayant sur elle le lourd fardeau de toutes les couches superposées, devint la plus compacte. Mais son agrégation augmentant successivement, dégagea une énorme quantité de calorique latent, qui lui fit sentir l'influence de sa force expansive.

J'appelle l'attention du lecteur sur ces deux forces, pression du dehors et expansion du dedans, réciproquement opposées et isochrones, qui agissaient sur le centre du globe. Nous en parlerons ailleurs.

16. Après avoir passé en revue les changements qui ont dû avoir lieu à l'intérieur du globe cosmique, pour devenir gazeux, nous ferons un nouveau tableau, pour démontrer la formation primitive des couches et nous les apprécierons en mètres et kilogrammes. Mais je préviens le lecteur, que je n'attache aucune valeur précise à ces chiffres, qui ne sont qu'approximatifs et basés sur la

probabilité. Néanmoins ils me sont indispensables pour mettre à nu l'organisation du globe et les conséquences de cette organisation. J'ajoute pourtant, pour justifier mes chiffres approximatifs, que toutes les mesures géodésiques actuelles en longueur, étendue et volume, même déterminés avec la plus grande précision, n'ont qu'une valeur temporaire, et qu'après deux, trois, quatre, dix mille années elles n'auront qu'une valeur historique. A plus forte raison, un calcul approximatif est admissible de ma part, quand il se rapporte à une époque reculée de nous par des milliards d'années. Ici nous devons répéter les paroles d'un savant français: „Les mesures géodésiques n'ont qu'une exactitude et une signification temporaires". Ch. Contejean -- Eléments de géologie p. 46.

* * *

Quand on veut expliquer la formation du globe terrestre, en d'autres termes, quant on veut le construire soi-même; il faut avant tout se procurer des matériaux convenables, primitifs ayant servi à la formation du globe. Le calorique a été un des matériaux les plus importants et les plus indispensables pour sa construction. Le calorique concentré est cette sublime expression de la Bible: „*Que la lumière soit.*" Sans chaleur et sans lumière rien n'est durable. La chaleur, pendant la formation du globe, a dû atteindre autrefois un degré d'intensité énorme; parceque la formation du globe étant, à strictement parler, une condensation successive de la matière éminemment raréfiée en matière compacte, a dû dégager une quantité exorbitante de calorique latent. Mais, comme nous ne pouvons déterminer sa grandeur ni par le calcul, ni par le raisonnement, j'admets que le sphéroide extérieur du globe avait alors en terme moyen + 1000 C, et que chaque sphéroide concentrique, plus profond et plus dense avait le double du calorique du sphéroide superposé. Le lecteur verra plus loin que je n'exagère point.

17. A l'avenir le globe devait changer pour devenir propre à la vie organique, qui ne peut exister sans eau; mais comme l'eau ne peut conserver sa consistance liquide sans être couverte d'une cloche gazeuse, c'est à dire l'atmosphère c'est elle qui devait être le second principe indispensable à la construction du globe.

18. L'atmosphère actuelle d'environ 6—10 et même 15 myriamètres de hauteur ([1]), qu'on attribue à l'apparition des étoiles filantes, pèse sur chaque centimètre carré $1{,}_{033}$ gr. dont l'équivalent est une colonne d'eau de $10{,}_{33}$ mètres á la même base ([2]). Il faut se représenter qu'il y a des millions d'années, l'atmosphère était beaucoup plus haute, plus lourde et plus épaisse qu'à présent. Parce qu'elle se composait:

a) de l'acide carbonique contenu aujourd'hui dans tous les carbonates alcalins, terro-alcalins et métalliques;

b) de l'acide carbonique qu'on pourrait obtenir en brûlant le charbon contenu dans les corps fossiles, végétaux et animaux;

---

[1]) D'aprés Liais 380 Kilom;, d'après Laplace la hauteur de l'atmosphère s'étend à 5 rayons terrestres.

[2]) Pour éviter les répétitions inutiles, je préviens que dans cet ouvrage, je calcule le poids des couches par des colonnes à un centimètre carré de la base, dont la hauteur sera exprimée par mètres.

c) de l'acide carbonique, qui emmagasiné dans la profondeur du globe, s'échappe sans cesse depuis une série de millions d'années.

d) de l'azote qui forme une partie intégrante des minéraux, des plantes, des animaux et de l'atmosphère.

19. Bischof estimait avec modération que le carbonate de chaux répandu sur notre globe, en terme moyen a une épaisseur de 1000 pieds. Comme le carbonate de chaux ayant la pesanteur spécifique de 2,6, contient 44% d'acide carbonique, j'ai calculé que celui-ci quand il formait une partie de l'atmosphère primitive, pesait 38 atmosphères actuelles. Avec autant de modération, nous pouvons doubler le chiffre ci-dessus à 76 atmosphères, quand nous ajouterons l'acide carbonique contenu dans tous les autres carbonates alcalins, terro-alcalins et métalliques, et en outre l'azote contenu dans tous les minéraux, les plantes, les animaux et dans l'atmosphére. Néanmoins, avec une plus grande modération, nous pouvons ajouter à ces 76 atmosphères encore le double, savoir 152 atmosphères d'acide carbonique qu'on obtiendrait en brûlant le charbon et les matières bitumineuses contenus:

a) dans la formation désignée par Werner *de transition.*

b) dans la formation houillère.

c) dans la formation secondaire.

d) dans la formation tertiaire.

e) dans la tourbe et les plantes actuelles.

f) dans tous les animaux vivants.

Selon Dufrénoy, le carbone constitue un élément essentiel de la terre. Traité de Minéralogie T. 1. p. 38.

Il est inadmissible que pendant la formation primitive du globe, quand le calorique jouait un si grand rôle, le carbone ait pu rester intact, comme élément sans être brûlé par l'oxygène. La richesse des couches carbonifères qui ne méritent pas d'être exploitées et des couches de houille et de lignite dignes de l'être, est si surprenante, que malgré qu'elles soient impitoyablement dépouillées par milliards de tonnes annuellement, elles nous fourniront selon le calcul, une source de combustible pour des milliers d'années, sans compter ce qui reste encore caché sous le fond des eaux.

Le poids de l'atmosphère primitive 288 (76 + 152) fois plus lourd que celui de l'atmosphère actuelle, si grand qu'il nous paraît être, est pourtant trop petit pour la réalité probable; et nous sommes forcés de le multiplier par dix, en comptant l'acide carbonique emmagasiné dans l'intérieur du globe à l'état concentré, qui s'échappe depuis des millions d'années sans cesse par toutes les fissures, toutes les moffettes, tous les volcans et toutes les sources venant d'une grande profondeur avec une force et une abondance inépuisables. Nous ne pouvons attribuer la naissance de cet acide à la décomposition incessante des carbonates dejà formés par les acides plus forts; car nous ne pourrions nous expliquer ce phénomène, qu'aprés une décomposition de carbonates qui a lieu depuis des millions d'années nous en avons encore plus d'un gramme sur notre globe. Je suis d'avis que la Sagesse a enseveli un trésor de combustible pour nous, sous la double forme du charbon fossile et de l'acide carbonique, ayant confié au règne végétal la formation d'un nouveau combustible pour nos héritiers.

20. Le calcul ci-dessus nous fournit ce résultat; que l'atmosphère primitive était environ 2880 fois plus haute et plus lourde que l'atmosphère actuelle pesant 2355 kilog. dont l'équivalent consiste en une colonne d'eau de 23,550 mètres de hauteur.

La guerre acharnée entre les neptuniens et les plutoniens a éclaté, parceque les uns et les autres ont fait trop peu de cas du poids énorme de l'atmosphère primitive, qui a contribué à mêler, pour ainsi dire l'eau avec le feu. Nous verrons à la suite de cet ouvrage, que faute d'admettre au minimum un tel poids de l'atmosphère primitive, la formation du globe terrestre serait pleine de mystères et d'énigmes insolubles, parceque tout devrait sauter en l'air, comme le projectile d'une arme à feu.

L'atmosphère primitive ne renfermait que de l'acide carbonique et de l'azote, dont le poids spécifique relatif est de $1{,}_{52}$: $0{,}_{96}$. Il est évident que l'azote formait alors une couche extérieure tournée vers l'espace, tandis que l'acide carbonique placé dessous touchait la couche plus profonde et comprimé par l'azote et par son propre poids, se concentra dans ses strates inférieures jusqu'a l'état liquide; c'est ce que nous prouverons bientôt par des exemples indiscutables.

Beaucoup de cristaux comme le quartz, la topaze et même le diamant contiennent de petites cavéoles remplies d'acide carbonique liquide. D'après Pelouze et Frémy (Traité de Chimie. T. 1. P. 844) la tension de l'acide carbonique liquide est:

à 0 = 36 atmosphères
+ 5° = 40
+ 10 = $44{,}_{5}$

$+ \ 15 = 50$
$+ \ 20 = 56,_5$
$+ \ 25 = 64,_5$
$+ \ 30 = 73,_5$

Il est évident que pendant la formation des cristaux mentionnés, dans la profondeur du globe, l'acide carbonique liquide ne pouvait se mêler à la matière molle et cristallisable que sous une pression de plusieurs milliers d'atmosphères, eu égard à la haute température qui y régnait alors, dépassant une centaine de fois 30 degrés. Si donc je retranche de cette pression incalculable le poids de 2355 atmosphères actuelles pour l'atmosphère primitive, on ne peut pas m'accuser d'exagération.

Trente analyses faites pendant la campagne du Porc-Epic en 1869, ont prouvé que les eaux de mer contiennent toutes les parties constituantes de l'atmosphère, seulement leur quantité relative diffère en raison de la profondeur. A la surface, 100 parties des gaz dissous dans l'Atlantique se composent de $25,_1$ d'oxygène, $54,_2$ d'azote, $27,_7$ d'acide carbonique. A la profondeur de 1568 mètres; sur 100 parties il y a $17,_2$ d'oxygène $34,_5$ d'azote, $48,_3$ d'acide carbonique. La solubilité de ce dernier dans l'eau s'accroît en raison de la pression. Nous pouvons donc nous faire une idée de ce que devait être la quantité d'acide carbonique, qui a pénétré dans les entrailles du globe au moyen de l'océan primitif, sous une pression d'au moins 2355 atmosphères exercée pendant des milliards d'années.

L'atmosphère primitive ayant une température de + 1000 C. pendant le courant de millions d'années, pénétra dans la couche inférieure, c'est à dire dans l'eau et par conséquent sa hauteur diminua successivement.

21. Si de l'atmosphère primitive, il ne nous est resté qu'une partie infiniment petite, de même l'eau actuelle ne nous présente que le minimum de l'océan primitif. La plus grande merveille qu'on admire dans la création, c'est que partout on y trouve le résultat du calcul le plus minutieux, de la raison la plus parfaite et des conséquences les plus exactes. Si pour élever nos minces édifices, l'homme creuse la terre à une profondeur plus ou moins grande, pour trouver une base solide; peu satisfait, sur cette base naturelle, il en pose une autre artificielle; il est donc à présumer que la création, pour fonder ses grands édifices a posé des bases très solides relatives au poids qu'elles devaient porter. Par conséquent l'océan primitif, comme base de l'atmosphère primitive ne pouvait être assez solide qu'en pesant au moins le triple du poids qu'il supportait. C'est à dire, que la colonne de l'océan primitif pesait 2355 × 3=7065 kilog. et avait la profondeur de 70650 mètres. [1])

De cette quantité colossale d'eau une très petite partie est visible, le reste est caché. A la partie visible appartiennent:

a) L'eau liquide des océans et des mers qui couvre les $^8/_{11}$ du globe à des profondeurs différentes, en outre une grande quantité de bassins plus petits comme les lacs, les fleuves, les étangs, les marécages, etc;

b) L'eau solide qui couvre les vastes régions polaires et les hautes cimes des montagnes;

c) L'eau gazeuze comme les nuages;

---

1) Le poids des mers actuelles dépasse celui de l'atmosphère 350 fois. *Ch. Contejean — Eléments de Géologie. P. 79.*

A la partie invisible appartiennent :

a) l'eau météorique dissoute dans l'atmosphère;

b) l'eau de puits répandue sous notre sol à une profondeur médiocre.

c) l'eau de source, qui ce trouve à une profondeur très grande et en grande abondance. C'est elle qui entretient les puits artésiens;

d) l'eau qui entre comme partie intégrante dans l'organisation de tous les végétaux et de tous les animaux, dont elle forme en moyenne 75% de leur poids;

e) l'eau infiltrée dans les masses molles et poreuses de la terre, comme: l'humus, la glaise, l'argile, la marne, le calcaire, le sable, la pierre de taille et tant d'autres agglomérations, dont elle forme 20—30 jusqu'à 45% de leur poids total;

f) l'eau emprisonnée dans les petites boules creuses de différents fossiles; elle est principalement renfermée en quantité dans le quartz, partie essentielle du granit. C'est ce que Sorby et Zyrkel ont suffisamment démontré (1).

g) l'eau interposée, inséparable d'un grand nombre de cristaux;

h) l'eau des combinaisons chimiques qui forme les hydrates.

Il est bien probable que l'eau cachée indiquée à *e*, *f*, *g*, *h*, forme jusqu'à 6% de la couche solide du globe, ce qui fait plus de 3000 kilogr. d'une colonne d'un centimètre carré de base.

---

(1) Les granits contiennent dans 100 parties de 0,53 jusqu'à 2,34 d'eau. *Zyrkel. Pétrographie. Tom. 1. page 284—85—86.*

22. Il faut se représenter qu'il exista une époque très éloignée, ou toute l'eau visible, dispersée et cachée sous différentes formes était accumulée en une masse liquide et homogène qui a couvert le globe entier partout à la même profondeur, constituant l'océan primitif et universel. L'océan primitif imprégné d'acide carbonique liquide, ayant la profondeur de 70650 mètres et une température de + 2000 C. s'infiltra et pénétra pendant des millions d'années dans la couche inférieure et par cette raison sa profondeur a successivement diminué.

23. La base de l'océan primitif aurait été trop faible si elle avait pesé seulement le triple de son fardeau, bien qu'outre l'océan primitif, elle portât encore l'atmosphère primitive. Il est probable que son poids était plus grand et égal au poids de l'océan primitif multiplié par 3^2, c'est à dire $7065 \times 3^2 = 63585$ kilogrammes.

La base de l'océan primitif était composée de silice, d'alumine, de chaux, de magnésie, de soude, de potasse, de lytine etc. mêlées et complètement fondues, bien que la température de cette couche montât jusqu'à 4000 C. La pesanteur spécifique actuelle de ces corps en terme moyen est de 2,6. Mais comme ils étaient comprimés par deux couches superposées, et en outre, comme l'océan primitif en y pénétrant successivement, entra en liaisons chimiques avec plusieurs d'entre eux, on est forcé de déterminer la pesanteur spécifique de cette couche au moins à 3. En conséquence, la base de l'océan pesant 63585 kilog. et ayant une pesanteur spécifique de 3, avait une èpaisseur de 211950 mètres.

D'aprés Cordier, l'épaisseur de la croûte terrestre a en moyenne 20 lieues, au maximum 40 ou 50 lieues; d'après Hopkins jusqu'à 200 lieues. Ch. Contejean nous dit

(Elém. de Géol. p. 459) „On a reconnu que les assises sédimentaires, supposées horizontales et réunies en totalité dans un même lieu, atteindraient au moins l'énorme épaisseur de 45000 mètres". Nous verrons plus loin que tous ces sédiments provenaient de la croûte solide terrestre par les actions chimiques ou mécaniques; il est donc admissible qu'elle était en épaisseur primitive au moins le quintuple de son produit ultérieur.

L'océan primitif pendant des millions d'années en s'infiltrant jusqu'à une profondeur de 211950 mètres dans sa base, a changé sa masse primitivement fondue et liquide en consistance plastique et pâteuse et eu égard à cette qualité, je l'appelle *couche plastique.*

24. La masse demeurée sous la couche plastique s'est composée des mêmes corps que la dernière. Mais comme l'eau n'y pénétra pas et que sa température monta à + 8000 C, elle resta complètement fondue et liquide. Sa pesanteur spécifique actuelle serait de $2{,}6$; mais sous la pression de trois couches superposées, elle devait avoir une pesanteur spécifique plus grande, au moins de $3{,}5$. Par la même raison son poids, comme base de trois couches, devait être évalué au poids de la couche plastique, multiplié par 3^3, c'est à dire $63585 \times 3^3 = 1716795$. Le calcul nous donne ce résultat, que cette couche ayant le poids de 1716795 kilog. et une pesanteur specifique de $3{,}5$, présente une profondeur de 4905130 mètres.

25. Nous avons déterminé plus haut le poids probable des quatre couches et en raison de leur pesanteur spécifique, nous avons calculé la profondeur de chacune à part, en remplaçant la hauteur de l'atmosphère par une colonne d'eau équivalente. A présent faisons deux additions:

l'une des profondeurs de ces quatre couches, l'autre de leur poids; afin de savoir relativement à la profondeur combien il manque à la longueur du rayon terrestre, déterminée par la science et relativement au poids, pour avoir la différence du poids total d'une colonne de même longueur que le rayon, sachant la pesanteur spécifique de la terre.

	Mètres.	Kilogrammes.
Atmosphère	23550	2350
Océan primitif. . . .	70650	7065
Couche plastique . . .	211950	63585
Couche fondue. . . .	4905130	1716795
Total	5211280	1789800

Une colonne de quatre couches à un centimètre carré de base, dont la longueur est 5211280 mètres pèse donc 1789800 kilogr.

26. Le rayon actuel du globe est d'une longueur en chiffre rond de 6377000 mètres. Une vérité qui, je l'espère ne sera pas contestée à l'avenir, et que je tâcherai de prouver plus loin, c'est qu'il fut une époque où notre globe était moindre et son rayon par conséquent plus court. Bref notre globe a augmenté de volume, et j'ose même ajouter qu'il ne cesse pas de croître.

Me fondant sur le calcul fait par Klein, dans sa brochure: „Combien d'années y-a t-il que notre globe existe?" (1) je suppose, que le minimum du rayon terrestre avait la longueur de 6302800 mètres et par conséquent était d'environ dix milles géographiques plus court que le rayon actuel. Je justifierai plus tard la probabilité de ma supposition.

(1) Wie viele Jahre besteht unser Erdball? Dr. H. Klein 1873.

D'après tout ce que je viens de dire, je passe aux questions suivantes. Qu'est ce qui remplissait le noyau du globe au dessous de la couche fondue, au dessous de 5211280 mètres, jusqu'à son centre? Quel était le poids total de cette matière? Quelles étaient sa pesanteur spécifique, sa compacité et sa cohésion?

27. Après une longue série d'expériences faites avec la plus minutieuse précision, au moyen d'instruments très perfectionnés et de procédés très différents, on est parvenu à ce résultat, que la pesanteur spécifique du globe est de 5,6 (1). Par conséquent, il est facile de calculer qu'une colonne de la longueur d'un rayon de 6377000 mètres ayant une pesanteur spécifique de 5,6 pèse 3571120 kilogr. Il est certain que depuis l'existence du globe, son poids n'a pas diminué même d'un milligramme, et que l'augmentation de son poids par les aérolithes tombés sur lui est si minime en comparaison de son poids primitif, qu'on peut n'en pas tenir compte sans aucun danger pour le calcul. Bref, le poids en bloc du globe reste toujours le même, si son rayon a une longueur de 6302800 ou 6377000 mètres. sa pesanteur spécifique a seulement changé. Donc si nous faisons deux soustractions, une où de la longueur minima du rayon terrestre, nous ôterons la longueur calculée des quatre couches; et l'autre où du poids en bloc nous ôterons le poids calculé des quatre couches, les deux différences nous présenteront: la première combien il manque à la longueur entière du rayon; la seconde, combien il manque à son poids. Savoir: 6302800 — 5211280 = 1091520 mètres pèsent

---

(1) Selon Baily, la densité est 5,66.

3571120 — 1789800 = kilogr. Une colonne d'eau haute de 1091520 mètres, ayant un centimètre carré de base, pèse 109152 kilogr. Si nous faisons une division du poids d'une colonne du noyau terrestre par le poids de l'eau, nous avons sa pesanteur spécifique. Savoir:

1781320 : 109152 = 16,31 (1)

Nous voyons donc que la pesanteur spécifique du noyau terrestre 16,31 est très grande, plus grande que celle du zinc = 7,13, de l'étain 7,29, du fer = 7,84, du manganèse, 8,03, du cobalt = 8,49, du nickel = 8,63, du cadmium = 8,37, du cuivre 8,94, du bismuth = 9,80, de l'argent = 10,53, du plomb = 11,39 ; et même beaucoup plus grande que celle du mercure, 14,4. J'ai indiqué la pesanteur spécifique des métaux les plus connus, pour attirer l'attention du lecteur sur le noyau du globe, qui ayant une pesanteur spécifique notable ne renferme que des métaux.

Il est à remarquer que nous trouvons actuellement associés ensemble les minéraux dont le poids spécifique se rapproche. Ainsi le platine 21,15 avec l'iridium 21,15; l'étain 7,29 avec le tungstène, le molybdène 8,50 et le titane, le plomb 11,39 avec l'argent 10,53. Il paraît donc vraisemblable que jadis ils se trouvaient à la même profondeur et ont été ensuite poussés en haut par la même force.

28. Par des expériences et des observations multiples, faites dans les mines et dans les forages pour les puits artésiens, afin d'évaluer combien la température du globe s'accroît relativement à sa profondeur, on est parvenu à déterminer cette probabilité: qu'elle aug-

(1) Plana indique 16,27 pour la densité du centre de la terre.

mente de + 1 C. à chaque trentaine de mètres. Suivant cette probabilité, la chaleur au dessous de la couche fondue à 5211280 mètres de profondeur, doit atteindre le formidable degré de + 173709 C.

La question de la température probable de l'intérieur du globe est trop importante dans ma théorie, pour que je ne lui consacre pas toute mon attention.

D'abord, je remarque que la chaleur croissant en raison de la profondeur du globe, n'est point un mystère inexplicable, c'est le résultat nécessaire de la condensation de la matière raréfiée par la compression. Nier l'effet incontestable de cette force, c'est introduire le nihilisme dans nos sciences élémentaires.

Il est vrai que le chiffre cité plus haut est très grand. Mais existe t-il une grandeur dans la nature qui ne devienne pas petite en comparaison d'une autre? Les volumes des corps célestes, les espaces qui les séparent, la vitesse de leur mouvement, la chaleur du soleil, sont si énormément grands, qu'il est puéril de notre part de douter que telle ou telle grandeur puisse exister.

Quant à la progression de la température de l'intérieur du globe, donnons la dénomination *des stations* à chaque point où la chaleur augmente d'un degré. Les observations, si insuffisantes qu'elles soient jusqu'à présent, ont montré:

a) Que les distances entre les stations sont très variables dans différentes localités, tantôt plus courtes, tantôt plus longues de 30 mètres. Cela paraît dépendre de la qualité diathermane des roches pour le calorique.

b) Que les distances s'accroissent en raison de la profondeur. Par exemple, dans le forage de Grenelle, à la profondeur de 254 mètres, elles sont de 27 mètres; de 254 à 518 mètres, les stations sont éloignées de 41 mètres. Cela paraît provenir de ce que la qualité conductrice s'affaiblit à mesure que les pores intramoléculaires s'élargissent par le calorique. Il est évident que si en progression arithmétique, par 250 mètres les distances entre les stations augmentent de 14 mètres, le chiffre de la chaleur intérieure du globe diminuera énormément.

c) Que dans les grandes profondeurs, la température au lieu de s'accroître, quelquefois s'abaisse un peu. Cela dépend probablement du voisinage d'eaux courantes souterraines.

Ici je dois remarquer que l'eau de l'océan à l'équateur ayant + 30 C. à la surface n'en a que + 4 C. dans sa grande profondeur. Ce phénomène s'explique par l'existence de deux courants opposés, l'un superficiel de l'équateur vers les pôles, l'autre profond des pôles à l'équateur.

Je tâcherai de prouver plus loin que les roches les plus compactes, par l'action hydrostatique dans la profondeur de l'océan, perdent leur cohésion et deviennent perméables. Il existe probablement, à cause de cette perméabilité, une circulation d'eau refroidie, qui participe à un abaissement de la température. Les preuves de cette circulation sont: que l'eau très profonde est la plupart du temps saumâtre et salée et que les volcans vomissent des poissons. L'eau même superficielle et froide peut amener un attiédissement des roches profondes. Par exemple l'eau du glacier de l'Engaddine, presque pure, indifferente en passant par de grandes profondeurs, sort en source thermale de + 30 C. à Pfeffers. Il est évident que le long de ce passage, les roches plus profondes ont une température plus basse que les autres situées plus haut, mais éloignées de cette circulation souterraine.

d) Que jusqu'à présent nous n'avons pas atteint par les forages la profondeur de 1500 mètres, et n'ayant que peu de données et trop de chiffres, nous ne pouvons déterminer aucune règle, même approximative dans cette question. Par conséquent aucun savant n'est autorisé à dire: „L'accroissement de la température s'il ne cesse à 5000—6000 pieds, s'éteint certainement au dessous de 100000 pieds". (1) Mais lequel de ces savants a atteint la profondeur de 100000 pieds=33000 mètres? Pourquoi vouloir mesurer la grandeur des étoiles seulement par ce que nous voyons *de nos propres yeux?*

e) Que c'est non seulement par nos sens et par nos instruments, que nous avons conquis les plus étonnantes découvertes, mais par le calcul.

Le calcul découvre une planète, avant que le télescope l'aperçoive. Nous avons dans l'univers les degrés d'agrégation moléculaire, depuis les nébuleuses jusqu'à notre globe. Delaroche et Bérard ont calculé la chaleur spécifique de l'hydrogène, 12,34 fois plus grande que celle de l'air. Quelle devait être la chaleur spécifique d'une né-

(1) Gaea — 16 Jahrgang — I. Heft 1880, Seite 39.

buleuse, origine de notre globe, en comparaison de laquelle l'hydrogène a la densité du platine. Admettons que la moitié, que les deux tiers de cette chaleur se sont échappés par radiation dans l'espace, pendant la condensation du globe; le tiers qui est resté dépasse encore notre imagination, je ne dirai pas nos pyromètres. Et voilà que notre globe se moquant de nos raisonnements bons ou mauvais, vomit à nos yeux les échantillons de ses feux cachés, sous forme d'eaux bouillantes ou de laves, qui avant de venir à nous, sont attiédies en parcourant des canaux de plusieurs myriamètres. Si donc nous sommes impuissants à calculer cette chaleur, du moins ne soyons pas assez injustes pour en douter, ou même la nier. Il en serait de même si un aveugle disait: „La lumière n'existe pas“. Mais pourquoi? „Parce que je ne la vois pas“.

f) Que la chaleur intérieure est l'âme de notre globe, et que tous les changements passés et futurs dépendent uniquement d'elle; et qu'après des millions et des milliards d'années, quand elle s'épuisera, notre globe sera un cadavre inerte comme est déjà la lune.

C'est ce que je tâcherai de prouver par la suite de mon travail.

Après tout ce que j'ai exposé plus haut, le lecteur me pardonnera, si pour donner un point d'appui à son esprit, je fixe la température du noyau terrestre, et fidèle à la règle de modération que je me suis posée, j'admets que le noyau terrestre n'a que + 16000 C. Cela nous suffit. Auprès d'une chaleur pareille, toute cohésion moléculaire cède à l'expansion moléculaire, attribut des gaz et des vapeurs. Pour cette raison, dans le noyau terrestre, les métaux ou leurs combinaisons avec les métalloïdes, lors même qu'ils ont une pesanteur spécifique de 16,31, ne sont plus des corps solides en présence d'une telle chaleur, parcequ'ils ne possèdent pas leur cohésion; ce sont des vapeurs et des gaz qu'une énorme compression réduit à la densité de 16,31. Pour nous donner une idée exacte de l'état du noyau terrestre, je citerai un exemple bien connu des naturalistes. L'acide carbonique sous la pression de 50 atmosphères se réduit à l'état liquide et même solide, quand la température est un peu basse. Mais à peine la pression cède-t-elle, que l'acide carbonique, quelle que soit sa *densité forcée*, éclate et redevient gaz par l'expansion moléculaire, propre aux gaz. La même éventualité serait probable, si le noyau terrestre pouvait se débarrasser de la pression des quatre couches superposées.

29. Il y a des savants qui sont d'avis que l'intérieur du globe terrestre est vide. C'est bien possible. — Si la théorie et les expériences de l'augmentation progressive du calorique vers la profondeur du globe sont justes, la température au centre doit alors s'évaluer environ à + 200000 C. Une chaleur pareille est bien capable de décomposer toutes les matières en atomes élémentaires. En ce cas, le noyau métallique serait composé de deux parties distinctes, dont l'une d'une pesanteur spécifique beaucoup plus grande que 16,31 et d'une épaisseur indéfinie, serait pressée contre la voûte de la couche fondue; tandis que l'autre probablement plus petite, réduite à l'état atomistique, selon la règle, *natura horret vacuum*, remplirait l'espace creux au centre même du globe. De cette

façon il ressemblerait à un ballon rempli d'un gaz léger nageant dans l'espace.

30. La revue que nous venons de faire de la formation du globe nous explique non seulement sa construction matérielle, mais son organisation. Notamment, qu'il se compose de deux parties presque égales quant à leurs poids, et qui occupant deux espaces inégaux, agissent l'une sur l'autre avec une force réciproquement opposée. L'atmosphère, l'océan, la couche plastique et la couche fondue occupant un espace très étendu à l'extérieur du globe, exprimé par une partie du rayon 5211280 mètres, compriment le noyau métallique avec une force de 1789800 kilogr. par chaque centimètre carré de la superficie; tandis que le noyau du globe métallique, resserré dans un petit espace intérieur du globe, exprimé par l'autre partie du rayon 1091520 mètres, cherche à repousser son fardeau avec une force de 1781320 kilogr. vers chaque centimètre carré de la surface. Comme le globe a passé par les phases d'une progressive agrégation, il est évident que pendant une longue série de millions d'années, la prépondérance a été du côté des couches qui comprimaient et serraient le noyau métallique, jusqu'à ce qu'il eût atteint son minimum de volume. Il y eut alors équilibre. Mais après survinrent les circonstances indiquées plus loin, circonstances qui ont rompu l'équilibre; le noyau métallique repoussa et souleva les couches comprimantes et c'est dès lors que commence l'époque du développement et de l'accroissement du globe. La force centrale qui repousse et soulève les couches superposées est ce, que j'appellerai a l'avenir, *l'expansion centrale terrestre.*

Ainsi que nous plaçons au milieu de notre corps, sans pouvoir déterminer exactement où, notre âme d'où elle agit et réagit contre toute impression venant du dehors; de même l'expansion centrale est l'âme du globe terrestre qui réagit contre toute influence extérieure.

De tout cet exposé résulte la conclusion suivante: que tous les changements et les transformations du globe, l'écoulement des eaux d'un lieu à un autre, l'apparition des continents sur la surface des eaux, l'élévation des montagnes, le bouleversement des couches et des strates, les tremblements de terre, les éruptions volcaniques et même le ralentissement de son mouvement rotatoire sont provenus, proviennent et proviendront de la rupture successive de l'équilibre entre l'expansion centrale et la compression des couches, qui produit toujours l'accroissement du globe.

31. L'équilibre rompu n'est pas universel, ce n'est pas non plus la conséquence d'un déchet de la matiére comprimante; mais il est localisé, comme un effet limité des influences cosmiques, chimiques, mécaniques et physiques, moyennant lesquelles, les couches ne sont pas également reparties et déposées, mais elles ont été transportées d'un lieu à l'autre. Nous verrons plus loin que les deux couches extérieures, l'atmosphère et l'eau, les moins lourdes, mais les plus mouvantes ont de préférence contribué à la rupture de l'équilibre et au développement du globe. L'atmosphère et l'eau ont donc joué le même rôle dans l'accroissement du globe que dans le développement de tout autre être organisé.

32. Comme l'éternité voit se succéder une infinité de secondes, ainsi le globe, petite molécule de l'univers, calme et silencieux rassembla les atomes un à un, si bien qu'au bout de millions d'années, les géants apparurent.

Pendant la longue naissance du globe, les masses fondues ne se sont pas gonflées en flots, ni brisées en vagues; les ouragans n'ont pas grondé dans l'étendue, l'océan brûlant n'a pas bouillonné, il n'a pas bondi, il n'a pas écumé; les foudres n'ont pas déchiré l'atmosphère.

Une tempête ne construit rien, elle détruit.

Pendant les millions d'années de la formation du globe tout fut calme et muet. La surface de l'océan ne se couvrit pas d'une seule ride, et l'atmosphère étouffante, épaisse et lourde se reposa sur la surface de l'océan comme une masse de plomb. Au courant de ces millions d'années, par des influences cosmiques, chimiques, mécaniques et physiques qui fonctionnaient sans relâche, les changements et les transformations se sont succédé inaperçus dans l'atmosphère primitive, dans l'océan primitif, comme dans la couche plastique et fondue, qui ont rompu l'équilibre de deux forces opposées avec une lenteur indescriptible; parceque l'éternité n'a pas besoin de se hâter. L'expansion centrale du noyau métallique a pressé une partie de la couche fondue, dans la direction de l'équilibre rompu avec une force de 1781320 kilogr. sur chaque centimètre carré. La couche fondue cédant à une force pareille a soulevé la couche plastique avec une force de 1716795 kilogr. La couche plastique, se retirant devant cette prépondérance a déchiré avec la force de 63585 kilogr. la mince feuille de l'océan, qui pendant des millions d'années, en pénétrant la base, n'avait que quelques dizaines de mille mètres. Mon calcul est probablement, ou pour mieux dire, sans doute inexact quant à la grandeur des chiffres, mais il ne détruit pas la base sur laquelle j'ai fondé ma théorie. „Certes l'avenir modifiera notablement les chiffres établis, comme cela arrive à toutes les conclusions qui ne reposent que sur des observations". ([1])

Ici, je dois corriger mon calcul de plus haut (30), que la force comprimante pèse 1789800 kilogr. et que l'expansion centrale s'exprime par un poids de 1781320 kilogr. Je me suis servi de ce dernier chiffre, parceque je voulais *en attendant* incorporer une force indéterminée à une matière déterminée. Mais en réalité, il n'en est pas ainsi. Nous ne pouvons pas exprimer la force de l'expansion par le poids de la matière comprimée, d'autant moins si la matière n'étant pas homogène, se compose d'éléments assez différents. Il est hors de doute, que par des milliards d'années, la pression a surpassé l'expansion; car autrement le globe n'aurait pas changé son état gazeux en solide. Mais il est aussi hors de doute qu'au fur et à mesure que le centre comprimé a diminué en volume, sa force d'expansion a successivement grandi dans la même raison. Finalement, à un moment donné, le centre a atteint son maximum de concentration. Pas plus. C'était alors l'équilibre de deux forces, qui en bloc existe encore à présent. Pourtant, la moindre vicissitude locale dans les couches comprimantes, même de quelques grammes donne aussitôt la suprématie à l'expansion centrale. Eu égard aux énormes vicissitudes qu'a subies l'atmosphère terrestre dans la longue histoire du globe jusqu'à nos jours, nous comprendrons d'un coup d'oeil tous les changements géotechtoniques qui en sont résultés. Par ce rapport, l'histoire de notre globe peut être réduite à l'histoire de

---

(1) Gewiss, wird die Zukunft die herausgebrachten Zahlenwerthe nicht unbeträchtlich modificiren, wie dies überhaupt ja bei allen auf beobachten Thatsachen beruhenden Schlüssen der Fall ist. *Dr. H. Klein. Wie viele Jahre besteht unser Erdball?*

notre atmosphère, parceque toutes deux sont intimement liées l'une à l'autre, et m'appuyant sur cette vérité, je la suivrai exactement.

33. Ici je suis obligé d'attirer l'attention du lecteur sur l'énorme différence qui existe entre ma théorie sur la formation du globe et les descriptions que nous trouvons habituellement dans les manuels de géologie. Dans ces manuels on nous raconte, que le globe terrestre, il y a des milliards d'années était incandescent; que les vapeurs aqueuses mêlées à l'atmosphère ont formé des nuages extrêmement épais, qui se tenaient à une distance respectueuse de cette fournaise; et qu'autant de fois ils ont osé tomber comme averses sur le sol brûlé, autant de fois ils ont été repoussés avec fureur et fracas, comme l'eau jetée sur un fer ardent; et cet état de chose a duré jusqu'à ce que le globe soit devenu froid. C'est alors que l'eau a pu ce reposer sur le sol, comme un corps inerte et passif.

J'avoue, que si la Sagesse avait créé notre globe d'une telle manière, elle mériterait à peine le nom de Sagesse. Moi-même j'aurais honte de créer ainsi un astre. D'aprés cette théorie il devient difficile d'expliquer quand l'eau et l'acide carbonique ont pénétré le cristal de roche pour remplir dans sa masse de petites cavéoles.

J'oserai demander si nous avons à notre disposition une force plus grande que celle de l'eau liquide comme presse hydraulique? Pourquoi donc nier à cette force colossale le pouvoir, d'avoir participé dès le commencement à la formation du globe? Les manuels de géologie veulent que l'eau ait touché le sol après son refroidissement; d'aprés notre théorie, l'eau a touché le sol avant son incandescence; car c'est elle qui par sa pression unie à la pression de l'atmosphère primitive a produit l'incandescence du globe.

L'origine de la haute température dans l'intérieur du globe s'explique logiquement par les lois naturelles suivantes:

a) La gravitation vers le centre du globe a exercé son action dès le commencement da sa formation; grâce à elle les corps deviennent pesants.

b) Ladite pression s'accroît en raison de la masse; par conséquent en raison de l'épaisseur des couches superposées.

c) Chaque pression insolite sur un corps quelconque produit une diminution de sa capacité et le dégagement de la chaleur latente.

d) Le globe terrestre était formé des gaz dont la chaleur spécifique est énorme.

e) L'eau et l'atmosphère primitives étant mille fois plus lourdes que dans l'état actuel, comme couche les plus exterieures ont surtout contribuée par leur pression au dégagement de la chaleur latente.

f) Donc la chaleur dans l'intérieur du globe ne s'est pas faite *à priori*, mais *ex post* et probablement très lentement, durant des millions d'années, comme conséquence de la gravitation.

* *
*

34. A présent, j'arrache un fragment du total de la matière cosmique, et je le lance dans l'incommensurable étendue, afin qu'il roule d'un mouvement infini, dans l'infini du temps. Je le suivrai pas à pas, je surveillerai tous ses changements et toutes ses transformations dès qu'ils apparaîtront et se succèderont.

Indiquer:

a) la série de millions d'années pendant lesquelles s'est fait l'équilibre entre les deux forces opposées à l'intérieur du globe;

b) quelles influences localisées, cosmiques, chimiques, mécaniques et physiques l'ont lentement et successivement détruit;

c) quelles transformations ont suivi dans la couche plastique, l'océan primitif et l'atmosphère primitive;

d) quelles ont été les transformations matérielles de la lune, qui ont produit des changements notables dans la densité et la température de notre atmosphère, en contribuant à la transformation de notre globe sous le rapport de sa géographie physique et de sa température;

e) dans quel ordre la vie organique des plantes et des animaux a paru et s'est ultérieurement développée;

f) de quelle manière la vie organique des plantes et des animaux a successivement changé les qualités primitives de l'atmosphère et de l'océan et par conséquent a influé sur la transformation du globe. Voilá le sujet de cet ouvrage.

35. Dans ce chapitre, de l'atmosphère je suis descendu de plus en plus dans les profondeurs du globe, jusqu'à son centre; dans la suite de sa formation, je monterai de son centre, et m'élevant toujours plus haut, j'arriverai à l'atmosphère et même jusqu'à l'homme. J'ai placé au commencement de ce chapitre les mots d'un éminent penseur, je terminerai par ceux-ci:

„L'hypothèse dans la recherche de la nature est non „seulement permise, mais même indispensable. Les hypo-

„thèses agissent en excitant; elles ressemblent aux avant „gardes, qui en pénétrant dans les lieux inconnus en pré- „parent les conquêtes scientifiques". (1)

---

(1) Jede Naturforschung gestattet nicht nur Hypothesen, sondern sie bedarf derselben. Hypothesen wirken anregend, dringen wie Vorposten in noch nicht hinreichend erkannte Gebiete ein, und bereiten deren Wissenschaftliche Ausbeutung vor. *B. von Cotta. Die Geologie der Gegenwart. S. 362.*

II.

PREMIÈRE ÉPOQUE.

CONDENSATION PROGRESSIVE DE LA MATIÈRE RARÉFIÉE.

Les atomes deviennent molécules—affinité chimique entre les molécules—formation des sphéroides superposés de la matière meuble — ils deviennent progressivement plus denses vers le milieu — diminution du globe au minimum—calcul de l'aplatissement polaire selon Huygens et Bessel—ralentissement de la rotation du globe — preuves théoriques, graphiques et positives de l'accroissement du globe — théorie de Bischof sur l'élévation et l'affaissement du sol — tous les phénomènes géologiques prouvent l'accroissement du globe.

1. Dans le premier chapitre, je n'ai touché le côté matériel du globe qu'autant qu'il était indispensable pour montrer sa construction intérieure. A présent, nous analyserons sa vie chimique et nous montrerons de plus près son moteur intérieur, qui à l'avenir doit provoquer tous les changements au dedans et au dehors de sa masse.

2. Au commencement existaient dans l'espace des atomes infiniment petits et impondérables, qui enveloppés d'une atmosphère de chaleur, de lumière et d'électricité, formaient une nébuleuse éthérée, légèrement luisante, comme celle des comètes.

3. Dans l'univers, tout est vivant. Depuis les manifestations de l'intelligence de l'homme jusqu'à l'affinité des éléments chimiques, s'étend une grande échelle,

dont chaque degré ne nous présente qu'un mode particulier de la vie, qui se révèle par trois caractères: a) par le mouvement, b) par l'échange et l'assimilation des molécules entre elles, c) par la transformation de la matière amorphe en formes déterminées.

4. Dans la masse atomistique d'une forme sphérique, qui tournait d'un double mouvement autour du soleil, apparut l'infime et première marque vitale par un double mouvement intérieur; les atomes élémentaires *identiques, impondérables* s'attirèrent entre eux, formant *des molécules pondérables;* et les molécules des *différents éléments* s'attirèrent les unes vers les autres. Par ce second mouvement, qu'on appelle *l'attraction chimique* ou *l'affinité*, les molécules différentes se réunirent entre elles, en produisant des combinaisons chimiques simples.

5. Les molécules offrent deux preuves de leur action vitale:

a) elles se combinent en quantité précisement déterminée; d'où l'on peut tirer cette conclusion probable, que la masse totale du globe atomistique était dotée d'une quantité d'éléments primitifs, propre à se combiner et à se saturer réciproquement, sans superflu de l'un ou de l'autre côté;

b) il existe parmi les différents éléments primitifs, que nous appelons *inanimés*, une attraction et une affinité très grandes, ou une répulsion et une répugnance marquées.

6. Le nombre des éléments, découverts jusqu'à présent par la science, monte à 65, dont les suivants se rencontrent en quantité plus grande dans la partie de la terre accessible á l'homme, savoir: l'oxygène, l'hydrogène, la silice, l'alumine, le carbone, la chaux, la ma-

gnésie, la potasse, la soude, le fer, le manganèse, le soufre, le chlore, le fluor, le phosphore et l'azote. Les autres sont jusqu'à présent moins abondants, et quelques uns d'entre eux même très rares.

7. L'analogie et beaucoup de preuves positives nous conduisent à la conviction, que primitivement par affinité réciproque, les métaux se sont liés aux métalloïdes, savoir: au soufre, selen, fluor, chlore, brôme, iode, phosphore etc. Les combinaisons chimiques ainsi formées, en se concentrant en vapeurs métalliques pesantes, s'accumulèrent autour du centre du globe atomistique, et pas un des atomes ne resta isolé et non combiné. Par l'affinité réciproque, l'oxygène s'est lié avec les alcalis, les terres alcalines, et les terres; savoir: avec la potasse, la soude, la lythine, la chaux, la magnésie, le baryte, la strontiane, l'alumine, la silice, le bore et avec beaucoup d'autres semblables. Les combinaisons chimiques formées, en se concentrant en vapeurs, étant plus légères, s'accumulèrent sur les vapeurs métalliques; et pas un de ces atomes ne resta isolé, sans être parfaitement saturé.

Par l'affinité réciproque l'oxygène se lia avec tout l'hydrogène, et les vapeurs aqueuses se posèrent sur les vapeurs des combinaisons précédentes.

Enfin l'oxygène se lia avec tout le carbone, en formant de l'acide carbonique, qui étant encore plus léger, s'étendit au dessus des vapeurs aqueuses.

L'azote, un élément indifférent, qui ne forme aucune combinaison directe avec les autres éléments, resta isolé, et étant le plus léger flotta sur l'acide carbonique. L'azote isolé était destiné plus tard à entrer en combinaison indirecte et à monter sur l'échelle vitale à un degré plus élevé, appelé *la Vie organique*.

8. Les combinaisons chimiques réciproques ne se sont pas faites dans l'ordre où elles sont citées plus haut. Pendant des millions d'années probablement elles s'effectuèrent simultanément; mais une fois formées, en se concentrant vers le milieu, les plus pesantes tombèrent plus bas, tandisque les plus légères étaient poussées plus haut, parceque tout était mouvement. Le globe atomistique, par l'attraction moléculaire et l'affinité chimique, changé en globe gazeux, se composa de cinq couches concentriques, progressivement plus épaisses, de la superficie jusqu'au milieu; et de même en dégageant du calorique latent, le globe gazeux dégagea de la lumière et de la chaleur.

9. A la suite de millions d'années, les couches gazeuses superposées, soumises aux lois de la gravitation, se pressèrent du haut en bas les unes sur les autres, en produisant leur épaississement progressif, jusqu'au minimum. Le noyau métallique, comprimé par quatre couches, devint un corps dur; la couche terrestre comprimée par trois couches, reçut la densité d'un corps épais mais fondu; la couche aqueuse comprimée par deux couches, devint liquide; la couche d'acide carbonique comprimée par une couche, resta gazeuse, hors des strates inférieures, où elle fut comprimée jusqu'à l'état liquide.

L'azote n'étant point comprimé conserva l'état gazeux. Par cette compression et l'épaississement progressif des couches intérieures du globe, celui—ci dégagea une énorme chaleur latente et devint plus brillant

10. L'océan primitif, quoique chauffé en terme moyen à + 2000 C., n'entra pas en ébullition et ne s'évapora même pas. Les strates inférieures de l'océan les plus échauffées, étaient comprimées par un poids d'environ 8000 atmosphères, soit de ses propres strates

supérieures, soit de l'atmosphère primitive (I—20—21). La superficie de l'océan moins chauffée, supporta alors le poids de plus de 2000 atmosphères (celui de l'atmosphère primitive); tandis que selon les tables de Regnaut la vapeur d'eau surchauffée à + 2000 C. n'exerce qu'une pression de 2400 atmosphères, et l'eau chauffée à + 1000 C. ne donne une pression que de 1877 atmosphères. La pression du haut en bas des couches superposées était donc plus grande que l'expansion de la vapeur.

11. Avant de passer à la question de l'accroissement incessant du globe, il me faut récapituler sommairement les conclusions de tout ce que j'ai exposé plus haut:

a) L'agrégation moléculaire dans le globe a passé progressivement de l'état cosmique à l'état gazeux; de celui-ci à l'état plus compacte, selon la profondeur des couches.

b) Outre l'agrégation moléculaire, la compression des couches superposées a contribué sans relâche à diminuer le volume des couches inférieures et principalement celui du noyau métallique.

c) A mesure que le volume du noyau métallique s'est réduit, son calorique latent s'est dégagé de plus en plus.

d) A mesure que la chaleur du noyau s'est augmentée, sa force d'expansion est devenue plus grande.

e) Quand le noyau métallique a atteint son minimum de volume, les forces réciproquement opposées dans le globe étaient à l'état d'équilibre; c'est à dire que la pression de la superficie vers le noyau était égale à la pression du noyau comprimé, vers la superficie. J'ajouterai encore:

f) Toutes les couches qui pendant des millions d'années reposaient les unes sur les autres formaient des sphères concentriques, parallèles et unies, sans aucune proéminence ni concavité.

g) Enfin, par conséquent, l'océan primitif avait partout une profondeur égale.

12. Qu'il me soit permis de commencer le développement du globe en volume, par un exemple trop enfantin pour les savants, et trop petit pour la grandeur du sujet. Mais les anciens philosophes, pour prouver l'identité des lois de la nature, ont toujours comparé le *macrocosme* avec le *microcosme*; je suivrai leur exemple. L'oeuf d'un ver à soie conservé dans un lieu sombre et froid, reste long temps à l'état inerte. Mais à peine l'a-t-on exposé à l'influence de la lumière et de la chaleur, il commence à croître, et par la force de son volume agrandi, il déchire sa pellicule, d'où il sort comme un ver relativement très grand. Où est donc cette force qui a produit l'augmentation du ver emprisonné dans son enveloppe? C'est l'influence extérieure. Il en fut ainsi du globe terrestre. Pendant des millions d'années de la plus grande raréfaction, en diminuant successivement son volume, il a atteint la plus grande condensation. Mais par des influences extérieures l'équilibre s'est rompu entre la matière comprimante et comprimée, la dernière commença à s'augmenter vers chaque côté, ses rayons se prolongèrent dans toutes les directions; bref le globe terrestre sortit de son oeuf et commença à croître.

13. Pour prouver cette vérité qui paraîtra peut être bizarre aux lecteurs, je suivrai deux chemins, l'un théorique et l'autre pratique.

Au dix septième siécle, le célèbre mathématicien Huygens tâchant d'évaluer par le calcul différenciel et de probabilité l'aplatissement polaire du globe, produit par la vitesse de sa rotation sur lui-même, est parvenu à ce résultat, que la vitesse de la rotation par 24 heures donne un aplatissement de 1/578. Mais quand le fameux astronome Bessel eut démontré, que cet aplatissement est plus grand, c'est a dire 1/299, on est parvenu par le même calcul de Huygens à conclure que pour produire un si grand aplatissement, il faut que la vitesse de rotation soit plus grande et se fasse en 17 heures et 26 minutes. Il est donc évident, que dans l'histoire de notre globe il exista une époque, où sa rotation journalière se faisait en 17 heures 26 minutes; et qu'alors l'année avait environ 470 jours de cette durée; mais dans un temps excessivement long, cette rotation s'est ralentie et se ralentit jusqu'à nos jours, où elle se fait en 23 heures et 56 minutes, et un an actuel se compose de 365 de ces jours.

Le savant Dr. Klein a calculé, pour qu'un pareil ralentissement successif de la vitesse puisse avoir lieu, il faut un espace de temps de 2000 millions d'années.

14. Aucun astronome ne conteste plus qu'un ralentissement de la rotation existe; il s'agit à présent de déterminer quelle est sa proportion relative à un temps fixe, et quelle en est la cause. Selon Ferrel le ralentissement dans le courant d'un siècle est de 360 secondes; Delaunay l'a diminué à dix secondes, et Adams l'a évalué pendant les 2000 ans derniers à 0,01197 d'une seconde. On voit que sous le rapport de la proportion relative, les différences des opinions sont très notables. Mais elles sont encore plus grandes quant à ses causes.

15. Selon une hypothèse, l'éther cosmique répandu dans l'espace, produit un obstacle, un frottement qui provoque le ralentissement du mouvement rotatoire. Je tâcherai de prouver que cette opinion, même comme hypo-

hèse n'est pas satisfaisante. Les nouvelles armes à feut sont faites de manière à donner aux projectiles un mouvement rotatoire, nommé spiral, comme diminuant le frottement dans l'atmosphère et comme officace pour la vitesse progressive. Eh bien! si l'éther forme un obstacle au mouvement rotatoire, c'est à dire spiral, en produisant la prolongation du jour, pourquoi ne serait-il pas un obstacle plus évident au mouvement progressif de translation du globe, en allongeant la durée des années?

Une autre hypothèse se base sur l'attraction réciproque de la lune et de la terre. Notamment que la montagne aqueuse sur l'océan qui se soulève pendant la marée, forme un obstacle et empêche la libre rotation. Mais si une petite montagne aqueuse et passagère tire, pour ainsi dire, comme avec une corde la terre vers la lune, et par conséquent retarde son mouvement rotatoire, pourquoi ne le feraient pas de même les grandes chaînes des Pyrénées, des Alpes, des Apennins, de l'Atlas, de l'Himalaya et tant d'autres? Ne sont-elles pas non plus attirées par la lune? Nous voyons donc que ces deux causes sont plus que problématiques.

16. C'est une vérité absolue qu'il n'existe pas d'effet sans cause; et l'absence de toute cause positive qui puisse suffisamment expliquer le ralentissement de la rotation du globe, m'encourage à produire mon opinion à ce sujet.

Le calcul cité plus haut sur l'aplatissement polaire et la durée actuelle d'une journée nous fournit deux points d'appui sur la vitesse rotatoire du globe, pendant deux époques extrêmement éloignées. Je suis d'avis que nous en avons encore une troisième, notamment celle de 12 rotations par an, dont le vestige nous est resté dans le mouvement rotatoire actuel de la lune, 12 fois par an.

Si la théorie de Laplace n'est pas imaginaire, et si la matière de la lune et celle de la terre ont réellement formé autrefois un corps céleste, celui-ci a tourné alors ni plus ni moins que 12 fois par an autour de son axe. Même après, quand l'anneau cosmique s'est séparé de la masse terrestre pour devenir à l'avenir la lune, le premier a continué de tourner 12 fois autour du soleil, tandis que la dernière par le déchet de la masse et la diminution de sa capacité accéléra sa rotation; enfin la lune formée de l'anneau, a conservé cette lenteur de rotation jusqu'à nos jours, sous la dépendance de son centre primitif, avec lequel elle reste liée, comme par une tige immobile. Voilà l'unique cause probable pour laquelle la lune a conservé 12 rotations par an, dont chacune est longue, en chiffre rond de 720 heures actuelles.

De cette manière nous avons trois termes fixes de la vitesse rotatoire du globe, par ordre chronologique en chiffres ronds, 720—17—24 heures. Il est évident que l'accélération progressive de la rotation de 720 à 17 heures n'a pu s'effectuer, que comme effet de la condensation progressive moléculaire et de la diminution du volume du globe jusqu'à son minimum; de même, nous ne pouvons attribuer son ralentissement rotatoire, qu'à la même cause en sens inverse, savoir à l'augmentation du volume. Jusqu'ici, j'ai traité la question théorique, passons à la pratique.

17. Je suis d'avis que l'augmentation du volume du globe est une vérité incontestable, ainsi que son mouvement autour du soleil, et si on la voulait nier, l'apparition des continents deviendrait une imposibilité mathématique, et toutes les descriptions des formations étagées les unes sur les autres dans la profondeur de la terre, se-

raient des mythes, n'ayant pour base aucune loi physique. C'est ce que nous allons prouver à l'instant.

Chaque partie du globe, la cime de la plus haute montagne, comme le fond d'un abîme, contient dans ses rochers, non seulement de l'eau emprisonnée, cristalline et chimiquement combinée (I, 21), mais en outre, elle renferme des débris de corps organiques qui n'ont vécu que dans l'océan. D'oû il résulte, que chaque partie du globe a été une, ou même plusieurs fois couverte par l'eau et notamment pendant les premières époques du développement du globe; parceque les débris mentionnés appartiennent aux organismes primitifs, qui déjà depuis un temps incommensurable ont disparu du monde des vivants. Ayant égard à l'énorme quantité d'eau qui se trouve sur notre globe, ce que j'ai indiqué plus haut (I, 22) il fut évidemment une époque où toutes ses parties étaient simultanément inondées.

C'était alors l'époque d'un océan primitif et universel, qui n'est point un produit de la fantaisie, mais dont nous trouvons l'existence prouvée dans toutes les géologies élémentaires. Elles nous apprennent que le terrain *A* est sorti de l'abîme de l'océan, pendant la formation primaire; le terrain *B* pendant la formation secondaire; et le terrain *C*, pendant la formation tertiaire; ailleurs elles nous montrent par des cartes géographiques, que le terrain *B* était plus spacieux que le terrain *A*, et le terrain *C* plus spacieux que le terrain *B*. Comme notre terre est vieille de plusieurs dizaines de millions d'années et notre science géognostique encore toute jeune et qu'elle compte à peine un demi-siècle, si nous reculons toujours en arrière dans le développement de notre globe, nous parviendrons à une époque où aucun terrain n'existait et où toute sa superficie était couverte par l'eau. L'état même actuel nous prouve la vérité d'un océan universel. Les continents actuels, selon un calcul approximatif, forment les $^3/_{11}$ du globe, tandisque l'océan et les mers en forment les $^8/_{11}$. Nous trouvons des coquilles marines, fluviatiles et de marais à la hauteur de 2600 mètres sur les Pyrénées, de 3333 mètres sur les Alpes, de 4333 mètres sur les Andes, et de 6000 mètres sur l'Himalaya. Sans compter que les montagnes étaient beaucoup plus hautes, il y a des millions d'années; que depuis elles ont perdu de leur hauteur par la chaleur, le froid, les glaciers, la pluie, les vents et l'influence chimique de l'atmosphère; sans compter qu'une énorme quantité d'eau s'est infiltrée dans la profondeur de la couche terrestre, l'océan d'autre fois devait être au moins d'une profondeur telle, qu'il pourrait cacher les plus hautes montagnes actuelles. Si donc nous étions en état de niveler le globe, ce qui a eu lieu indubitablement au commencement de sa formation, il serait inondé totalement et couvert au moins de plusieurs mille mètres d'eau.

18. Du moment que l'existence d'un océan universel et profond devient une vérité incontestable, il surgit une autre question. Quelle a été la mécanique terrestre qui a formé la première île? Par quelle raison trouvons nous dans les profondeurs de la terre des couches qui indiquent, que certains terrains ont été alternativement continents et inondés par l'océan.

Pour mieux expliquer la mécanique du globe, j'ajoute un dessin très simple et je réduis en outre les dimensions du globe aux chiffres les plus bas, à peu près, proportionnels aux chiffres actuels. Soit la longueur du rayon terrestre 6 mètres, dont 7 centimètres composent l'océan primitif, 21 centim. la couche plastique, 1 mètre le noyau métallique, et le reste entre le noyau et la couche plastique est rempli par la couche fondue. Pour que le fond de l'océan puisse s'élever au dessus de son niveau, en d'autres termes, pour que la première petite île apparaisse, on a besoin d'une force productrice, car chaque mouvement demande un moteur. Mais où placer ce moteur? Une force assez grande pour attirer le fond de l'Océan (en haut, pour mieux dire, une si grande force attractive n'a pu jamais exister au dessus de l'océan. Parce que:

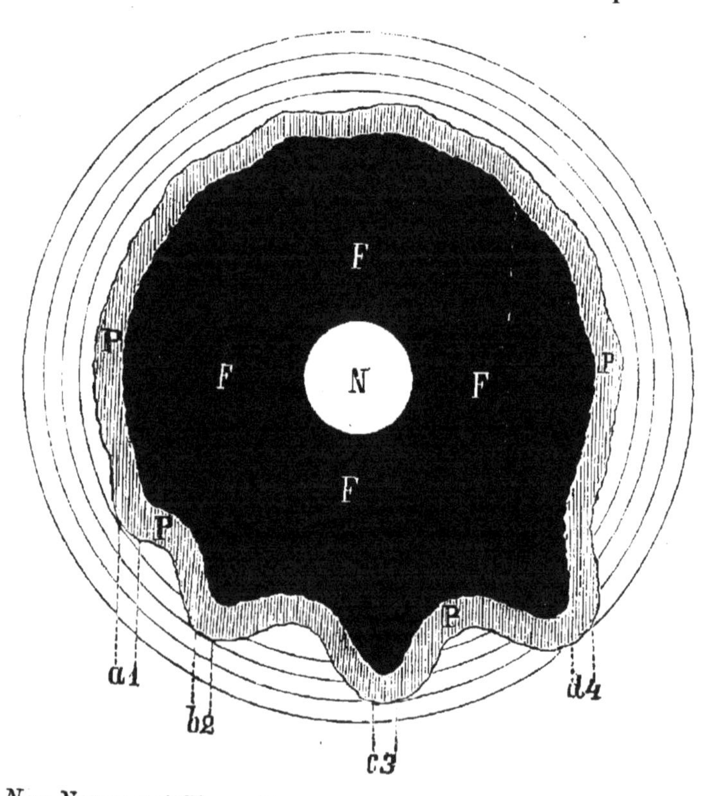

N = Noyau metallique. *F* = Couche Fondue. *P* = Couche Plastique. *a b c d* = Iles successivement élevées par l'expansion centrale. *1* = Niveau primitif de l'océan. *2. 3. 4* = Niveau de l'océan successivement changé par l'aggrandissement du globe.

a) elle aurait empêché l'agrégation moléculaire du globe, qui n'aurait pu acquérir une certaine compacité.

b) au lieu d'attirer le fond au dessus des eaux, elle aurait porté les eaux plus haut encore, comme il arrive pendant la marée.

D'où il résulte que cette force ne peut être placée ailleurs qu'au dessous du fond, et que pour cette raison je l'ai appelée plus haut, *l'expansion centrale terrestre.*

19. Admettons que l'expansion centrale a poussé la couche plastique au dessus du niveau primitif *1* de l'océan (figure à la page 44), en soulevant une petite île *a* de 10 millimètres carrés et d'un millimètre de hauteur. Pour inonder ultérieurement l'île *a* il a fallu qu'une grande étendue de la couche plastique environnant cette île, pressée par l'expension centrale s'élevât, et enlevât l'océan entier au dessus de l'île *a* jusqu'au niveau *2*.—Par cette action le volume entier du globe a augmenté, parceque l'océan se repandait au même niveau, et par la même raison, celui-ci a perdu de sa profondeur primitive, s'étant étendu sur une surface plus grande. Si l'expansion centrale a donné naissance à une nouvelle île *b*, de même dimension que la première au dessus du niveau *2*; pour inonder l'île *b*, il a fallu de nouveau qu'une grande étendue du fond poussée par l'expansion centrale montât, et soulevât l'océan, qui se rèpandit au dessus de l'île *b*, jusqu'au niveau *3*. Par cette action le volume du globe a augmenté de plus en plus et la profondeur de l'océan a de nouveau diminué. [1]) Si cette mécanique a continué de soulever

(1) Le dessin ci-dessus n'est pas exact. Les cercles concentriques superposés 1, 2, 3, 4 indiquant l'élévation successive du niveau de l'océan au lieu de diminuer sa profondeur, l'augmentent.— De l'autre coté l'élargissement successif de la couche plastique P. P. P. n'est désigné que

les îles *c*, *d* etc. pour les inonder ultérieurement, les conséquences ont été les suivantes:

a) la couche plastique; cest à dire *le fond de l'océan uni et égal pendant l'equilibre, a perdu son égalité*, en se couvrant d'éminences, de convexités et de montagnes de hauteurs très différentes, dont les unes sont restées inondées par l'eau, tandis que les autres se sont dressées dans l'atmosphère en formant des terrains.

b) Parmi les terrains les plus élevés restaient des concavités très grandes, nommées *bassins*, dans lesquelles l'eau s'accumula.

c) Si ultérieurement de nouveaux terrains ont surgi à la surface des eaux, l'étendue du globe devenant de plus en plus spacieuse, les continents précédents n'étaient pas tout à fait inondés, mais ils ont perdu plus ou moins de leur grandeur, parcequ' une quantité d'eau s'est retirée aux grands bassins.

20. Des couches alternatives marines et terrestres se sont formées par la mécanique suivante. L'île *a* en s'élevant au dessus du niveau primitif *1* avait emporté sur son dos des êtres organiques marins. — En devenant continent, elle commença à se couvrir d'êtres organiques terrestres, de plantes primitives, de mollusques d'eaux douces. — Mais après une longue série de milliers d'années, elle fut successivement inondée par l'océan, qui s'étant soulevé par la couche plastique monta jusqu'au niveau *2*. Tous les êtres terrestres, plantes et animaux périrent et sur leurs cadavres s'agglomèra comme un

---

partiellement par les proéminences a, b, c, d. Le lecteur intillegent me pardonnera cette inexactitude, ayant égard l'impossibilité de presenter la marche de l'accroissement du globe par dessin.

cimetière, un dêpot marin, sur lequel des habitants de la mer, des coraux, des éponges, différents zoophytes et polypiers se développèrent; les coquillages marins le reproduisirent en quantité, et les poissons féroces, cuirassés et armés dévastèrent l'entourage. — Ensuite l'expansion centrale poussant en haut la montagne *a* cachèe sous l'eau, au dessus du niveau *2*, la changea en continent. Tous les êtres marins dépourvus de leur élément périrent; une putréfaction décomposa les matières molles; les minces coquilles de millions de polypiers et de zoophytes se convertirent par la décomposition en terreau, sur lequel une vie organique terrestre se développa. Par la même mécanique, l'île *a* fut inondée par l'océan, jusqu'au niveau *3*, et pour la troisième fois les organismes marins se sont accumulés sur les restes des êtres terrestres; après quoi, l'île *a* fut poussé au dessus du niveau *4*, et devint continent jusqu'à nos jours. — En foulant à présent les terrains de cette nature, nous découvrons cet étrange phénomène, que les couches marines et terrestres sont alternativement superposées. Mais ce qu'il y a de plus étrange, c'est que les savants distingués et consciencieux, qui rencontrent de ces couches alternantes, ont recours à l'idée que ces terrains ont basculé, une fois de bas en haut, pour devenir terre, une autre fois de haut en bas, pour devenir le fond d'un océan. — Mais ce serait un abominable suicide, inadmissible dans la nature productrice. *The struggle for life* de Darwin, le combat incessant entre le sol et les eaux pour revendiquer la suprématie, trouve son analogie partout, aussi bien dans le monde organique que dans l'inorganique. Mais être d'avis qu'un sol se noie volontairement, sans indiquer des motifs qui le forcent à le faire, c'est selon moi une idée, qui n'a pas aucune chance de durée.

Lyell suppose même des affaissements de terrains en décrivant les couches alternantes dans l'éocène et le miocène; malgré qu'il avoue, que dans cette époque, les plus grandes montagnes de l'Europe, de l'Asie et de l'Afrique septentrionale soient sorties des abîmes de l'océan, en emportant sur leur dos des conglomérats numulitiques, en souvenir de leur sèjour précédent. — Est il possible que ces énormes chaînes de montagnes, ayant pour bases de hauts plateaux de trois continents, en refoulant l'océan, qui les a couvertes, n'aient par fourni assez d'eau, pour remplir deux petites concavités, nommées par les géologues, *bassin de Paris* et *bassin de Londres?*

Il est étonnant que ces savants, qui ont dévoilé tant de mystères de la création, qui ont tout vu de leurs propres yeux, touché tout de leurs propres mains, qui ont pour ainsi dire, arraché à la nature une page après l'autre pour les lier dans leurs grands ouvrages, qui ont maintes fois répéte: „*les terrains se soulèvent, les montagnes sont sorties de la profondeur de l'océan,*“ n'aient pas eu la hardiesse d'ajouter ces mots: „*Le globe s'accroît*“ quoique leurs propres paroles impliquent l'accroissement du globe.

Il est de même étonnant que les géognostes les plus distingués, ayant accepté le soulèvement des terrains du fond de l'océan comme un fait incontestable, ne se soient pas rendu compte de la force, qui les a poussés du bas en haut. Voilà l'unique cause pour laquelle ayant accepté l'affaissement des terrains comme un fait aussi incontestable, ils ne se sont pas rendu compte *d'un vide* qui devrait exister sous la croûte terrestre, dans lequel un terrain en s'affaissant pût s'enfoncer. L'hypothèse de l'abaissement des terrains a été plusieurs fois pour Lyell une pierre d'achoppement qu'il n'a pas écartée à contre coeur, en expliquant les couches terrestres placées à de grandes profondeurs de la manière suivante:

„*Nous ne pouvons autrement expliquer ce phénomène, qu'en acceptant l'hypothèse que le terrain s'est affaissé successivement.*" On voit que cette hypothèse était pour lui un pis aller. Un des plus célèbres savants de notre siecle G. Bischof (Lehrbuch der chemischen und physikalischen Geologie. Bonn 1863. T. I. Chap. XI.) explique l'élévation du sol par la transformation des silicates en carbonates, parce que ces derniers deviennent plus volumineux que les premiers; de même d'après lui l'abaissement du sol doit provenir du changement des silicates hydratés et amorphes, en silicates anhydres et cristallins (feldspath, mica) qui amène une retraite des cristaux en volume par la perte de l'eau. — Je laisse au lecteur la liberté d'apprécier la valeur des idées du célèbre savant allemand. — Selon moi l'affaissement du terrain est illusoire. C'est une illusion de nos sens comme de croire, que le soleil tourne autour du globe; que les arbres semblent courir, quand nous allons en chemin de fer; que les rivages s'enfuient, quand nous allons en bateau. — Et c'est pourquoi, je répète en toute conviction de conscience que ce ne sont pas les terrains qui s'enfoncent, mais que ce sont les eaux qui montent, que c'est notre terre qui s'accroît.

Je suis obligé d'ajouter ici un argument indirect mais très grave, comme preuve, que le ralentissement de la rotation du globe a pour cause unique son agrandissement en volume.

Les astronomes ayant acquis la conviction que la rotation de la lune s'accélère, en ont donné pour cause sa diminution de volume par retrait produit par la réfrigération. Il est certain que la lune sinon un cadavre, du moins un corps agonisant, ne peut que peu à peu perdre son calorique et en subissant un retrait successif, doit nécessairement accélérer sa rotation. Eh bien! par quelle raison ne voudrions - nous pas, ou même ne devrions - nous pas appliquer la même cause au ralentissement rotatoire du globe terrestre, seulement en sens inverse?

Tous les motifs et toutes les preuves que nous avons exposés jusqu' ici, nous pouvons les récapituler systématiquement dans les conclusions suivantes:

I. L'expansion centrale agit d'une force égale sur tous les points de la couche plastique et à présent solide par l'intermédiaire de la couche fondue, sur laquelle la première repose.[1])

II. Les couches superposées sur le noyau métallique: la fondue, la plastique, l'aqueuse et l'atmosphérique opposent une résistance totalement égale à la force d'expansion.

III. La diminution localisée de la résistance des couches mentionnées laisse aussitôt surgir la force de l'expansion centrale.

IV. Les vicissitudes minima de l'atmosphère, qui se laissent mesurer par le baromètre, causent des effets imperceptibles de l'expansion centrale, à tel point que leur somme devient seulement appréciable, après des milliers et des dizaines de milliers d'années par l'élévation d'un

(1) On rencontre une mécanique analogue dans le microcosme, où la force expansive agit sur un corps compacte par l'intermédiaire d'un fluide. Savoir, l'accroissement du foetus distend les parois de la matrice en augmentant son volume moyennant les eaux de l'amnios.—La Sagesse se sert d'un fluide toutes les fois qu'elle veut exercer une pression étendue, permanente et uniforme. —

terrain. Ce mouvement de la croûte terrestre s'appelle *séculaire*.

V. Les vicissitudes plus grandes amènent des manifestations violentes de l'expansion centrale sous forme de tremblements de terre, d'explosions volcaniques, et d'inondations.

VI. Une partie de la couche plastique une fois élevée par l'expansion centrale, peut être à l'avenir poussée en haut plusieurs fois; mais jamais elle ne s'affaissera, ni ne s'abaissera, ni ne s'approchera du centre du globe, parcequ' un fait pareil constituerait un phénomène incompatible avec la loi d'imperméabilité de la matière.

VII. Une partie de la couche plastique en train de submersion, est absolument passive dans cet acte; parcequ'elle se laisse inonder par l'eau, repoussée d'une autre partie de la couche plastique, qui est en train d'élévation.

VIII. Chaque élévation partielle de la couche plastique par l'expansion centrale, séculaire ou violente constitue en même temps une augmentation partielle du globe en volume.

IX. Ces élévations partielles s'étant répétées nombre de fois depuis 2000 millions d'années, le globe terrestre a dans le cours de ce temps, notablement grandi en volume et grandira à l'avenir.

X. Le ralentissement de la rotation journalière du globe est en relation directe avec son augmentation en volume.

XI. L'expansion centrale agissant avec une force uniforme dans chaque direction de ces rayons, tend à conserver sa forme sphéroïdale régulière. Mais les vicissitudes dans la résistance, qui dépendent des influences extérieures, dont le degré, la durée et la localité sont très variables, altèrent la régularité de la forme sphérique. C'est ce qui est constaté par les mesures des parallèles et des méridiens. Par conséquent les mesures géodésiques ne sont pas constantes et ne le seront jamais.

21. Plus haut (I—26) j'ai mentionné que le rayon de la terre, et par conséquent son volume a augmenté depuis son minimum, environ de 74200 mètres, en ajoutant que je le justifierais après.[1]) Certes, l'augmentation du globe de 74200 mètres en chaque direction, de prime abord paraît colossale. D'après le calcul du Dr. Klein, notre terre forme un globe aplati depuis 2000 millions d'années. — Si nous divisons le chiffre de l'augmentation supposée en 2000 parties, nous verrons qu'elle ne fait qu'environ 37 mètres par million d'années; tandis que l'observation nous prouve que la Suède se soulève au moins d'un pied en un siècle, ce qui fait 3333 mètres, par million d'années. Cette différence d'élévation est explicable par une double raison:

1) par la différence d'espace de la surface du globe entier et d'une localité limitée.

2) par la différence du temps. Parceque l'exhaussement de la Suède actuel et temporaire peut continuer pendant un ou plusieurs siècles et cessera après, pour qu'un pareil phénomène apparaisse sur une autre partie du globe.

D'ailleurs, je fais observer au lecteur que selon ma théorie, le ralentissement rotatoire du globe dépend uniquement de son augmentation en volume; il est donc né-

---

(1) D'après Delesse, le rayon terrestre a diminué de 1430 mètres par la cristallisation des roches ignées. Je mentionne l'opinion du célèbre savant, non pour être de son avis, mais pour prouver que les changements dans la longueur du rayon terrestre sont admissibles.

cessaire qu'il existe quelque relation proportionnelle entre ces deux chiffres. Le ralentissement rotatoire de **17** heures et 26 minutes jusqu'à 23 heures et 56 minutes fait plus que la $^1/_4$ partie, tandis que ma supposition de l'accroissement en volume, ne fait que la $^1/_{85}$ partie du rayon terrestre.

J'ose croire que ayant les données suivantes: 1) la distance du centre de la terre jusqu'au centre de la lune, 2) la longueur actuelle du rayon terrestre, 3) trois époques du mouvement rotatoire en **720**, **17** et **24** heures, on pourrait déterminer: 1) le minimum du globe; 2) le temps exigible pour qu'il revienne de son maximum à son minimum; 3) le temps nécessaire pour qu'il puisse s'augmenter de son minimum au volume actuel. Ce calcul justifiera en beaucoup de points ma théorie de l'origine du globe, d'un état cosmique, de sa condensation la plus compacte, de l'èquilibre de deux forces réciproques, enfin de l'expansion centrale.

22. Enfin, j'ajoute que l'augmentation du globe en volume ne s'est pas faite uniquement par l'expansion centrale, mais que les autres coefficients y ont contribué comme: *a)* les énormes masses fondues ou pâteuses qui ayant déchiré la couche plastique se sont répandues à sa surface; ainsi les basaltes, les trachites, les porphyres, les laves en différentes modifications. *b)* les grandes quantités de vapeurs métalliques qui s'enfuyant du noyau sont parvenues jusqu' à la couche plastique, où elles ont pénétré presque tous les minéraux comme une fumée métallique; ou quand la couche plastique est devenue plus compacte, se sont ramassées et solidifiées en lits, en filons et en veines. *c)* la cristallisation qui a notablement augmenté le volume des corps amorphes, comme nous le verrons plus loin. *d)* l'eau qui en s'infiltrant successivement à une

grande profondeur a formé des hydrates et des cristaux. *e)* l'acide carbonique provenant de l'atmosphère, en produisant les carbonates a augmenté le volume des oxydes. *f)* le charbon, enlevé à l'atmosphère par la vie organique des plantes, est enseveli en notable quantité dans la profondeur de la terre.

Les chiffres ci-dessus ne sont pas à dédaigner.

23. Comme l'augmentation du globe est l'effet de l'expansion centrale, il faut se demander ce qu'elle devient et ce qu'elle deviendra? —

Elle s'épuise lentement à cause:

a) que la masse métallique expansible en écartant la couche fondue, remplit un espace successivement plus grand et de même perd son expansibilité.

b) qu'une grande quantité de vapeurs métalliques s'échappe du noyau, et après avoir pénétré la couche fondue, se durcit dans la couche plastique, ou s'envole par les volcans.

c) que la couche fondue déchire la couche plastique et s'écoule au dehors sous forme de laves, de basaltes, de porphyres etc. et ainsi laisse plus d'espace au noyau métallique.

Pourtant nous pouvons être tranquilles sur l'avenir de notre globe. En Islande la neige repose sur une couche de laves sans fondre, quoique à la profondeur de deux mètres elle soit ardente. La couche fondue de notre globe ayant la profondeur de 4905130 mètres, et la couche plastique, à présent en partie la croûte de la terre, de la profondeur de 211950 mètres forment des conducteurs du calorique trop mauvais et trop épais pour que la chaleur du noyau puisse s'échapper de sitôt.

L'éternité sait calculer.

Les expériences de G. Bishof sur le refroidissement du basalte fondu, lui font estimer à 9000000 d'années le temps que mettrait la température de la terre à diminuer de 15 degrés.

* * *

24. Pendant la longue série de millions d'années que nous avons parcourue, comme commencement de la formation du globe, pour ainsi dire son état embryonnaire, les manifestations d'activité et leurs résultats étaient partout identiques et semblables. Mais dans les millions d'années qui suivront, plus le globe se développera et plus ses manifestations deviendront différentes et leurs résultats divergents en chaque lieu. Pendant cette époque la règle était sans exceptions; à l'avenir, les exceptions feront la règle. — Néanmoins les lois et les bases, selon lesquelles ces transformations se succèderont, resteront à l'avenir, comme dans le passé, toujours et partout les mêmes. De sorte *que le développement du globe devait se faire seulement d'une certaine manière et non d'une autre, parcequ'il était impossible qu'il se fît autrement.*

III.

SECONDE ÉPOQUE.

ATTIÉDISSEMENT PROGRESSIF DU GLOBE.

FORMATION DES ROCHES CRISTALLINES MASSIVES.

L'attiédissement diminue vers le milieu — raccourcissement de la couche plastique—évaluation de ce raccourcissement d'après Deville et sa conséquence — apparition des premières terres autour des pôles — d'où vient la préponderance de la silice et de l'alumine dans le globe? — la couche plastique commence à durcir — observation de Breislack sur le quartz des granits — calcul sur la profondeur de la croûte terrestre — la cristallisation des minéraux augmente leur volume — silicates acides, neutres et basiques — granits et syénites — plus les roches et les laves sont jeunes, moins elles contiennent de silice — explication de ce phénomène — opinion de Lyell sur la formation des granits — critique de cette opinion.

1. Dans le cours de la première époque, qui a duré une longue série de millions d'années, toutes les parties constituantes de notre globe primitif se dirigeaient vers le centre pour s'y concentrer. Dans l'époque que nous venons de décrire, ce mouvement tourna en sens opposé, en produisant des changements dans toutes les couches, depuis l'atmosphère jusqu' au centre du globe. — Pendant les millions d'années de cette époque, le mouvement moléculaire très lent, mais incessant, qui se développa dans toute l'épaisseur des couches avait deux directions. — Dans chacune d'elles, les molécules plus chaudes et plus lé-

gères glissaient du milieu vers la périphérie, et après avoir donné une partie de leur calorique à la couche superposée, moins chaude, s'étant attiédies et par conséquent étant devenues plus pesantes, retombèrent de la périphérie vers le centre. Par ce mouvement le calorique le plus intense du noyau métallique se porta vers la couche fondue, de celle-ci vers l'eau, de l'eau vers le gaz carbonique, de celui-là vers l'azote, d'où il se répandit dans l'espace infini, dont la température est évaluée à — 100 C. La chaleur du globe diminuant successivement durant des millions d'années, coopéra peu à peu à l'affaiblissement de la lumière. Le globe lentement attiédi devint un corps sombre.

2. La diminution de la chaleur terrestre ne se faisait pas par degrés égaux dans toute la profondeur du globe. Parceque le refroidissement des liquides et des gaz dépend de leur densité, c'est à dire de la vitesse avec laquelle le mouvement moléculaire peut y avoir lieu. Le mouvement moléculaire dans le noyau métallique dont la densité était de 16,31 ne pouvait être qu'excessivement lent; dans la couche fondue d'une densité de 3,5 il était quatre fois plus accéléré; dans l'océan, dont la densité était environ trois fois moindre, le mouvement moléculaire se faisant 9 fois plus vite. Dans l'atmosphère, qui malgré sa densité primitive, était des centaines de fois plus raréfiée que l'océan, le mouvement moléculaire etait autant de fois plus accéléré; enfin dans l'azote plus rare que l'acide carbonique, le mouvement moléculaire était d'autant plus rapide et des milliers de fois plus grand que dans le noyau métallique. Donc, l'attiédissement du globe s'est effectué en proportion inverse de la densité des couches et de leur profondeur. De sorte qu'en conservant la plus

grande modération, il est à présumer que quand l'atmosphère eut perdu 100 C. de sa chaleur primitive, il ne se perdit qu' à peine 0,01 c. du noyau métallique.

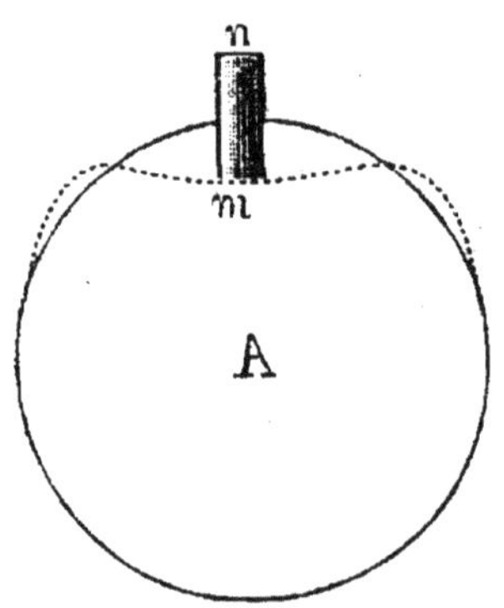

Une vessie élastique, sphérique *A* distendue parfaitement par l'air, si elle est comprimée par un objet quelconque jusqu' à *m*, ne perdra rien de son volume et de sa capacité, mais en repoussant ses parois, elle changera de forme. C'est ce que nous indique ce dessin par la ligne ponctuée.

Chaque corps échauffé en refroidissant se raccourcit et diminue de volume. Il est donc évident que la couche plastique à mésure qu'elle a perdu de son calorique a dû se raccourcir. Selon Deville, la perte de + 2000 C. produit un raccourcissement de 0,03 en forme oblongue et par conséquent de 0,09 en forme cubique. D'après ce chiffre, un myriamètre cube de la couche plastique après avoir perdu + 2000 C. a diminué son volume de 0,09 myriamètre. Comme l'épaisseur de la couche plastique était de 211950 mètres (I—25) en chiffres ronds 20 myriamètres, sa perte en volume par raccourcissement, ferait $0{,}09 \times 20 = 1{,}8$, en chiffres ronds 2 myriamètres cubes. C'est ce qui est d'accord avec le chiffre approximatif évalué par Deville à 10 %.

J'ai évalué plus haut (I—23) la température de la couche plastique à + 4000 C. et par conséquent, la perte d'une chaleur pareille devait amener un raccourcissement plus grand que 10 %. Mais comme je l'ai prouvé dans le chapitre précédent, le volume et la surface du globe primitif étaient moindres. Or, comme ni l'un ni l'autre de ces chiffres ne sont appréciables; pour rendre mon calcul autant que possible vraisemblable, j'admets d'un côté que la température dès lors n'était que de + 2000 C., et de l'autre côté que l'étendue de la surface du globe était alors égale à la surface actuelle. D'après ces préliminaires, la superficie du globe a en chiffres ronds, 5100510 myriamètres carrés, dont chacun représente la base d'une colonne de 20 myriamètres en profondeur. Comme chacune de ces colonnes a perdu par l'attiédissement 2 myriamètres cubes, le total de la couche plastique en se raccourcissant a diminué son volume de 5100500 $\times$ 2 = 10201000 myriamètres cubes.

4. Le raccourcissement si grand de la couche plastique ayant lieu autour de la couche fondue, la comprima de toutes parts pour diminuer son volume. Mais comme la couche fondue avait atteint son minimum de volume et de concentration, et ne pouvait plus céder, il a fallu qu'il arrivât une de ces deux alternatives:

a) la couche plastique en se raccourcissant devait se rompre;

b) la couche fondue étant comprimée du haut en bas par la couche plastique, l'a réciproquement comprimée et repoussée du bas en haut, en changeant sa forme primitive, ainsi que je l'ai démontré par la vessie élastique.

C'est justement ce qui a eu lieu, et la forme primitive du globe *A* a été changée, comme il est indiqué par la ligne ponctuée. (La figure à la page 60.)

Voilà la première cause cosmique qui a rompu l'équilibre entre les deux forces opposées, en couvrant le fond de l'océan primitif d'une quantité de bosses et de proéminences de différentes hauteurs.

5. Nous n'avons pas la moindre donnée pour justifier la probabilité, que la route du globe terrestre autour du soleil ait jamais été autre que celle d'à present. Le globe a toujours roulé sur le chemin de l'écliptique, ayant une fois le pôle nord, l'autre fois le pôle sud tourné vers le soleil durant 6 mois. Pendant des millions d'années, notre globe incandescent n'avait pas besoin de la chaleur des rayons solaires; mais quand sa propre chaleur eut successivement diminué jusqu' à la température modérée, le manque de rayons solaires pendant six mois devint sensible. Il est donc évident que l'attiédissement et le raccourcissement de la couche plastique ont commencé par les régions polaires, qui étaient privées durant 6 mois de l'influence réchauffante du soleil. Par conséquent la couche plastique, en se raccourcissant sur une étendue polaire, plus ou moins circulaire, comprima la couche fondue du haut en bas, et celle-ci réprima la couche plastique en cercle à l'entour du bas en haut, et en la soulevant forma une espèce de collier circulaire, qui est visible autour du pôle nord sur les bords des continents primitifs de l'Europe, de l'Asie, de l'Amérique et du Groenland Un collier semblable se trouve au pôle sud, représenté par Sud-Victoria, la terre de Wilke, l'île Graham et une série de petites îles, outre des terres inaccessibles. (La figure à la page 61.)

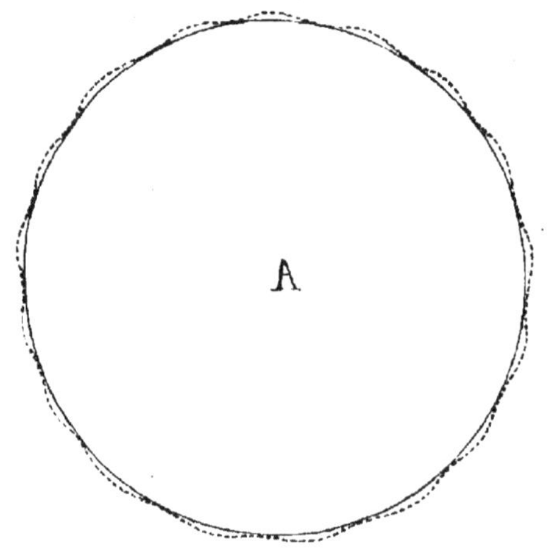

Voilà les premiers grands bassins pour les deux océans polaires, formés par le refroidissement du globe.

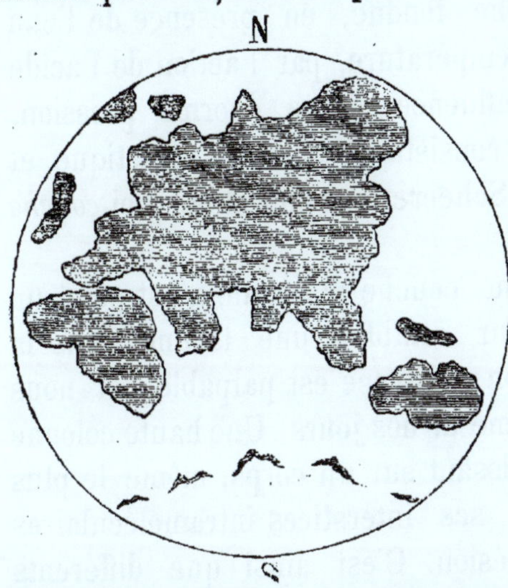

Selon toute probabilité l'homme a beau chercher des continents polaires; plus il s'approchera des pôles, plus il sondera une profondeur croissante de l'océan.

6. Chaque vie a son rayon limité d'existence, qui s'étend horizontalement sur différentes latitudes géographiques et commence verticalement sur les hauteurs des montagnes, plus ou moins élevées et descend jusqu' à différentes profondeurs de l'océan. Hors de ce rayon la vie cesse, la mort arrive.

La vie chimique a aussi un rayon d'existence, *c'est la température*. Aucune vie chimique ne peut se manifester quand la température est très basse, de même qu' en présence d'une température trop haute, toute vie chimique cesse, et la mort arrive, c'est la *décomposition*.

Il est impossible de déterminer quel a dû être le degré de chaleur convenable, pour que les combinaisons chimiques aient pu se faire dans la couche plastique. Mais probablement quand la température a diminué, une attraction chimique s'y est manifestée. D'un côté les différents alcalis, les terres alcalines et les terres représentaient des bases; d'un autre côté la silice représentait l'acide. Par cette attraction réciproque les molécules de la couche fondue formèrent une combinaison chimique, nommée *silicate*, espèce de verre fusible; qui dans la partie supérieure de la couche fondue, en présence de l'eau chauffée à une haute température, par l'action de l'acide carbonique, et sous l'influence d'une énorme pression, forma une masse d'une consistance pâteuse, plastique et extensible, appelée par Scheerer *magma* et par moi *couche plastique.*

7. Le magma, ou couche plastique n'est point un produit imaginaire, pour combler une lacune dans la théorie; au contraire, son existence est palpable, et nous la trouvons partout, même de nos jours. Une haute colonne d'eau superposée en agissant sur un corps, même le plus compacte, pénètre dans ses interstices intramoléculaires en affaiblissant sa cohésion. C'est ainsi que différents zoophytes flexibles et plastiques dans la profondeur de la mer, tirés du fond de l'océan, deviennent durs et pierreux. Les silex des grandes profondeurs et les pierres de taille des profondeurs moindres prouvent le même phénomène; l'oolithe des environs de Vichy, fraichement sorti des carrières est mou, mais à l'atmosphère, il durcit bientôt. Il est évident que l'océan primitif exerçant une pression sur son fond d'une colonne d'eau de 70650 mètres (I—25) et en outre étant chauffée à + 2000 C. a totalement détruit sa cohésion, ou pour mieux dire, il est devenu un obstacle à sa solidification, en le changeant en une espèce de pâte flexible, susceptible de revêtir toutes les formes et cédant à toutes les pressions. Ainsi il est connu, que dans les grandes profondeurs marines, la pression d'eau brise et tord les objets métalliques, attachés aux sondes.

8. L'attiédissement, et par conséquent l'épaississement de la couche plastique ont eu une très grande

influence sur l'avenir de notre globe. La couche plastique était devenue un mauvais conducteur du calorique, parceque le mouvement moléculaire y avait presque cessé. Les couches au dessous d'elle, la fondue et la métallique n'ont perdu depuis, que très peu de leur calorique, qui ne pouvait pas s'échapper à travers cette épaisse barrière; les couches au dessus d'elle, l'eau et l'atmosphère se refroidirent peu à peu continuellement, parce que la source du calorique était pour eux presque fermée.

9. Avant de passer à la continuation des changements qui ont eu lieu dans la couche plastique pendant cette époque, il est utile de diriger l'attention du lecteur sur les autres couches.

Le noyau métallique, aussitôt que l'équilibre eut été rompu, par son expansibilité innée a sublimé, pour ainsi dire, une quantité de vapeurs métalliques unies aux métalloïdes, à travers la couche fondue, qui ont pénétré la couche plastique, où elles ont produit de notables transformations chimiques. Les chlorures, les iodures, les bromures, les fluorures métalliques et les autres combinaisons pareilles, en contact avec les silicates ont provoqué un double échange réciproque. Les métalloïdes se sont combinés avec les alcalis et les terres alcalines, c'est à dire avec la potasse, la soude, la chaux, la magnésie, si abondamment repandues sur notre globe dans l'état actuel, tandis que les métaux, la silice et l'alumine sont restés isolés. De là date, ou dès lors commence l'énorme prépondérance de la silice et de l'alumine, et la présence des métaux soit purs, soit comme oxydes dans la couche plastique. C'est pourquoi les roches les plus anciennes, comme les granites et les syénites, sont pénétrées d'un bout à l'autre de différents métaux comme infiltrés par une vapeur métallique. Ici, je dois rappeler ce que j'ai dit plus haut, que l'océan primitif en s'infiltrant dans sa base contribuait à sa plasticité; mais qu' outre cela l'extensibilité de l'acide carbonique, dont l'eau était abondamment imprégnée y participait aussi en grande partie, grâce à l'énorme chaleur (+ 4000 C.) qui y régnait.

10. Probablement la fusion silicatique entière, ainsi que sa partie supérieure, changée ensuite en plastique, forma d'abord un silicate neutre et homogène. Mais par l'influence des vapeurs métalliques métalloïdifères, dont j'ai fait mention plus haut (9) sa constitution a totalement changé. Ici la silice se trouvant en prépondérance, forma des silicates acides; là, la prépondérance des terres alcalines et des terres donna naissance aux silicates plus ou moins basiques.

Dans cet état de choses, l'épaississement de la couche plastique faisait un pas en avant, elle commencait à durcir. Elle n'a pas durci dans toute sa profondeur, ni même dans toute sa masse, mais en raison de la fusibilité plus ou moins grande des combinaisons chimiques, dont elle se composait. Les parcelles les moins fusibles furent les premières qui peu a peu se séparèrent de la masse plastique, devinrent solides; après elles, se durcirent les parcelles plus fusibles. Ainsi l'alumine presque pure et d'autres terres pareilles, étant moins fusibles se coagulèrent avant tout, formant *les saphirs*, *les rubis*, *les corumdums*, *les zircons* etc. — Après sont venus les silicates d'alumine très basiques, comme les *émeraudes*, *les topazes*, *les beryles*, *les tourmalines*, *les grenats*, *les chrysolithes* etc.; après se solidifièrènt les silicates à bases multiples, contenant plus de silice, comme *les spaths des champs*, *les micas*, *les hornblendes*, *les augites* etc.; à la fin, la silice se coagula, qui forma pour les autres silicates précédents un *medium solutionis*, comme l'eau l'est pour les sels.[1])

Breislack a fait cette importante observation, que des trois minéraux constitutifs du granit, c'est à dire le feldspath, le mica et le quartz, ce dernier, quoique le moins fusible à l'état actuel, se moule sur les deux autres dont il empâte les cristaux; par conséquent, celui-ci a dû se consolider le dernier. Cette condition nous conduit à la conclusion, que l'eau et l'acide carbonique ont éminemment augmenté la fusibilité du quartz, d'où ils se sont éliminés après sa consolidation, dans de petites cavéoles; c'est ce que nous prouve la réalité.

Par la coagulation de la silice, plusieurs minéraux différents par leurs compositions chimiques se sont collés entre eux. La solidification de la couche plastique commença par sa périphérie et se continua pendant *des millions d'années*, de plus en plus en profondeur.

11. D'après la progression présumée du calorique vers le centre du globe, la chaleur à la profondeur de 74200 mètres, (dix milles géographiques) doit monter à + 2000 C. Une chaleur pareille est capable de fondre les corps les moins fusibles, et par conséquent à cette profondeur doit être la limite de la croûte durcie. Mais les expériences prouvent que la faculté de se fondre diminue en raison de la pression croissante. — La pression sur la couche plastique étant énorme pendant la formation primitive, je suppose la limite de fusibilité beaucoup plus profonde, c'est à dire au dessous de 20 myriamètres, correspondant à l'épaisseur calculée de la couche plastique.

---

(1) Elie de Beaumont, Fournet, Durocher. — Naumann. *Lehrbuch der Geognosie. T. 1. p. 705.*

Hoppkins d'après ses observations astronomiques, a évalué la profondeur de la croûte terrestre à 172 et même à 215 milles géographiques. Mais n'étant pas astronome, je n' ose pas le contredîre.

12. Un corps amorphe prenant une forme déterminée, manifeste une action vitale et s'accroît en volume. L'augmentation de la matière en volume produite par la vie organique est une vérité indiscutable. Elle dépend de l'élargissement des interstices intramoléculaires et de la formation des cellules. Un phénomène analogue s'aperçoit dans plusieurs corps inorganiques. Une masse inorganique amorphe, fondue ou dissoute, en devenant un corps à forme déterminée, c'est à dire en se cristallisant, augmente de volume; de même que l'eau convertie en glace cristallisée perd de sa pesanteur spécifique, augmente son volume et nage sur l'eau amorphe. D'après Delesse, les roches ignées éprouvent par la cristallisation un retrait du dixième de leur volume. Mais où sont ces roches ignées, dans la nature? Quand toutes les roches, même plutoniques et volcaniques contiennent de l'eau. Est-il possible que l'eau, qu' elle participe à la formation d'un cristal, ou bien qu'elle soit chimiquement combinée en forme d'hydrate ne contribue pas à l'augmentation en volume de la matière amorphe? J'ai cherché en vain dans l'oeuvre éminente de Dufrenoy des différences de pesanteur spécifique entre les minerais *compactes* et *cristallisés*. Malheureusement, je ne les y ai pas trouvées. Je crois pourtant que c'est le seul moyen qui, pourrait justifier ma présomption, que la cristallisation augmente le volume des corps amorphes. Ce qui devient visible par la cristallisation du *Wavellit*, qui dèchire la silice schisteuse, dans laquelle il se forme (Bischof T. 1. p. 134.) Les silicates différents

de la couche plastique en se durcissant, acquirent des formes déterminées, c'est à dire ils se cristallisèrent. Comme l'épaississement de la couche plastique procédait de la périphérie pour se porter toujours plus bas en profondeur, de même sa cristallisation agissant dans le même sens, augmenta le volume de la masse qui était auparavant amorphe. D'où résulta la conséquence que les cristaux se poussèrent et se soulevèrent réciproquement et produisirent non seulement de nouvelles convexités sur la couche plastique, mais en outre ils augmentèrent le volume des bosses, des convexités et des montagnes produites par le raccourcissement de la couche plastique, qui ne pouvait plus renfermer la masse cristallisée dans la même capacité, que la masse amorphe occupait commodément auparavant. La cristallisation est donc la seconde cause mécanique qui a rompu l'équilibre des deux forces opposées, en soulevant la couche plastique successivement plus près du niveau de l'océan.

13. Comme l'expansion centrale, le raccourcissement de la couche plastique et la cristallisation continuèrent avec une lenteur inexprimable, et peu à peu contribuèrent à l'élévation des proéminences et des montagnes, qui en se rapprochant du niveau de l'océan et en supportant successivement une colonne d'eau moins haute, perdirent peu à peu leur plasticité et gagnant en cohésion, se changèrent en roches dures et inflexibles. Une preuve incontestable que le fond de l'océan primitif était pâteux et plastique par l'action hydrostatique, c'est qu'un grand nombre de cristaux et principalement le quartz, partie constituante des granits, contiennent au dedans de leur masse des boules creuses d'une grandeur différente, remplies soit d'acide carbonique liquide pur, soit d'eau pure, ou ayant

en solutions les chlorures de soude et de potasse, le sulfate de potasse etc. [1]. Ces liquides n'ont pu y pénétrer, qu'avant que la masse ait durci, avant que les cristaux se soient formés. Tout cela prouve que l'eau a pénétré à une profondeur *très grande*, qu' elle est entrée en combinaisons, ou du moins en mélange, je dirai même en amalgame avec la masse fondue, et que l'acide carbonique, malgré la grande chaleur qui y régnait, était à l'état liquide à cause de la grande pression venant du haut. Vouloir douter encore que nos granits étaient autrefois pâteux et flexibles, c'est vouloir nier que nos marnes étaient autrefois des granits.

14. La couche plastique s'est composée de plusieurs centaines de différents silicates qui mêlés entre eux sans ordre, ont eté pour ainsi dire. englobés dans une quantité plus ou moins abondante de silice. Trois silicates entre autres prévalurent:

a) les silicates d'alumine, unis aux silicates de potasse, de soude, de chaux, moyennant une grande quantité de silice; ce sont *les silicates acides*, nommés *spaths des champs* (orthose) ;

b) les silicates d'alumine, unis aux silicates de potasse, de soude, de lythine et de magnésie, moyennant une quantité moindre de silice; ce sont les *silicates neutres*, nommés *micas;*

c) les silicates d'alumine, unis aux silicates de chaux, de magnésie et de fer, moyennant une petite quantité de silice; ce sont des silicates *basiques*, nommés *hornblendes*.

15. Les spaths des champs et les micas unis à une

---

(1) Sorby, Zyrkel et Scheerer. Fr. Plaff. — *Allgemeine Geologie als exacte Wissenschaft*, p. 117—172, 173.

grande quantité de silice forment des roches nommés *granits.* Les spaths des champs, les hornblendes et une petite quantité de micas, unis à une petite quantité de silice, donnent des roches nommées *syénites.* Les granits et les syénites présentent beaucoup de variétés différentes en couleur, compacité, des quantités variables de minéraux constituants et de minéraux accidentels comme: grenats, tourmaline, zircon, tytan etc. Ce sujet appartenant à la géologie, laisse beaucoup à désirer.

16. Il est bien difficile d'expliquer d'où vient l'abondance plus ou moins grande de silice dans différentes roches. Il est probable qu'une grande quantité de vapeurs métalliques unie aux métalloïdes, en décomposant localement un plus grand nombre de silicates, a isolé la silice; mais il est aussi possible, qu'il se soit développé entre les agents chimiques un courant galvanique, qui a ramené les silicates acides et basiques aux pôles opposés. — M. Durocher, sans indiquer la cause, s'exprime ainsi: (Comptes rendus f. 44. 1857. p. 326.) „Toutes les roches ignées les plus modernes, comme les plus anciennes, ont été produites par deux magmas, qui coexistent au dessous de la croûte solide du globe, et y occupent chacun une position déterminée.“

17. Au sujet de cette curieuse question, qu'il me soit permis de noter une circonstance très importante. Les études et les analyses chimiques ont prouvé, que les produits coagulés de la couche fondue, en commençant par les granits et les roches feldspathiques, jusqu' aux roches amphiboliques, pyroxéniques et les laves actuelles, plus ils sont jeunes et moins ils contiennent de silice. Comme le quartz et les silicates acides ont un poids spécifique moindre (2,50—2,60) que les silicates basiques

(2,90—3,50) il est évident, que les premiers ont occupé les parties supérieures de la couche fondue, qui en s'épuisant peu à peu, nous donnent des silicates successivement plus basiques. Daubrée a remarqué, qu' au fur et à mesure qu' on pénètre dans les entrailles de notre planète, le feldspath, le quartz et les minéraux oxydés au maximum, cèdent peu à peu la place au pyroxène, au péridot et aux minéraux moins chargés d'oxygène. C'est donc un nouvel argument, que la matière meuble pendant la formation du globe, s'est disposée du centre à la superficie, en raison de la gravité spécifique de ses parties constituantes. Par cette raison, les plus superficielles, les granits seraient les plus anciennes des roches cristallines.

* *
*

Les granits et les syénites, en se refroidissant du haut en bas, se sont raccourcis dans le même sens. Les parties plus tôt refroidies se sont fendues et détachées des parties plus échauffées encore; comme le verre se fèle par la différence de température. C'est pourquoi les granits et les syénites se sont fendus en piles et en tábles presque symétriques. Par les fentes qui s'y faisaient, l'eau de l'océan a pénétré à une profondeur toujours plus grande dans la couche fondue, pour la changer en plastique. — Les granits et les syénites, ou roches *granitoïdes ignées*, sont des *roches cristallines massives*, nommées par Lyell *hypogènes*, qui forment la base sur laquelle reposeront les formations suivantes.

* *
*

Plus la solution d'un sel est étendue et plus elle met de temps à s'évaporer, plus les cristaux sont grands et mieux formés. Plus la solution est épaisse, ou son évaporation rapide, plus elle n'offre qu' une masse cristalline et des cristaux difformes. Les granits et les syénites sont cristallisés dans toute leur masse en nous présentant des cristaux assez bien développés, quoique ils se soient formés sous une grande ıpression. Cela prouve que leur cristallisation s'est faite très lentement, et que les cristaux ont eu assez de temps pour acquérir leurs formes convenables. En outre, les cristaux des granits sont mieux formés que ceux des syénites, parceque les granits ayant plus de silice, sont formés pour ainsi dire, dans une solution plus étendue. Les granits et les syénites poussés en haut par l'expansion ceutrale, ont souvent percé et déchiré les couches plus jeunes superposés, et en s'élévant au dessus de leur niveau, forment à présent de hautes montagnes.

Cette circonstance a poussé l'un des plus éminents géologues de notre époque à créer une théorie sur la formation des granits. D'après Lyell, les granits n'ont pas cessé de se former jusqu' à nos jours, et tandis que les plus anciens sont dejà à portée de notre vue, les plus récents reposent dans leur berceau pâteux, où ils se cristallisent avant d'entreprendre leur long voyage jusqu' à la surface du globe. Donc, dans le globe terrestre, comme dans un organisme vivant, tout est en circulation incessante, même les granits. En bas, comme dans un utérus, les foetus granitiques s'engendrent et pullulent; en haut, les vieux granits meurent par décomposition en marne, et kaolin. Mais les analyses chimiques que j'ai mentionnés plus haut (17) ne nous autorisent à accepter cette théorie qu'avec toute réserve.

* * *

La géogénie et les analyses chimiques nous apprennent, que les roches provenant immédiatement de la consolidation de la masse fondue, nommées plutoniques ou volcaniques, par rapport à leur déchet en silice et à leur ancienneté, apparurent dans l'ordre suivant: *granits* et *syénites*, *diorites*, *porphyres*, *trachites*, *basaltes* et *laves*.

Avec la formation des granits et syénites primordiaux finit la seconde époque du développement du globe.

IV.

TROISIÈME ÉPOQUE.

ATTIÉDISSEMENT DE L'OCÉAN.

FORMATION DES ROCHES CRISTALLINES SCHISTEUSES.

L'eau comme dissolvant — formation des cristaux par solution — densité de l'océan primitif—formation des lames flottantes cristallines — formation des roches cristallines schisteuses et lamelleuses — métamorphisme des roches schisteuses en massives—vapeurs métalliques et leur influence sur les silicates — horizontalité des roches schisteuses — leur déviation et leur dislocation prouvent l'accroissement du globe — preuves graphiques de l'accroissement du globe par la formation des vallées, précipices, gorges, failles etc.

1. L'eau est un dissolvant naturel des corps solides. La qualité dissolvante de l'eau est en proportion de sa quantité, de l'étendue du contact, et du temps pendant lequel elle agit sur la matière solide. Il n'existe aucun corps absolument insoluble. Un corps, en se dissolvant conserve souvent ses qualités chimiques ; quelquefois pourtant, il les change, notamment il s'oxyde plus ou moins au dépens de l'eau. Les quatre conditions suivantes augmentent énormement ou plutôt multiplient l'énergie dissolvante de l'eau: 1 la chaleur, 2 la pression, 3 la présence de l'acide carbonique, 4 la présence des oxydes appelés caustiques.

2. Une solution saturée, épaisse, produite par le concours de ces quatre conditions, perd une grande quantité du corps en solution, aussitôt que leur influence complète

ou partielle diminue ou cesse. Les corps solides dégagés de la solution aqueuse, s'accumulant à sa superficie, forment des lames, des pellicules, des croûtes cristallines ou non cristallines, qui après avoir acquis une pesanteur convenable, tombent au fond, tandis que d'autres croûtes commencent à se former. Cela est visible dans un laboratoire de chimie, dans les chaudières des salines, et sur les lacs salés de l'Asie et de l'Afrique, pendant l'été.

Qu'il me soit pardonné, si j'ai dirigé l'attention du lecteur sur les notions élémentaires des solutions aqueuses. Comme nous nous occuperons de ce sujet durant trois longues époques géologiques, dont chacune se compose d'une série de millions d'années, je vais d'avance détruire les objections.

3. L'océan primitif reposant dans une étendue d'environ 5000000 myriamètres carrés sur la couche plastique, avec laquelle il est resté en contact pendant des millions d'années, pénétrant sa masse incandescente à la profondeur de 20 myriamètres, sous la pression de plusieurs milliers d'atmosphères, chauffé à + 2000 C, pénétré d'une énorme quantité d'acide carbonique, par la lixiviation de la couche plastique ayant en solution ses oxydes les plus caustiques, comme la potasse, la soude, la lithyne, la chaux, la magnésie, le baryte et la strontyane, agissant immédiatement sur tous les silicates de la couche plastique; l'océan primitif, disons nous, est devenu un dissolvant des plus énergiques pour les corps même les moins solubles, comme la silice, l'alumine et autres terres de cette catégorie, et par conséquent a formé une solution complètement saturée, épaisse, contenant une énorme quantité de silicates et de silice.

4. Il est évident que plus l'eau de l'océan, ainsi

constituée se refroidit, plus elle perdit son énergie dissolvante; et les silicates, auparavant parfaitement dissouts, commencèrent peu à peu à se séparer de la solution en forme de petits cristaux, qui agglomérés les uns aux autres, formèrent de minces croûtes flottantes, pour ainsi dire des îles flottant à la surface de l'océan. — Les croûtes cristallines devenues successivement plus épaisses, et trop pesantes pour se tenir à la surface de l'eau, retombèrent au fond de l'océan, et les autres croûtes se formèrent à leur place. Il est prouvé que l'apophyllite se dissout dans l'eau surchauffée, sous la pression de 10--12 atmosphères et se cristallise après, quand l'eau se refroidit. (1)

5. L'eau de l'océan primitif, posé sur la couche plastique plus chaude, fut soumise par ses molécules aqueuses à un double mouvement. Les molécules de la base plus chauffées, en emportant une solution silicatique plus épaisse, montèrent vers la superficie plus refroidie, et après avoir perdu une quantité de leur calorique, et de leur balast par la cristallisation des silicates, retombèrent vers le fond. De cette manière, la partie inférieure de l'océan fournit incessamment à la partie supérieure une nouvelle quantité de silicates, pour la transformation en croûtes cristallines; tandis que les croûtes formées à la superficie, retombées au fond, étant entourées d'une solution silicatique parfaitement saturée, ne purent subir une nouvelle liquéfaction. Enfin au fur et à mesure que la solution silicatique devint plus raréfiée au fond, elle perdit à la fois sa chaleur et par conséquent son énergie dissolvante; de sorte que les croûtes cristallines une fois formées à la surface des eaux, et aprés ramassées au fond, restèrent solides à l'avenir.

---

(1) Naumann. — *Lehrbuch der Geologie. T. 1. S. 699.*

6. Dans les millions d'années de l'attiédissement de l'océan, les croûtes cristallines formées à la surface, se noyèrent ultérieurement et amassées les unes sur les autres, formèrent des couches de différente épaisseur provenant de l'inégalité du fond de l'océan.

Il est évident que dans les vallées sous-marines, les croûtes cristallines formèrent des couches plus épaisses, tandis que sur les élévations sous-marines, les couches furent plus minces. Les croûtes cristallines ainsi superposées, collées entre elles par la silice, et comprimées par une haute colonne d'eau et par l'atmosphère, étaient d'abord flexibles et plastiques, mais peu à peu, soulevées par l'expansion centrale vers le niveau de l'océan, devinrent successivement plus dures, jusqu'à ce qu'elles formassent des roches d'énormes dimensions, appelées: *roches cristallines lamelleuses* et *roches cristallines schisteuses*.

7. En décrivant l'attiédissement de la couche plastique, j'ai indiqué l'ordre probable selon lequel les différents minéraux ont dû se solidifier. Maintenant je peux indiquer avec un peu plus de certitude, le degré de solubilité des différents silicates, déposés par couches superposées, formant des roches schisteuses. Il est évident, que les combinaisons les moins solubles se sont cristallisées d'abord, tandis que les plus solubles se sont ensuite succedé. C'est ce que nous montre l'état actuel des roches cristallines lamelleuses, du moins dans la majorité des cas.

Les croûtes primitives sont formées de cristaux de différents feldspaths, [1] de quartz et de deux espèces de micas; dont l'une est claire avec de la potasse, l'autre

(1) Il est prouvé par les observations et les expériences, que les feldspaths sont aussi bien pyrogènes que hydatogènes.

foncée avec de la magnésie; en outre les cristaux de hornblendes se sont souvent mêlés aux précédents. Peu à peu les feldspaths et les hornblendes devinrent plus rares, tandis que les micas et les quartz composèrent des cristaux. Puis les micas disparurent successivement, laissant le quartz seul. La quantité de quartz disparut ensuite aussi, et les croûtes ne continrent qu'un silicate d'alumine et de magnésie. Enfin l'alumine disparut et les croûtes se composèrent d'un silicate de magnésie.

Les changements successifs de la constitution des dépots sont aussi inappréciables, que le passage des couleurs dans l'arc-en-ciel. Mais là où les différences sont évidentes, on les a appelées du bas en haut: *gneiss rouge, gris, ou foncé* selon les micas ou hornblendes qui y sont mêlés, *micacite*, *quartz schisteux*, *schiste chloriteux* et *talc schisteux*, dont les couches ont une épaisseur différente, dans les différentes localités.

C'est presque une règle dans la disposition des schistes cristallins, que les talcites occupent la partie supérieure, les micacites la partie moyenne et les gneiss la partie profonde, dont la puissance en bloc dépasse certainement 12000 mètres.

Le gneiss, comme le plus bas déposé sur les roches cristallines massives, a pu quelquefois perdre son caractère hydatogène, et acquérir celui d'une roche pyrogène. Cette métamorphose a été le résultat d'une chaleur énorme qui régnait alors, et plus encore l'effet des soulèvements violents répétés de la couche plastique, unis à une compression rapide.

Celte éventualité est d'autant moins étonnante, qu'on trouve des gneiss dont la texture a subi une ondulation, une torsion et un plissement. Cela prouve, non seulement que primitivement le gneiss était plastique, mais que grâce à l'expansion centrale, les bouleversements des couches ont commencé avec leur formation primordiale.

8. Les roches cristallines schisteuses contiennent outre des cristaux constituants, d'autres minéraux, accessoires, comme des grenats, des schölrs, du fer micacé, du graphite etc.

Excepté le dernier, dont nous parlerons plus tard, les autres cristaux se sont formés tous de la même manière que les cristaux des feldspaths, des micas etc. et simultanément avec eux. Selon ces accessoires on leur a donné des dénominations particulières et techniques, que l'on peut trouver dans toutes les minéralogies descriptives. Les roches cristallines schisteuses sont dans leurs couches supérieures quelquefois alternantes, avec les couches du calcaire, de la dolomite et du graphite; c'est ce qui sera expliqué plus bas, aussi bien que le schiste appelé *itacumulite* contenant des diamants.

9. Il nous reste à expliquer l'apparition du fer et des autres métaux dans les roches les plus anciennes. Les bulles de vapeur diaphane d'eau bouillante s'élevant du fond d'un vase à sa superficie, y crèvent et se dissipent dans l'atmosphère refroidie en vapeur visible. Un fait pareil a eu lieu dans l'intérieur du globe. Le noyau métallique étant un gaz condensé et comprimé, par la moindre rupture d'équilibre, s'échappa à travers la couche fondue très chauffée, comme les bulles d'eau bouillante, et venant à la couche plastique plus refroidie s'y dissipa comme une fumée métallique. Il est à remarquer, que les roches cristallines massives et schisteuses sont plus ou moins pénétrées d'un bout à l'autre, comme

par une vapeur métallique refroidie. Ce phenomène est très difficile à expliquer d'une autre manière. Abstraction faite de la quantité relative des différents métaux, je dois diriger l'attention du lecteur sur ce, que les métaux plus légers se trouvent souvent répandus en abondance dans la croûte terrestre, tandis que les métaux d'un poids spécifique notable sont plus rares. Cette circonstance conduit à la probabilité, que les métaux singuliers ou leurs alliages forment des couches sphériques, concentriques, superposées en raison de leur densité spécifique decroissante.

Quand la sublimation d'un métal était très copieuse, il s'amassa en fusion, et a formé des lits, ou pressée par force, il a percé la couche plastique en veines et filons.

La fusion métallique disposée en lits, veines ou filons, en se refroidissant très lentement, se cristallisa nettement, ou du moins se changea en masse cristalline.

Selon notre hypothèse (II—7) le noyau métallique se compose de métaux unis aux métalloïdes. Les chlorures, iodures, bromures, en contact, avec la couche plastique se sont décomposés; les métalloïdes entrèrent en combinaison avec les alcalis et terres alcalines, tandis que les purs métaux restaient isolés. Mais plus souvent par l'intermédiaire de l'eau, les métaux se sont plus ou moins oxydés. Quant aux phosphures, sélénures et sulfures métalliques, ils se sont consolidés, conservant leur état primitif. C'est pourquoi nous trouvons le plus souvent les métaux à l'état d'oxydation ou de pyrites; l'état métallique étant plus rare.

10. Il existe des preuves incontestables que pendant cette époque des éruptions, ou plutôt des écoulements volcaniques ont eu lieu très fréquemment. Les masses

fondues, pressées par l'expansion centrale, écculées par les déchirures de la croûte plastique, étant de leur constitution granitiques ou syénitiques, ont percé les granits et les syénites précédemment formés, et même les couches cristallines schisteuses, y formant des strates étendues, des nids, des lits, des filons et des veines ramifiées. C'est ce qui prouve que les roches cristallines massives et les roches cristallines schisteuses étaient alors complètement plastiques. D'ailleurs nous trouvons des fragments séparés de roches plus vieilles, qui sont enveloppés de toute part par les pâtes granitiques et syénitiques plus jeunes. C'est ce que nous enseigne la chronologie de ces deux roches. — Enfin, il faut ajouter que la masse granitique écoulée diffère du granit primitif, parcequ' en refroidissant plus vite, elle est plus compacte et moins cristallisée. Les couches cristallines schisteuses, principalement de gneiss, les plus inférieures, percées par les filons et les veines de masse fondue granitoïde, ont changé leur texture lamelleuse en compacte, semblable à la texture des roches granitoïdes. Ce changement de texture nommé *métamorphisme* est provenu, moins de la chaleur de la lave granitique, que de sa pression violente contre les parois de la déchirure, formée dans la masse schisteuse, par l'injection précipitée d'une masse incandescente. C'est pourquoi des géologues très distingués ont donné à la formation granitique le nom en bloc de *roches éruptives*, en les rélégant dans les formations plus jeunes que les roches schisteuses. Je n'ai pas l'intention de substituer un autre nom, exprimant mieux leur naissance, mais je veux seulement rehabiliter leur antiquité patriarcale. — Car, je le demande, serait-il justifié d'appeler la glace couvrant les fleuves pendant l'hiver, *éruptive*, parcequ' il arrive que l'eau pressée par un afflux abondant, brise sa converture et jetée dehors devienne ensuite glace par le froid?

11. Comme à présent, chaque éruption volcanique est précédée et accompagnée d'émanations abondantes de gaz et de vapeurs, qui sont souvent plus effrayantes que l'écoulement des laves; probablement cela a eu lieu, il y a des millions d'années. Les écoulements de la masse fondue pendant cette époque étaient accompagnés d'émanations de vapeurs métalliques, principalement de fer, de manganèse, et de tytan, unis aux différents métalloïdes, qui par l'affinité réciproque ont provoqué une nouvelle série de changements chimiques dans les silicates. Il y aurait tèmérité de ma part à vouloir déterminer avec précision les métalloïdes auxquels les vapeurs métalliques étaient unies. Mais il y avait probablement des phosphures, des sulfures et des chlorures, comme le phosphore, le soufre et le chlore devront entrer dans l'économie organique des plantes et des animaux.

Grâce aux émanations métallifères, on trouve dans les roches schisteuses des métaux amassés en filons et en lits, comme le fer magnétique, l'argent, le cobalt, l'arsenic, le zinc, qui sont entourés de minerais cristallisés. Avant tout, je dirige l'attention du lecteur sur cette circonstance que le fer magnétique associé le plus souvent à l'appatite et au graphite a changé la texture du gnëiss en granitique. (Naumann; Lehrbuch der Geognosie. T. 2 p. 94—95.)

12. L'acide carbonique durant cette époque, ne pouvait pas agir comme agent chimique; la chaleur étant encore trop grande, pour permettre la formation des carbonates. Probablement, il a joué puremeut le rôle d'un

adjuvant à la liquéfaction des corps moins solubles; comme par exemple, le borax, le salpêtre, la soude etc., facilitent la fonte des métaux. Dans la prochaine époque géologique l'acide carbonique deviendra un agent chimique d'une grande importance, et nous verrons que son influence cesse d'être équivoque.

13. La revue générale de cette époque témoigne de grands changements dans la totalité du globe. L'atmosphère a perdu de sa chaleur, et par sa dissolution dans l'océan, sa hauteur et sa pesanteur ont diminué. L'eau de l'océan énormement attiédie, débarrassée d'une grande quantité de corps solides, par la formation des couches cristallines schisteuses, étant devenue raréfiée et plus limpide, faisait le premier pas pour devenir habitable aux êtres organisés; et pénétrant de plus en plus la couche fondue, la changea en couche plastique. L'épaisseur de la partie compacte du globe grossi, par l'augmentation en profondeur de la couche plastique, par l'accroissement des granits et des syénites, par le dépot des couches cristallines schisteuses, et par le figement des laves granitoïdes, forma une redoutable barrière à l'échappement du calorique des couches inférieures. La couche fondue a perdu une quantité notable de sa masse par les écoulements volcaniques. Le noyau métallique, malgré sa perte en vapeurs, a écarté et soulevé tout l'entourage et augmentant le volume du globe, produisit un ralentissement dans sa rotation. Les jours devinrent plus longs, l'année plus courte, c'est à dire ayant un nombre moindre de jours. La chaleur, le calme et le silence régnaient dans l'espace.

La formation des roches cristallines schisteuses s'efface peu à peu à la fin de cette époque; il est même possible, qu'avec elle s'efface la théorie du métamorphisme qui veut que toutes les roches cristallines soient à l'origine amorphes. Il est plus que sûr que dans un laboratoire representé par notre globe, où tous les agents chimiques, physiques et dynamiques exerçaient leur influence avec une force exorbitante, une métamorphose a eu lieu.

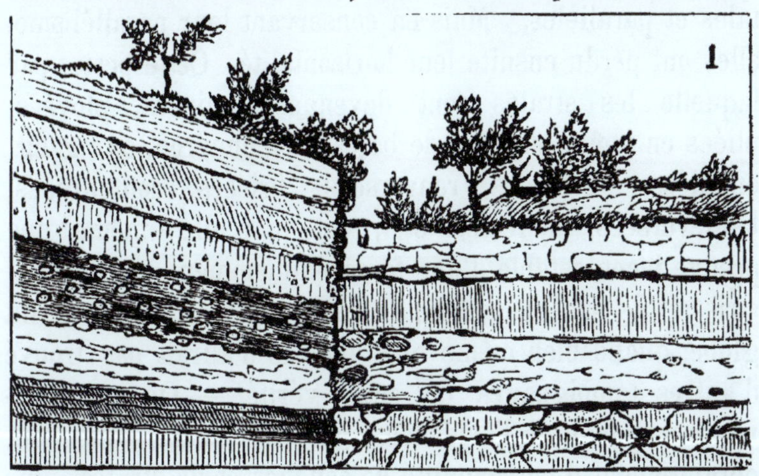

J'ai même eu recours au métamorphisme toutes les fois qu'il était palpable. Pourtant qu'il me soit permis de ne-pas adhérer à cette théorie, dans le sens plus haut indiqué, malgré qu'elle trouve des adeptes parmi les plus éminents géognostes.

14. Les roches cristallines schisteuses, précipitées à cause de la non solubilité des substances pierreuses dans l'eau successivement refroidie, ont formé des assises composées de strates plus ou moins distinctes, horizontales et parallèles. Mais en conservant leur parallélisme, elles ont perdu ensuite leur horizontalité. Cette perte, par laquelle les strates sont devenues inclinées, ployées, pliées en voûte, en fond de bateau, en chevron, en zigzag, ondulées, verticales, renversées, brisées, contournées, bouleversées, morcelées etc., est par elle-même une preuve incontestable d'une force éminemment grande, qui agissait de bas en haut en produisant l'accroissement du globe; quand bien même ma théorie n'aurait pas trouvé d'autres témoignages de cette vérité. — On peut démontrer jusqu' à l'évidence, par les dessins, que tout dérangement d'horizontalité de couches et de strates, que nous trouvons dans la profondeur du globe, n'est que la conséquence inévitable de cet accroissement. Suivons pas à pas les principaux changements géotechtoniques, produits par l'expansion centrale, soit qu'elle pousse la couche fondue à travers les roches cristallines massives immédiate à la couche stratifiée, en forme de roches plutoniques (porphyre, basalte, trape etc.); soit que' elle soulève, au moyen de la couche fondue les roches cristallines massives, avec leur basalte de roches stratifiées du bas en haut; en tous cas il nous sera impossible de nier l'augmentation du globe.

15. Les plus grandes dislocations, déviations et changements géotechtoniques du sol, sont accompagnés de la rupture verticale et profonde des couches super-

posées, qui mérite notre attention spéciale, parce qu' elle nous raconte par elle-même les événements les plus importants de l'histoire de notre globe. Les deux parties des couches coupées se déplacent verticalement ou horizontale-

ment. Dans le déplacement vertical nommé *faille*, une partie est poussée plus haut que l'autre, et par conséquent les couches horizontales dans les deux parties subissent un dénivellement. L'autre fois les deux parties s'écartent l'une de l'autre, en changeant réciproquement leur direction et leur inclinaison.

Au lieu de les décrire, je préfère les rendre visibles par le dessin, en ajoutant de courtes explications, et en indiquant la direction de deux parties de la roche déchirée.

Fig. 1. *Faille.* L'expansion centrale en soulevant une partie a laissé l'autre intacte. Les deux surfaces opposées par leurs rainures indiquent leur frottement réciproque; quelquefois elles sont écartées en formant une fente. La direction de la déviation voyez à le page 83.

Fig. 2. *Une partie du lac Koenigsee.* Les deux parties de la roches déchirée se sont écartées, et en conservant leur direction verticale, elles ont ouvert un profond précipice changé après en lac — (page 83.)

Fig. 3. *Une partie de l'ardoisière près de Vichy.* Les deux parties écartées forment un triangle avec la pointe dirigée en bas \/ — (page 85.)

Fig. 4. *Une partie du lac Wallensee.* En allant de Chur à Zurich, du coté droit du lac se dressent d'énormes montagnes blanches, presque perpendiculaires. Du côté gauche les montagnes inclinées pour la plupart sont couvertes de charmants villages, et d'une plus belle végétation; seulement quelques montagnes sont restées verticales, formant des promontoires dans le lac, percés par de tunels du chemin de fer, qui passe tout près du bord. Direction de la déchirure \| — (page 85.)

Fig. 5. *A Ragaz à l'entrée de la gorge* longue de quelques kilomètres, dans laquelle se jette la Tamine par cent cascades, la rupture de la roche présente à gauche un énorme massif schisteux d'ardoise, coupé par les minces strates du calcaire blanc, comme le marbre de Carrare, vertical comme une muraille, haut de plusieurs centaines

5
6

de mètres; à droite la montagne est inclinée, couverte d'une forêt. Direction de la déchirure V — (page 87.)

Fig. 6. *La même gorge à Pfeffers* changée en grotte, presque sombre; parceque les deux parties se sont écartées à leurs bases, et inclinées à leurs sommets, formant un toit ∧. — Dans cette grotte la Tamine roule avec un fracas étourdissant, en se mélant de l'eau chaude, qui jaillit du coté gauche près de la galerie en bois.

La distance entre les deux parties de la rupture, verticale, quand elles se trouvent dans la profondeur du sol, est pour la plupart du temps rempli d'éboulis et de diluvium; ou d'eau, formant des lacs. Elle forme quelquefois des puits naturels et des trous. Les parties de la rupture élevée forment des fissures, des crevasses, des abîmes, des défilés, des gorges et des vallées. Nous reviendrons à ces dernières en parlant de la figure primitive des chaînes de montagnes.

Nous ne pouvons attribuer les ruptures verticales de la croûte solide au retrait qu'elle a eprouvé pendant son refroidissement; ce point de vue étant en contradiction avec la physique et les mathématiques.

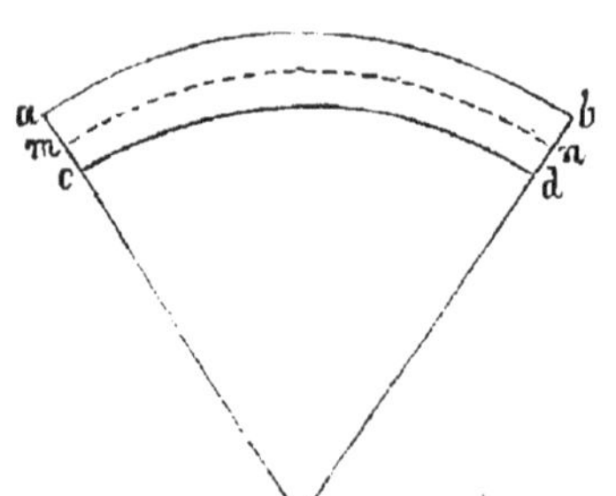

Supposons que la partie de l'écorce fondue et incandescente à + 2000 C. occupait l'espace *a*, *b*, *c*, *d*; mais que par son refroidissement, en perdant selon Deville 10 pour cent, elle s'est raccourcie à la calotte *m*, *n*, *c*, *d*. Personne n'ose nier que la masse refroidie a diminué en volume, mais on ne peut nier non plus qu'en occupant ensuite un espace moindre, elle ne devait pas, et même elle ne pouvait pas se partager en parties éloignées l'une de l'autre, pour la combler entièrement. D'ailleurs, ce n'est pas seulement la partie jadis fondue, qui est affectée par la rupture verticale, mais ce sont de préference les couches sédimentaires de l'ecorce, qui n'ayant jamais une température trop élevée, sont pourtant coupées verticalement et disloquées en failles, gorges, abimes, vallées etc. D'où donc venait ce retrait?

Selon moi, toute rupture de l'écorce terrestre et la dislocation de ses parties, est une preuve et une conséquence absolue de l'augmentation du globe. Supposons que la partie de l'écorce déjà refroidie, ou encore incandescente; ignée, ou sédimentaire; cristalline, ou amorphe

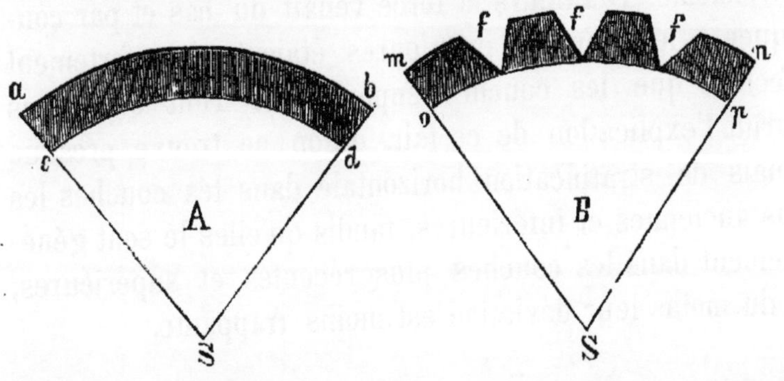

a occupé le menisque a, b, c, d (fig. A); mais étant poussée par l'expansion centrale en haut, devait ensuite combler l'espace m, n, o, p, (fig. B.) La formation des ruptures verticales f, f, est donc une conséquence absolue, parceque l'espace m, n, o, p étant plus grand que l'espace a, b, c, d doit être rempli par la même masse.

Toutes ces dislocations des couches stratifiées, étant séculaires ou rapides, sont faites imperceptiblement ou d'un seul jet. Elles se sont répétées sans cesse, depuis des milliards d'années elles ont contribué nécessairement à l'agrandissement successif du globe. L'étude de la stratification étant une branche de la géologie, n'a été touchée par moi, que pour diriger l'attention du lecteur sur elle, autant que cela appartient à la géogénie.

Admettons, que depuis l'existence du globe trois couches stratifiées et différentes selon leur constitution, dont la formation a duré des millions d'années, sè sont précipitées l'une sur l'autre. Comme pendant une durée de temps si longue, chaque couche a été lentement poussée en haut, et qu'il survenait de temps en temps une violente secousse qui l'ébranlait; il en résulte, que la première couche la plus profonde, était plus souvent ébranlée que la seconde, et la seconde plus souvent que la troisième. D'ailleurs la force venait du bas et par conséquent, les couches inférieures étaient plus fortement affectées que les couches supérieures. Tout cela nous fournit l'explication de ce fait, qu'on ne trouve presque jamais de stratification horizontale dans les couches les plus anciennes et inférieures, tandis qu'elles le sont généralement dans les couches plus récentes et supérieures, ou du moins leur déviation est moins frappante.

V.

QUATRIÈME ÉPOQUE.

DÉCOMPOSITION DES SILICATES PAR L'ACIDE CARBONIQUE.

FORMATION DES ROCHES SCHISTEUSES NON CRISTALLINES.

Attiédissement ultérieur de l'océan au dessous de + 200—remarques sur les carbonates et les bicarbonates alcali-terreux — décomposition des silicates et formation des carbonates — lames flottantes non cristallines — formation de l'argile schisteuse—l'océan changé en une lessive sodo-potassique — la formation du calcaire compacte primitif, de la dolomite primitive, et de l'argile schisteuse primitive —théorie du tremblement de terre—il exhausse toujours le sol—théorie de Bischof sur le tremblement de terre — critique de cette théorie — phenomènes volcaniques pendant cette époque — l'azote s'abaisse—couches cristallines et non cristallines alternantes — explication de ce phénomène.

1. L'océan primitif chauffé à + 2000 C. n'a pu se refroidir, avant que la couche plastique chauffée à + 4000 C. ait perdu au moins la moitié de sa chaleur; parceque nécessairement, celle-ci a du passer par l'océan. Il est pour nous impossible de fixer le degré du calorique de l'océan primitif au moment, où les silicates commencèrent à se précipiter en solution, sous forme de croûtes cristallines. Et quoique nous ayons donné au lecteur un pyromètre, qui lui a indiqué l'abaissement successif du calorique de l'océan, représenté par plusieurs couches cristallines, pour la plupart superposées, commençant par le gneiss jusqu' au talc schisteux (IV—7); nous n'avons pas été en état pourtant d'évaluer en chiffre cette perte

successive de température. Mais en revanche, nous avons la satisfaction de pouvoir déterminer le degré probable du calorique de l'océan, même approximatif, quand l'acide carbonique commença à jouer le rôle d'un agent chimique, en décomposant les silicates et en formant les carbonates.

2. Dans un four à chaux, construit par J. R.Swann [1]) au moyen de l'atmosphère surchauffée à + 200 C. nous pouvons calciner la chaux, changeant son carbonate en oxyde. D'où il résulte, que pour pouvoir changer la chaux oxydée en carbonatée, la température doit être au dessous de + 200 C. — Néanmoins, il faut avant tout être convaincu, que la pression de l'atmosphère primitive n' a pas changé le résultat de notre calcul. Malgré l'énorme quantité d'acide carbonique, qui pendant les deux longues époques passées a successivement disparu de l'atmosphère, tantôt emprisonné et emmagasiné dans les roches et les couches, tantôt concentré et dissout dans l'océan, le reste présenta cependant un poids respectable, qu'il ne faut pas omettre. On peut établir comme axiome, que la pression exerce son influence sur les combinaisons chimiques d'une telle façon, *qu' elle facilite mécaniquement la composition et s'oppose mécaniquement à la décomposition chimique.* Comme l'acide carbonique d'alors a simultanément décomposé les silicates et formé les carbonates; les deux actions réciproques de la pression se sont neutralisées, de sorte que leur action a été nulle.

3. Une solution limpide d'un alcali terreux, exposée dans un vase ouvert à l'action de l'atmosphère, se couvre peu à peu d'une pellicule, d'une lamelle blanchâtre de

---

(1) Jahres-Bericht der chemischen Technologie von J. R. Wagner. Leipzig 1871. Seite 325.

carbonate, qui après être tombée au fond, laisse la surface libre à la formation d'une nouvelle; jusqu' à ce que tout l'alcali terreux soluble se change en carbonate insoluble. Si nous faisons passer un courant d'acide carbonique par une solution limpide d'un alcali terreux, elle deviendra bientôt opaque et laiteuse, parceque sa transformation en carbonate insoluble se fait très vite. — Mais si le courant d'acide carbonique ne cesse pas de passer par la solution laiteuse, elle redeviendra limpide, parceque les carbonates insolubles se changeront en bicarbonates solubles. Après ces préliminaires passons à la nature, et a l'époque dont nous voulons parler et que nous voulons décrire.

4. L'océan de cette époque, sous le rapport de sa constitution, était à peu près semblable à l'océan de l'époque précédente; seulement les quantités des parties constituantes différaient beaucoup. La chaleur dans les parties supérieures arrivait au dessous de + 200 C., quoique au fond elle fût probablement supérieure. En conséquence, les silicates dissous au fond en plus grande quantité, étaient transportés vers la superficie comme auparavant par le mouvement de l'eau. Pourtant la différence se manifesta évidemment, vu que les silicates, au lieu de s'agglomérer à la surface des eaux en cristaux, comme dans l'époque précédente, se décomposaient en grande partie, en formant des lames flottantes, qui contenaient toutes les parties constituantes des silicates cristallisés, mais changées sous l'influence de l'acide carbonique [1]) savoir:

a) les carbonates de potasse, de soude, de lythine, solubles dans l'eau froide;

---

(1) Bischof — Geologie. T. I p. 31.

b) les carbonates de chaux, de magnésie, de baryte, et de strontyane, solubles dans l'eau saturée d'acide carbonique ;

c) de la silice soluble dans l'eau à une température élevée, en présence de l'acide carbonique et sous une grande pression; [1])

d) de l'argile éminemment peu soluble, même dans ces conditions;

e) des parties minimes de micas et d'autres silicates, qui ont échappé à la décomposition.

5. Les lames flottantes devenues pesantes, tombèrent lentement au fond. Mais pendant leur chute elles perdirent peu à peu quelques unes de leurs parties constituantes. Dans les régions supérieures de l'océan, c'est la potasse, la soude et la lythine qui sont restées en solution. Plus bas les carbonates des alcalis terreux insolubles, *se sont changés en bicarbonates solubles*, en présence d'une quantité abondante d'acide carbonique (I, 20). Plus bas encore l'accroissement de la chaleur et de la pression, contribuèrent a arracher aux lames précipitées une grande quantité de silice; de sorte que la lame tombée au fond ne contenait que de l'argile pure, légèrement parsemée de débris de micas, d'un petit nombre d'autres cristaux non décomposés et d'une mince quantité de silice.

Durant des millions d'années, ces lames se sont précipitées et déposées horizontalement les unes sur les autres, formant des couches d'une hauteur différente, quelquefois jusqu' à 700—800 mètres, et selon la quantité plus ou moins grande de micas qu'elles contiennent, on leur donna la dénomination de *roche d'argile schisteuse*, ou *roche d'argile schisteuse micacée*.

---

(1) Daubrée, Durocher, Sernarmont.

De tout ce que nous avons exposé jusqu'ici on peut formuler la probabilité suivante. L'océan primitif chauffé à + 2000 C., par le refroidissement successif à + 200 C. a déposé un précipité cristallin de silicates, superposés en couches horizontales et parallèles, depuis et au dessous de + 200 C. un précipité d'argile non cristalline, conservant l'horizontalité des couches et le parallélisme des lames.—A la suite de ce chapitre, je tâcherai d'expliquer les déviations de la probabilité citée plus haut.

6. Pendant l'époque de la décomposition des silicates, des changements énormes se sont effectués non seulement dans l'océan primitif, mais aussi dans les couches schisteuses cristallines de l'époque précédente. — Nous avons montré plus haut que cette décomposition a éliminé les carbonates de potasse et de soude de toute combinaison, et par cette raison l'eau de l'océan a changé en grande partie sa qualité de solution silicatique en *lessive sodo-potassique.* Le mouvement du haut en bas de l'eau refroidie transporta au fond cette lessive; qui pénétrant les couches cristallines schisteuses, alors encore plastiques, y produisit une décomposition partielle des silicates dont les résultats furent :

a) la chaux, la magnésie, éliminées de leur combinaison silicatique, changées en carbonates, accumulées en nids, reins, rognons, ou petites strates parmi les strates cristallines, sont comprises sous le nom de *calcaire compact primitif*, *dolomite primitive.*

b) l'argile des silicates décomposés, isolée conservant sa position stratifiée parmi les couches cristallines, forme ce qu' on appelle *l'argile schisteuse primitive.*

c) la lessive des carbonates alcalins en rendant son acide carbonique à la chaux et à la magnésie pour les changer en carbonates insolubles, devint un caustique énergique, contenant des oxydes de soude et de potasse.

d) la silice isolée sous l'influence d'une grande chaleur et en présence des oxydes de soude et de potasse, entra en combinaison avec les molécules terreuses et terro-alcalines, formant une nouvelle série de silicates cristallisés, comme des olivines, des augits, des grenats etc., qu' on trouve disséminés dans l'argile primitive.

Donc selon toute probabilité le calcaire compacte, la dolomite et l'argile appelés primitifs, ainsi que les cristaux de silicates qu' on y rencontre, ne sont que le résultat d'une métamorphose ultérieure et par conséquent ne méritent pas le caractère d'antiquité que la science leur a attribué.

7. L'époque présente a puissamment participé à la transformation du globe. A mesure que l'eau devenue plus raréfiée par la perte des corps solides, s'est refroidie graduellement et que la quantité des carbonates s'est augmentée, la colonne atmosphérique est devenue moins haute et moins pesante. Si nous ajoutons que par l'influence cosmique notamment par une inégalité de refroidissement, la décomposition des silicates n'était pas partout uniforme, il nous sera possible de concevoir une rupture d'équilibre, des soulèvements de la couche plastique avec tout le ballast de trois formations qui reposaient sur lui, et par conséquent l'augmentation du globe en volume. L'imperceptibilité de l'accroissement du globe est explicable, vu d'un côté, la lenteur de la

décomposition des silicates par l'acide carbonique, et d'un autre côté l'expansion centrale, qui partie d'un point, rayonne sur une immense superficie.

8. Le soulèvement imperceptible de la croûte étant, pour ainsi dire habituel et régulier, constitue une règle qui a des exceptions, même fréquentes. Ainsi l'expansion centrale, trouvant par fois en un sens une résistance trop faible, a déchiré rapidement les couches compactes, entassés sur la couche fondue à une hauteur plus ou moins notable, en poussant vers la déchirure une quantité variable de la masse fondue. Une injection pareille produit non seulement de grands changements dans la masse déchirée, avec laquelle elle entre en contact immédiat, c'est ce que j'ai indiqué plus haut (IV—10. 11), mais en outre elle ébranle, soulève, rejette, et par conséquent comprime du bas en haut toutes les couches superposées, en produisant le phénomène du *tremblement de terre.*

Etant à Franzensbad au mois de Juillet 1856 ou 1857, (je ne me rappelle par l'année), je fus éveillé de mon sommeil à 4 heures et demie du matin par un choc de mon lit contre la muraille. Le lit oscillait avec moi comme un berceau, et ma tête roulait d'un côté à l'autre, comme celle d'un épileptique. Je reconnus à l'instant l'ennemi, et sautant à bas de mon lit, j'engageai ma famille à s'habiller le plus vite possible, pour se sauver sur une place. Mais après 5 ou 6 secondes, tout était calme; seulement 7 ou 8 secondes après un tonnerre sourd grondait sous mes pieds avec une telle force, que les fenêtres en frémissant lui faisaient un accompagnement. Le tonnerre allait dans la même direction que le balancement du lit. C'était donc un tremblement de terre assez important, car chez les habitants de Franzensbad, beaucoup d'objets, des tables et des armoires étaient tombés par terre en se brisant; des tableaux s'étaient détachés, et même à Eger, à deux lieues de là, quelques cheminées s'étaient écroulées.

9. Le tremblement de terre constitue en géognosie un de ces points obscurs, qui sont encore couverts d'un brouillard. Naumann et Pfaff, dans leurs éminents ouvrages lui ont consacré des chapitres entiers. Mais le sujet restant à la fin comme un problème sans solution, ne peut que médiocrement satisfaire le lecteur. Voilà ce qui m'engage à ajouter une explication probable de ce grave phénomène.

a) Le tremblement de terre provient de la rupture subite d'équilibre entre la pression des couches et l'expansion centrale, qui en soulevant soudainement les parties pâteuses et solides les plus profondes, superposées à la couche fondue, les fracasse et les déchire en pressant dans leurs déchirures la masse fondue.

b) Selon toute apparence, la cause prochaine réside dans le changement du poids atmosphérique, parce qu'il est constaté, que l'abaissement barométrique précède chaque fois le tremblement de terre. Mais il est aussi évident, que la plasticité plus grande de l'écorce y participe, parceque ce mouvement du sol arrive le plus souvent dans le voisinage des grands bassins aquatiques, ou même dans leur fond.

c) La direction du sol tremblant correspond à la direction des déchirures. Elle est verticale, quand les déchirures sont verticales; elle est latérale et onduleuse quand les déchirures sont obliques, radiées en se coupant l'une l'autre.

d) La gravité de ce phénomène est en proportion de la grandeur des déchirures et de la quantité de la matière fondue injectée.

e) La violence de l'injection se manifeste à la superficie du sol, plus fortement en sens vertical sur les déchirures et diminue progressivement en s'éloignant de ce point.

f) La répétition des tremblements par intervalles provient du nombre des déchirures, qui se produisent successivement.

g) Chaque déchirure se manifeste par un triple effet:

1. La masse injectée soulève à une hauteur variable toute la partie compacte, superposée à la déchirure, avec son entourage.
2. La masse fondue et probablement les vapeurs métalliques qui l'accompagnent, ne pouvant s'échapper dehors, produisent pendant quelques secondes une oscillation du sol, qui cesse du moment ou elles se sont converties en une masse plus ou moins solide, mise en contact avec les couches refroidies.
3. La matière fondue et les vapeurs métalliques injectées dans les déchirures avec violence, impriment à la partie compacte un choc véhément dont l'éclat en se répercutant par l'écho contre les différentes roches sous-terrestres, se change en tonnerre.

h) Le soulèvement du sol après le tremblement de terre est souvent visible et constaté. Ainsi le soulèvement du Jorullo au Mexique en 1759; le soulèvement de la côte du Chili d'un mètre en 1822, de 3 mètres en 1835; de l'île de Santa Maria de 2,4 mètres du côté sud, et de 3,4 mètres du côté nord; le soulèvement de la Nouvelle Zélande de 2 mètres en 1855. Le soulèvement du Monte Nuovo de 2500 mètres en 1558 etc.

i) L'éboulement du sol et son affaissement après un tremblement de terre, ne peuvent se manifester que quand celui-ci n'est pas compacte, renfermant des cavernes dans son intérieur, ou quand se trouvant près du rivage, il est inondé; parceque le fond de la mer était poussé en haut; ici donc l'affaissement est illusoire. D'après G. Bischof (Geol. T. III, chap. LVII) le tremblement de terre et l'éboulement des montagnes ne différent, que parce que le dernier est supra-terrestre, tandis que le premier est infra-terrestre. Selon ce savant la fonte des neiges, les averses, et les pluies prolongées, en amollissant l'argile, la glaise et les terres meubles, amènent l'affaissement des roches compactes, superposées, qui constitue soit l'éboulement des montagnes, soit le tremblement de terre. L'auteur est impitoyable pour tous les exhaussements du sol, même constatés pendant les tremblements de terre, et il les traite avec une ironie caustique, quoiqu' il soit d'accord quant à l'exhaussement séculaire. Il cite une quantité d'affaissements du sol, comme conséquence de tremblements de terre, qui tous ont eu lieu sur les bords de la mer. J'ose faire la remarque que ses exemples cités ne prouvent rien. Car quand un terrain près de la mer est ébranlé par un tremblement de terre, la partie élevée qui touche l'eau, n'ayant aucun appui, s'écroulera nécessairement, à plus forte raison quand elle sera exhaussée. Il cite une catastrophe qui n' a pas eu lieu sur un rivage, (l. c. pag. 495). Je vais la donner au lecteur dans une traduction fidèle, justement parce qu'elle milite contre sa théorie. „Pendant le tremblement de terre en Calabre, „près d'Oppido en 1783, un gouffre s'ouvrit, qui ab- „straction faite d'une masse énorme de terre, d'oliviers „et de vignes qu'il engloutit, laissa encore un enfonce-

„ment en forme de chaudière, long de 500, et profond „de 200 pieds.“

Je suis pourtant d'avis que l'explication de ce phénomène par l'affaissement du sol, est en contradiction avec l'imperméabilité de la matière et la solidométrie. — Un terrain ébranlé par le tremblement de terre ne peut se transformer en chaudière, que par l'exhaussement; bien qu' alors les deux parties du terrain coupé s'éloignent l'une de l'autre, comme deux rayons du centre, formant une excavation, dans laquelle les bords sans appui roulent, comme cela a lieu sur le bord de la mer. Supposons que le choc imprimé du bas à la croûte terrestre ne l' a coupé que sous un angle de 0,01 de degré, si nous prolongeons les deux lignes de cet angle jusqu' à la surface du globe, nous aurons un gouffre de 500 pieds de largeur, et d'une profondeur que nous ne sommes pas en état de mesurer.

Pour qu' une chaudière énorme puisse se former pendant un tremblement de terre sans exhaussement du sol, il faut admettre que justement à cette place se trouvait une excavation, une grande caverne, cachée dans la profondeur après la lixiviation d'un minerai soluble; et d'où les parties meubles non solubles avaient été entrainées par un courant d'eau sous-terrestre. Une semblable explication est trop compliquée pour être adoptée comme règle.

k) Le tremblement de terre affectant le fond des mers, communique aux eaux son brusque soulèvement, qui se propage au loin, en donnant naissance à des *vagues de translation* et à des *ras de marée.*

10. A présent revenons aux changements qu'on trouve dans toute la masse compacte, soudainement rejetée et comprimée du bas en haut pendant le tremblement de

terre. Parcequ' il est imposible de s'imaginer qu' un pareil choc ne laisse pas de traces de son action.

Par la compression rapide de l'air dans un petit cylindre pneumatique, nous produisons une vive chaleur, capable d'allumer un morceau d'amadou placé au bout du piston. Je suis d'avis, qu' on n'a pas besoin d'être doué d'une imagination trop vive, pour se représenter l'énorme dégagement du calorique latent, provenant d'une masse de plusieurs myriamètres cubes, expulsée tout d'un coup à une hauteur seulement de quelques decimètres, ou même de quelques centimètres. Voici les effets produits par une telle compression.

a) les molécules métalliques dispersées en se fondant se rassemblent dans les fentes, les fissures, les crevasses formées dans les roches par leur ébranlement. Là comme dans un moule, en se refroidissant lentement, elles forment des cristaux, ou des masses cristallines ;

b) les silicates fusibles en se fondant et en s'écoulant avec les métaux, comme plus légers, les entourent formant leurs gangues et leurs scories pour la plupart cristallisées ;

c) les masses terreuses et calcaires deviennent compactes, cristallines, d'une cassure saccharoïde ;

d) les masses argileuses, durcies et quelquefois vitrifiées présentent l'aspect de la porcelaine ou du jaspe ;

e) les chlorites se convertissent en serpentine ; [1])

f) l'eau dont la croûte solide est imbibée, exprimée d'un coup et devenue chaude, dissout une grande

---

(1) Naumann, Lehrbuch der Geologie. T. 1. p. 569, 711, 776.

quantité de silice et de silicates alcalins. Dans cette condition, elle se rassemble dans les fentes, les fissures et les crevasses, et en se refroidissant très lentement, elle y dépose des cristaux, des quartz et des améthystes, tantôt sur les parois des fentes, tantôt sur les métaux. En outre poussée dehors, en se mêlant à l'eau de l'océan plus froide, et en présence de l'acide carbonique, elle précipite en abondance la silice, qui tombée au fond forme à la longue une couche d'une roche, nommée *quartzite.* Il est à remarquer qu' autour de la masse injectée, à des endroits plus ou moins éloignés, on trouve toujours des mines métallifères en veines, en filons et en couches. Quelquefois les roches sont pénétrées et infiltrées par des molécules métalliques.

J'ai dû laisser derrière moi plusieurs phénomènes plus haut cités, dont l'explication appartient à la suite de cet ouvrage; mais comme je reviendrai maintes fois sur ce sujet, je prépare le lecteur à me mieux comprendre à l'avenir.

11. Pendant cette époque, l'expansion centrale manifesta encore son activité par l'expulsion de la masse fondue au dehors. Dans un endroit où le moindre obstacle se trouvait, la couche fondue pressée toujours en haut tantôt déchira et perfora, tantôt rejeta et bouleversa, tantôt corroda et fondit dans cette direction, toutes les couches qu' elle rencontra dans sa marche, jusqu' à ce qu' elle parvînt à la superficie de la croûte. Par l'orifice de la cheminée coula une masse fondue, verte, plus ou moins foncée nommée *diorite.* composée de feldspaths et de hornblendes. Une partie de cette masse mise en contact avec

l'eau refroidie, se dissipa en une poudre nommée *tuf*, qui constitue une masse poreuse, homogène, et remplit souvent la fonction d'un ciment formant des conglomérats.

12. En même temps que la masse fondue, se sont dégagées des vapeurs métalliques de fer, de tytan, de molybdène, de wolfram, de manganèse, de cobalt, de nickel, de cuivre, d'or, d'argent, de plomb et d'étain, unis aux métalloïdes. Ici, je dois rappeler qu' aucun continent n'existait alors, et que toutes ces catastrophes de tremblements de terre, d'écoulements de la masse fondue ont eu lieu au fond de l'océan universel. Par la double affinité et par la double décomposition des silicates et des carbonates d'un côté, et des combinaisons métalliques avec les métalloïdes d'un autre côté, ces derniers se sont combinés avec les alcalis et les terres alcalines. Les métaux isolés tantôt oxydés, tantôt non oxydés ont pénétré en particules dispersées les roches cristallines et amorphes, massives et schisteuses, toutes douées de plasticité, ou se sont ramassés dans les fentes et crevasses formant des filons et des veines. Un autre point caractéristique c'est, qu'ils sont toujours accompagnés de cristaux de quartz et de différents silicates qui se sont formés soit de silicates fondus, soit d'une solution aqueuse, chaude et concentrée.

13. Tous ces phénomènes, toutes ces luttes du feu et de l'eau, tous ces changements chimiques et mécaniques ont eu lieu dans des régions limitées et éloignées les unes des autres par des espaces immenses et par d'immenses intervalles. C'est pourquoi, bien que leur origine et leur action soient les mêmes, les résultats diffèrent essentiellement dans chaque localité. Si dans les milliers de feuilles d'un arbre, malgré leur ressemblance, nous n'en trouvons pas deux exactement semblables, cette

différence doit être d'autant plus frappante, parmi les trouvailles à des profondeurs du globe, où des centaines d'agents provenant du dehors et du dedans du globe, ont participé à leur transformation. Il ne faut donc pas s'étonner, si l'argile schisteuse est entrecoupée d'autres minéraux appartenant à une autre époque. Il y a des calcaires et des dolomites, quand les carbonates de chaux et de magnésie n'ont pas trouvé assez d'acide carbonique pour devenir bi-carbonates solubles. On trouve des sidérites et des sphérosidérites formés de vapeurs métalliques. Nous avons indiqué plus haut (V. 10, f.) la formation des quartzites. Les puddings, les conglomérats sont des résultats habituels de l'action collante du tuf volcanique sur les galets et débris de roches écroulés par l'ébranlement; de même que les agglomérats de quartz à petits grains, par la chaux, la silice, ou l'argile forment des grès; l'argile à couleur rouge s'est formée par le sesquioxyde de fer, provenant de vapeurs métalliques oxydées par l'eau; on trouve même des phosphates de chaux en rognons, provenant de la transformation de phosphures métalliques. Toutes ces trouvailles accessoires ne changent en rien le caractère général de cette époque.

14. Des milliards de kilogrammes d'acide carbonique ont décomposé les silicates, en les changeant en carbonates. Les lames flottantes en tombant au fond, s'accumulèrent en couche d'argile schisteuse de plus en plus épaisses. Mais pendant les millions d'années de cette époque, l'eau se refroidit successivement, et la colonne atmosphérique devint plus légère. L'azote, dans ses parties supérieures refroidi et concentré, commença a s'abaisser et à se mêler à l'acide carbonique, pour participer à l'avenir aux manifestations et aux changements du

globe et des êtres qui devaient l'habiter. Dans l'océan deux mouvements s'accomplissaient sans relâche ; l'un vertical qui mêlait ses strates inférieures plus chaudes et plus saturées aux supérieures; l'autre horizontale qui mêlait par diffusion les parties d'une différente concentration entre elles. Mais ces mouvements étaient tellement insensibles et lents que l'océan n'en était troublé ni à sa surface, ni dans sa profondeur.

L'océan étant encore universel avait inondé le globe entier. Mais il est possible qu' à des distances de centaines de myriamètres, des petits points foncés aient apparu à sa surface. C'étaient les sommets des montagnes sous-marines, qui tantôt s'élevaient au dessus du niveau de l'océan, tantôt étaient cachées sous l'eau, parceque l'océan avait souvent changé son niveau et annihilé les tentatives des montagnes sous-marines.

Avec la formation de l'argile schisteuse finit la troisième époque de notre globe. Les trois époques passées ne forment que son âge d'enfance; sa vie n'était que purement chimique, et alors toutes les couches y ont participé, à l'exception de l'azote.

15. Nous avons exposé la théorie de la formation des roches schisteuses cristallines et non cristallines, pendant deux époques séparées par des millions d'années, en indiquant chronologiquement que les premières sont plus anciennes que les dernières. A présent, nous tâcherons d'expliquer ce singulier phénomène, qu' on trouve parfois des couches schisteuses cristallines et non cristallines alternantes, dressées les unes près des autres dans une direction plus ou moins oblique, ou même placées en ordre alternant les unes au dessus des autres. Cet étrange phénomène, qui généralement est expliqué par le métamor-

phisme, a selon mon avis une tout autre origine, que nous voyons souvent de nos propres yeux. La glace, qui couvre les fleuves pendant l'hiver, présente deux strates; l'inférieure, hyaline ressemble au cristal de roche, la supérieure, opaque a l'apparence du calcédon. Aux temps de débacle, les grands quartiers de glace emportés par une force énorme, se poussant avec vitesse, produisent souvent des engorgements du lit, et alors ils se dressent plus ou moins obliquement, tournés les uns près des autres avec leurs parties tantôt hyalines, tantôt opaques, ou même se glissent les uns au dessous des autres, formant des strates alternantes. Selon toute probabilité les montagnes

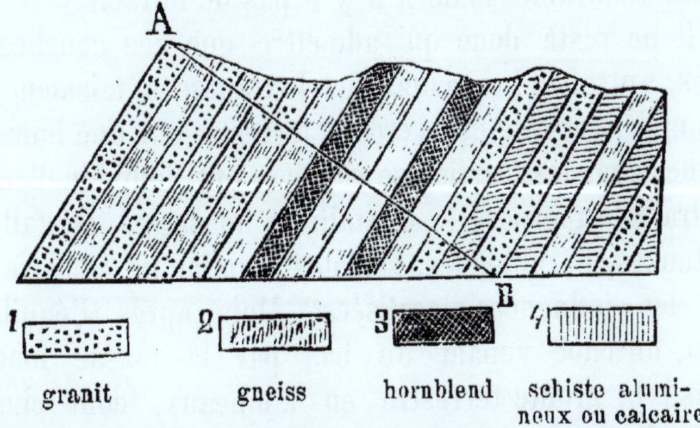

du Brésil [1]) qui nous offrent un exemple frappant de cette anomalie, ont été les premiers témoins de la débacle, que la jeune croûte terrestre a subie, morcelée et emportée par la couche fondue, gonflée par l'accroissement du globe.

Il est impossible d'admettre que toutes les couches actuellement obliques, différentes et alternantes à leur constitution, étaient d'abord déposées horizontalement;

(1) Le dessin est pris de F. Pfaff. Allgemeine Geologie, als exacte Wissenschaft, page 151 et 240.

mais qu' aprês par une révolution, la croûte terrestre entière bouleversée et tournée sur son axe a changé la direction de ses couches. Parce qu' une explication pareille est en contradiction avec la chronologie de la formation successive des couches cristallines massives, cristallines schisteuses et schiste alumineux. D'ailleurs la ligne *A B* perpendiculaire aux couches obliques dépasse en longueur 100 lieues; ce qui est en contradiction avec la profondeur présumable de la croûte terrestre. Moins encore est admis-sible une explication de ce phénomène par le métamor phisme; qui a dû changer une partie des couches en cristalline, en laissant l'autre partie intacte. Dans la création tout est admirable, mais il n' y a pas de miracle.

Il ne reste donc qu' admettre que ces couches inclinées, autrefois horizontales et juxtaposées faisaient une continuité intégrale de la croûte terrestre sur une immense étendue, dont les parties se composaient individuellement de strates superposées, cristallines massives, cristallines schisteuses, hornblendes, schistes alumineux, calcaire etc. selon les influences localisées. Mais aprés l'équilibre rompu, un choc venant du bas par la masse fondue, a brisé la croûte terrestre en lambeaux, dont chacun a changé sa direction d'horizontale en oblique, poussé par le flot de la masse fondue.

Je doute que les couches des montagnes du Brésil soient si nettement déposées, que nous les répresente le dessin; j'ai vu quelque chose de semblable ; un pêle-mêle de couches, dans la vallée de l'Aar prés de Brienz; j'ai été étonné de l'énorme force, qui a produit un bouleversement pareil.

VI.

CINQUIÈME ÉPOQUE.

PREMIÈRE PÉRIODE DE LA DÉCARBONISATION DE L'ATMOSPHÈRE PAR LES PLANTES MARITIMES.

FORMATION DES ROCHES SCHISTEUSES FONCÉES ET NOIRES.

Il en résulte qu' il est bien désirable pour la géologie, d'avoir une classification et une nomenclature des époques, autant que possible indépendantes des formations locales. (1)

Le début de la vie organique n'a pas été simultané sur le globe entier — attiédissement de l'océan au dessous de + 60 — formation des corps albuminoïdes — vie organique — types organiques — protéine, protoplasme, protiste, cellule, organe, organisme — la nutrition et la respiration des plantes et des animaux se font par leurs excrétions reciproques, — l'atmosphère d'alors était décarbonisée par la vie des plantes et désoxydée par les feux volcaniques — les plantes primitives ont pris racine sur les lames flottantes — formation de l'ardoise, de l'ampélite, des matières bitumineuses, du grauwack , du calcaire brun, de la dolomite brune — première pluie — les vapeurs métalliques changent les carbonates en combinaisons haloïdiques — Monument de cette époque—couches foncées et claires alternantes — les sondages et les dragages ont élargi les limites de l'existence organique — pétrification des êtres organiques— flore et faune de cette époque — remarques générales.

1. Sans pouvoir abandonner le terrain de la vie chimique, nous sommes arrivés à l'entrée de la vie organique; à la porte d'un labyrinthe où il est dangereux de pénétrer, parcequ' il est impossible d'en sortir. Pour

---

(1) Daraus ergiebt sich, wie wünschenschenswerth es ist für die Geologie, eine Eintheilung und Benennung der Zeiträume zu erlangen, welche von den localen Bildungen möglichst unabhängig ist. — B. von Cotta. — Geologie der Gegenwart. Seite 80.

ne pas errer dans les ténèbres, pour ne pas me heurter à chaque pas contre l'incroyable et le miracle, je veux chercher à éclairer le lecteur sur ce point. Le globe terrestre s'est développé selon des règles certaines et fixes; mais ce développement ne s'est pas fait sur toute son étendue ni avec simultaneité, ni avec identité de causes et de forces. Chaque partie du globe a eu sa formation individuelle et son âge de développement, aussi bien que chaque organe de l'organisme.

Je crois qu' aucun savant n'osera dire que l'Australie et l'Asie sont deux soeurs jumelles; quand la flore et la faune actuelles de la première avec ses kangourous et ses araucarias rappellent la formation tertiaire du vieux continent. Si donc nous trouvons dans les profondeurs de la terre des individus, des plantes, ou des animaux, qui ne correspondent pas au caractère du temps, nous ne pouvons les considérer comme des citoyens de cette région, mais comme des intrus, des vagabonds et des aventuriers qui s'y sont glissés par hasard, pour se moquer des savants de nos jours.

On ne peut trop louer les paroles judicieuses de Ch. Contejeane (Elem. de Géol. p. 460.) „Les mêmes espèces „fossiles n'ont pas commencé et ne se sont pas éteintes „partout en même temps; leur ordre de succession paraît „même différer dans des contrées éloignées; et quelquefois „des faunes contemporaines sont tellement disparates, qu'il „est extrêmement difficile d'en établir la simultanéité.“

2. La vie organique est un attribut de la matière par lequel, elle s'approprie et s'assimile les éléments de son entourage, décompose à son profit les matières composées, afin de créer *une entité modelée*, capable de se multiplier, c'est à dire de produire *des entités semblables.*

L'imagination la plus riche est en défaut devant la nature créatrice, et s'incline devant la richesse inépuisable des modèles et des types. Tous les objets de manufacture indispensables à nos besoins quotidiens, ainsi que les objets de luxe, d'ornement ne sont que de faibles copies des types naturels. La quantité de formes et de types tirés des profondeurs de la terre et de l'eau, augmente chaque jour à tel point, que l'homme effrayé, étant arrivé à la conviction qu' une langue ne suffirait pas à les nommer tous, a eu recours aux deux langues grecque et latine.

3. Un type organique ne change pas sa forme, tant que le lieu de sa naissance ne change pas ses conditions. Le changement de conditions produit des conséquences très différentes, parmi les familles typiques, habitant une même localité. Plusieurs individus ne pouvant supporter ces vicissitudes s'enfuient ou émigrent. Les plus faibles meurent sans postérité. Les autres produisent des enfants chétifs, et cet état maladif en s'accroissant de génération en génération, finit par l'extinction de la famille. Les familles les mieux organisées s'accommodant de ces vicissitudes, produisent des enfants préparés pour vivre dans les conditions nouvelles. Si donc les conditions changent dans une longue série de siècles, les individus les plus forts de la famille subiront peu à peu de génération en génération des changements inappréciables quant à leur forme, de sorte qu' après 50—60 générations ou davantage, les petits enfants ne ressembleront plus à leurs aïeux.

4. Les éléments constituants de tous les êtres organiques sont: l'hydrogène, l'oxygène, l'azote, le carbone, le soufre, le phosphore, le chlore, l'iode, le brome, le fluor, la silice, la potasse, la soude, la chaux, la magnésie, le

fer et le manganèse. Les cinq premiers éléments forment des corps glaireux, translucides, demi-liquides, appelés *protéiques* ou *albuminoïdes* qui constituent la matière crue pour tous les tissus organiques. Les corps protéiques ou albuminoïdes actuels, à la température de + 50 C. en se coagulant deviennent opaques, et alors perdent la faculté de former les tissus organiques. L'organe primitif consiste en une cellule; la combinaison et l'agglomération des cellules forment des *organes compliqués;* la réunion des organes forme *l'organisme.*

5. Chaque organisme possède un certain nombre d'organes pour remplir une double tâche: celle de *conserver son individualité* et celle de *produire des semblables.* Pour conserver son individualité les organismes consomment et s'assimilent des choses solides, liquides et gazeuses; c'est à dire, ils se nourrissent et ils respirent. Toute nourriture et tout gaz respiratoire quand ils ont rempli leur devoir, sont rejetés par l'organisme comme excrétions inutiles.

Il existe deux règnes d'êtres organiques: les végétaux et les animaux. Il est à remarquer que ces deux règnes s'entretiennent alternativement par leurs excrétions rejetées. Les végétaux absorbent par tout leur corps les éléments inorganiques de leur entourage, pour se nourrir et après les avoir changés et modifiés, ils les rejettent comme matière inutile, sous forme de parfum, d'acide organique, de sucre, d'huile, d'amidon, de fécule etc., qui sont les parties constituantes des fruits. Les animaux consomment les excrétions rejetées des végétaux, pour leur nourriture, et les rejettent après en excrétions dégoûtantes, qui seront à leur tour comme nourriture, un engrais pour les plantes. Il en est de même pour la respiration. Les plantes respirent l'acide carbonique en exhalant l'oxygène; les animaux respirent l'oxygène et exhalent l'acide carbonique. De cette sorte l'existence infinie des deux règnes est garantie. Nous avons reconnu deux respirations alternantes, dont l'une absorbant le carbone, est *décarbonisante;* l'autre l'oxygène devient *désoxydante.* Je préviens le lecteur, qu'avec cette époque commence une longue série des deux actions alternantes dans l'atmosphère, parce qu' elle sera *décarbonisée* par la vie des plantes et *désoxydée* par les feux des volcans.

Après cette longue, mais indispensable digression nous pouvons revenir à l'histoire de l'époque qui nous intéresse.

6. Tous les éléments nécessaires pour former des êtres organiques étaient amassés en abondance dans l'océan. Les alcalis et les terres alcalines étaient dissous sous forme de carbonates, bicarbonates, phosphates, sulfates, chlorures, bromures, iodures, fluorures; la silice se trouvait partout à l'état de solution: les métaux et les métalloïdes étaient fournis en vapeurs métalliques par le noyau terrestre, et l'azote en s'abaissant de plus en plus de sa hauteur pénétra les eaux. Il ne fallait pas que la température de l'océan tombât, pour que les combinaisons protéiques pussent se former, sans courir le danger d'être coagulées. Dans l'état actuel, certaines sources chaudes renferment une matière organique appelée *glairine* ou *barégine.* Une algue particulière végète dans les eaux sulfureuses dont la température dépasse 50 degrés, sans atteindre cependant 80; elle pullule à Bagnère de Luchon, et dans la plupart des sources des Pyrénées. On signale des insectes aquatiques, dans les eaux de l'Arkansas (Etats Unis) dont la température s'éleve jusqu'à 60 degrés.

Tout cela autorise à supposer que la vie organique primordiale a débuté à une température même beaucoup plus élevée que 50 degrés. [1])

7. Une fois la température favorable venue, la force inconnue, mystérieuse que nous appelons faute de mieux *force vitale*, combina les éléments différents, pour en former la *protéine;* de celle-ci s'est fait le protoplasme, qui est pour ainsi dire la matrice d'un *protiste*, de la *cellule*, et le *protiste*, le premier être vivant apparut. Il est d'accord avec toute logique, que les premiers individus organiques ne pouvaient être que des végétaux; parceque l'oxygène isolé et une nourriture indispensable à la vie des animaux n'existaient pas alors; tandis que les végétaux se nourrissent directement de matières inorganiques. Les premiers furent des plantes aquatiques marines, contenant outre les éléments propres aux végétaux, l'iode, le brome et la silice qui font partie constituante des varechs. Les analyses faites par M. M. Th. de Saussure, Berthier, Malaguti et Durocher ont démontré, que la silice se trouve très abondante dans la cendre des végétaux d'ordre inférieur, cryptogames, acotylédons et aquatiques.

8. Il serait téméraire de vouloir décrire les formes différentes des premières plantes, mais selon toute apparence c'étaient de simples cellules, petites et minces qui avaient pour écorce une pellicule siliceuse remplie d'une matière albuminoïde. On appelle ces êtres *diatomées*. Ce sont des êtres organiques éminemment simples, équivoques, placés sur la ligne de démarcation des animaux et des plantes. Comme les lames flottantes ne cessaient pas de se former, la végétation primitive poussa sur elles,

---

(1) Ch. Contejean. Elém. de Géol. p. 347.

formant des forêts microscopiques. Les lames emportant sur leur dos ces forêts microscopiques, tombèrent au fond les unes sur les autres à des hauteurs considérables. L'atmosphère, qui par la vie végétative avait changé sa constitution d'acide carbonique en oxygène, devint plus légère, d'autant plus qu' outre cela, une partie considérable d'azote entra dans la formation des végétaux. L'équilibre nécessairement fut rompu; l'expansion centrale poussa dans cette direction la couche fondue, une déchirure se fit dans la couche plastique; toute la masse superposée à la déchirure fut lancée en haut; par la compression rapide la masse devint incandescente, et les forêts microscopiques consumées ne laissèrent d'autres témoignages de leur existence, qu' une couleur grisâtre provenant du charbon, empruntée à la roche schisteuse. Au fur et à mesure que l'océan se refroidit et que l'azote y pénétra en plus grande quantité, la végétation devint plus abondante et plus épaisse sur les lames flottantes, qui tombées au fond et consumées de la manière décrite plus haut, laissèrent une roche formée quelquefois d'assises considérables d'une couleur bleuâtre, violette, gris d'acier, ou noir foncé appelée à présent *ardoise*, *phyllade* ou *schiste*. L'accroissement de la végétation devint énorme. Sur les parties supérieures de l'océan, des plantes marines nommées *algues* et *fucoïdes* nageaient en abondance. Les lames flottantes en tombant au fond, entraînèrent et engloutirent les fucoïdes, qui après avoir été grillées, changèrent les lames en roches schisteuses, qui contenant du charbon et une matière résineuse offrent un combustible médiocre nommé *schiste carbonifère* ou *ampélite*.

9. Dans le chapître précédent, j'ai indiqué l'influence de la chaleur développée rapidement dans une masse

violemment comprimée, sur les différents minéraux. Ici, je dois montrer l'influence de cette chaleur sur les matières organiques et combustibles.

Les êtres organiques soit végétaux, soit animaux, amassés en quantité, quand ils ont subi une compression rapide avec dégagement d'une énorme chaleur, donnent un double résultat de cette combustion ou plutôt de ce grillage. Les tissus fibreux se changent en une masse charbonneuse appelée *charbon fossile ou houille.* Tous les autres tissus et matières organiques d'origine végétale ou animale, après s'être décomposés sont sublimés partiellement vers les parties supérieures, où ils se concentrent en une matière grasse, huileuse, résineuse, d'une couleur brune, foncée, d'une odeur piquante, empyreumatique, qui en pénétrant et imbibant les différents minéraux, ou même les masses organiques les change en *bitumineux.* A cet ordre appartiennent: le *bitume, le naphte, l'asphalte, le pissasphalte, l'huile minérale* etc. Plus bas, nous reviendrons sur ce sujet.

10. L'océan se refroidit lentement, et je dirai même que par intervalles, il était de nouveau échauffé sur de grandes étendues. Car après un appauvrissement notable de l'atmosphère, tantôt par l'acide carbonique changé en oxygène, tantôt par l'azote qui faisait une partie constituante des êtres organiques, arriva la catastrophe d'une violente élévation du fond de l'océan avec un dégagement du calorique, qui comme nous le verrons bientôt fit périr et consuma tous les êtres organiques, végétaux et animaux habitant cette contrée.

11. Pourtant, la décomposition des silicates par l'acide carbonique descendit de la superficie de l'océan

dans toute sa profondeur. Les petites plantes marines, je dirai les *protistes végétaux* s'attachèrent aux carbonates insolubles terro-alcalins, en enlevant le trop d'acide carbonique aux bicarbonates et se précipitèrent avec eux. Par le concours des actions chimiques et organiques se forma un précipité contenant des carbonates terro-alcalins, de l'argile, de la silice, quelquefois des produits d'un ébranlement, c'est à dire des roches morcelées, comme des granits, gneiss, schistes cristallins, schistes d'argile etc.; quelquefois une quantité de mica non décomposé, tout cela mêlé d'une quantité variable de petites plantes marines. Ce précipité qui se trouve en abondance presque partout, après la combustion des parties organiques, transformé en roche plus ou moins foncée, s' appelle *grauwacke* ou *grauwacke schisteuse*.

12. Pendant se temps là un nouveau phénomène apparut sur notre globe. La colonne atmosphérique, par le déchet de ses parties constituantes, devenant plus légère, cessa d'être un obstacle à l'évaporation des eaux. Les vapeurs abondantes s'élevèrent aux régions supérieures de l'atmosphère, et refroidies après s'être concentrées en gouttes, retombèrent en pluie. La première pluie, brisant les lames flottantes mit fin à la formation schisteuse, du moins on la trouve à l'avenir plus rare et moins exacte. Par la pluie, une grande provision d'azote et d'acide carbonique de l'atmosphère se mêla à l'eau de l'océan. Une végétation s'y développa; des millions de petites plantes de l'ordre infime, appartenant aux algues et aux fucoïdes décomposèrent les bicarbonates terro-alcalins et accrochées aux molécules des carbonates de chaux et de magnésie tombèrent avec leur fardeau au fond, formant des amas assez notables, qui après avoir subi une com-

pression puissante, unie à la combustion, ont laissé le *calcaire brun* et la *dolomite brune*.

13. A présent, jetons un coup d'oeil sur le passé.

L'époque de la végétation marine primitive, qui dura une longue série de millions d'années, exerça une immense influence sur le développement de notre globe et sur l'avenir de ses êtres. L'acide carbonique de l'atmosphère en décomposant les silicates dissous, élimina incessamment l'argile et la silice, de sorte que l'eau devint plus rare et mieux adaptée aux organisations supérieures; en même temps la colonne de l'atmosphère s'abaissa. Les plantes marines en décomposant les bicarbonates terro-alcalins, éliminèrent une nouvelle quantité de corps solides de l'eau et en conséquence, elle devint plus rare encore et saturée d'oxygène; les plantes des lames flottantes et les fucoïdes nageant à la surface de l'océan, réduisirent l'acide carbonique de l'atmosphère à l'état d'oxygène, qui étant presque de $1/4$ plus léger, produisit une diminution du poids de l'atmosphère et sa raréfaction. Par conséquent, l'azote dans les parties supérieures, par le froid concentré descendit de plus en plus, en se mêlant avec l'oxygène et en pénétrant l'océan, rendit possible la production d'êtres organiques. Enfin tout ces changements chimiques furent augmentés par les averses, qui mélangèrent intimement les gaz entre eux et avec l'eau de l'océan *Dans la création tout est Sagesse.* Le dernier résultat de ces échanges et de ces transformations de la matière dans l'atmosphère, l'eau, les minéraux et les plantes fut la rupture de l'équilibre. Le fond de l'océan se souleva en différents lieux et à différents intervalles de temps, tantôt insensiblement, tantôt poussé par des secousses violentes, tantôt par les écoulements volcaniques sous-marins, qui étaient indispensables pour changer les qualités alcalines de l'océan.

14. Nous avons vu plus haut, que pendant les deux dernières époques, par la décomposition des silicates, l'eau de l'océan se changea en *lessive sodo-potassique*, qui étant favorable à la vie végétale est nuisible à la vie animale. Pendant cette époque, les volcans sous-marins étaient très fréquents; avec les laves *de dyabas* et le *tuf*, qui ont percé la couche plastique, des vapeurs métalliques de fer, de cuivre, de zinc et de plomb s'échappaient en abondance. Les métalloïdes unis aux métaux changèrent les carbonates alcalins et terro-alcalins en chlorures, iodures, bromures, fluorures, phosphures en chassant leur acide carbonique dans l'atmosphère pour devenir la proie de la future végétation continentale. On trouve dans cette formation l'apatite formé de phosphure en filons, en rognons, ou en cristaux; et dans les schistes de cette époque renfermant le charbon fossile, on rencontre en abondance le cuivre, le zinc, le plomb et quelques autres métaux comme produits contemporains de cette époque.

15. Le lecteur qui a eu l'indulgence de parcourir ces pages jusqu' ici, a le droit de reprocher à ma théorie d'être illusoire, et de dire que pour la prouver et la rendre vraisemblable, j'ai sacrifié la vérité en rangeant les couches dans un ordre idéal, qui n' existe point dans la nature, parceque les différentes géologies, dont les auteurs sont réputés pour leurs études consciencieuses, contiennent des exposés tout à fait autres et que le mien en diffère essentiellement. Pour me justifier de ce reproche, je ferai remarquer que parmi toutes les géologies des différentes localités, on n'en trouve pas deux, qui soient identiques et même très rarement semblables, soit pour l'ordre des

couches, soit pour leurs parties constituantes, soit pour leurs dénominations; qui loin d'être scientifiques, ne sont redevables de leur naissance qu' à un langage de convention, ou à une localité fortuite. J'ajouterai, que tous ces ouvrages d'un mérite irrécusable ne se ressemblent souvent que par deux mots *cambrien*, *silurien*, qui sont vagues, parcequ' ils n'expliquent rien et n'indiquent qu' un modèle, un point de comparaison pour les couches déposées ailleurs dans une profondeur notable. Mais, la comparaison faite, on trouve des divergences évidentes sous le rapport pétrographique; et il arrive souvent sous le rapport paléontologique; qu' un tout petit individu organique, trouvé par hasard, décide du sort d'un terrain entier, qu'il repousse en arrière, ou pousse en avant dans l'ordre chronologique, et devient la cause d'une guerre civile entre les savants. Tel est par exemple *l'eozoon canadense*, quoique son origine cesse d'être douteuse. Je suis d'avis qu' il nous faut d'autres criteriums pour déterminer l'histoire et la chronologie du globe; qu' il nous faut trouver des causes solides, pour en déduire les effets et les conséquences non équivoques.

Pour atteindre ce but, je donne au lecteur une clef, au moyen de laquelle les géologies les plus différentes deviendront semblables l'une à l'autre; et mon travail sera un lien qui les unira toutes, car je tâcherai de généraliser les causes et les effets.

16. Le monument qui subsista après cette époque, repose par sa base presque sur toute l'étendue du globe, autant qu' elle est accessible à l'homme. Là où nous ne le trouvons pas, il a été sans aucun doute détruit, par des ravages venant du bas et du haut. Ayant quelquefois une épaisseur d'environ 10000 mètres, il nous donne une

vague idée du temps incommensurablement long qu'il a fallu pour déposer un précipité si considérable. Il se compose de plusieurs étages alternants, dont les uns se présentent plus ou moins foncés, les autres plus clairs; sur lesquels sont écrits les noms de leurs constructeurs et l'histoire de cette époque en lettres nettes et lisibles. Les roches foncées ont été édifiées pendant les jours paisibles, par l'acide carbonique, décomposant les silicates et formant des carbonates, d'argile et de silice, en outre par les plantes aquatiques qui ont enlevé le carbone à l'acide carbonique dissous dans l'océan. Les roches plus claires ont été formées pendant les chocs et les bouleversements produits par l'expansion centrale sous forme de secousses, de tremblements de terre, et d'éruptions ou plutôt d'écoulements volcaniques. Les jours paisibles ont été générateurs. C'est alors que les plantes se sont développées et ont grandi; c'est alors que les animaux se sont multipliés en familles, en genres et en espèces. Les temps de trouble ont été destructeurs; c'est alors que les plantes ont été consumées, que les animaux étouffés par les vapeurs métalliques et bouillis dans l'eau chaude de l'océan, ont péri. Après un temps plus ou moins long, une nouvelle génération de formes et d'habitudes différentes peupla les profondeurs de l'océan, sur les débris des générations précédentes. Il arrivait que quelques catastrophes destructives se succédaient entre deux périodes de paix. — Chaque catastrophe a construit alors un ossuaire à part pour ses victimes. Ces ossuaires composés d'argile, de silice, de calcaire, de débris de roche, de laves, de tufs et d'oxydes métalliques, principalement de fer renferment partout des débris de coraux, de crinoïdes, de coquilles, de carapaces et de trilobites. Ils sont partout d'une construction différente, puis qu'il est inadmissible que deux bouleversements ou deux cataclysmes soient identiques ou même semblables. Comme résultats de ces bouleversements, nous trouvons :

a) des grès à petits grains de quartz, mêlés de calcaire et d'argile en différentes proportions;
b) des grès unis à des débris plus gros de roches, de laves, de galets et de tuf, formant des grauwacke, des conglomérats et des pouddings;
c) du quartzite plus ou moins pur ;
d) des calcaires et de l'argile soit isolés, soit mêlés entre eux et durcis ;
e) de la dolomite ;
f) des rognons de chaux carbonatée ;
g) des métaux et des matières bitumineuses.

La couleur verdâtre, jaune ou rouge, provient du degré d'oxydation du fer; les matières bitumineuses se rencontrent toujours au dessus de grands entassements d'animaux.

17. D'après ce que j'ai dit plus haut, les étages constituant cette époque du bas en haut, sont pour la plupart les cinq suivants:

1-er Etage: ardoise, phyllade, argile schisteuse, toujours plus ou moins foncées.

2-e Etage: grès, calcaire, quartzite, conglomérats, qui souvent ne sont pas dépourvus de molécules charbonneuses.

3-e Etage: Schiste alumineux, ampélite, grauwacke et grauwacke schisteuse.

4-e Etage : grès, calcaire, quartzite, conglomérats, qui ne sont pas dépourvus de molécules charbonneuses.

5-e Etage : calcaire brun, dolomite brune, calcaire houiller et même des anthracites ou de minces couches de houille, restés après la combustion des fucoïdes et des algues.

Tout ce qui est au dessus de cet étage appartient à l'époque suivante.

18. Les dépôts de cette époque n'étant pas charriés et transportés au loin, mais formés et précipités localement par les agents chimiques et dynamiques, sont partout d'une épaisseur très différente. Il est évident que dans une profondeur plus grande, le depôt pouvait acquérir une épaisseur de plusieurs milliers de mètres, tandisque dans une localité où le fond de l'océan était soulevé, il n'avait que quelques cents mètres. Ici nous trouvons moins de trois étages foncés et assez minces. Là, il y a plus de trois étages foncés, qui sont entrecoupés de plusieurs couches claires et épaisses, provenant d'autant de bouleversements. Et alors les couches inférieures contiennent beaucoup de débris paléontologiques, la couche superposée n'en a que peu; parceque la localité devenue pour longtemps empoisonnée, resta inhabitable, et que les êtres vivants ne pouvaient s'y acclimater.

19. J'ai dessiné à grands traits le caractère pétrographique de cette époque. De l'habitation passons aux habitants. Je n'ai ni le désir ni la possibilité de faire ici un traité de paléontologie. Il faut admirer le travail assidu des savants illustres, dont la vie a été consacrée à cette science, qui n'entre que modérément dans le cadre de mon ouvrage. Je ne veux que dessiner en traits généraux le parallélisme, la dépendance mutuelle et l'admirable logique qui règnent entre le développement du globe et celui de ses habitants. Je serai dans cette matière aussi concis

que possible; car vouloir décrire des milliers d'êtres différents, sans ajouter leurs dessins exacts, c'est comme si l'on voulait spécifier au lecteur l'odeur et la saveur de mille fruits différents, sans les donner à goûter. Nous n'indiquerons que les embranchements des familles et les genres de végétaux, qui sont caractéristiques pour chaque époque; et suivant l'exemple de Naumann nous leur ajouterons trois signes ⊥ + ⊤, selon qu'on les trouve dans la région inférieure, médiane, ou supérieure de la formation.

Les savants les plus illustres, il n'y a pas longtemps, ont trop limité l'étendue du règne des êtres organiques. Ils étaient, par exemple, d'avis que les polypiers édifiant les récifs de coraux ne peuvent exister au dessous de 40—50 mètres de profondeur marine. Ed. Forbes à la suite de nombreuses observations dans les mers de l'Archipel grec, a fixé à 500 mètres environ la limite, à partir de laquelle les êtres vivants ne peuvent plus exister. Mais les expéditions, les sondages, les dragages et les expériences dans différents lieux, ont beaucoup élargi ces limites. En 1818, J. J. Ross signale des annélides, des custacés et des zoophytes dans la baie de Baffin, à des profondeurs comprises entre 1463 et 1920 mètres. Plus récemment, M. Alphonse Milne Edwards a trouvé fixés au cable sous-marin qui reliait Cagliari à la côte d'Afrique, des annélides, des mollusques gastéropodes et lamellibranches d'une assez grande dimension, ainsi que des polypiers et des bryozoaires, qui vivaient à une profondeur de 2000 à 2800 mètres. En 1862, M. Forell découvrit des mollusques et des zoophytes à une profondeur de 2500 mètres dans les mers du Spitzberg.

Les sondages exécutés en 1868 par M. Carpenter à une profondeur de 900 à 1200 mètres entre l'Ecosse et

Ferroë, ont révélé l'existence de deux faunes distinctes et assez riches en espèces, l'une à caractère boréal, dans les eaux froides et l'autre à caractère méridional dans le Gulf-Stream. Entre l'Irlande et les Etats-Unis, le long du trajet du cable transatlantique et à des profondeurs de 2000 à 3000 mètres, il se forme à présent une véritable craie, consistant dans les couches superficielles, en une boue calcaire grisâtre, presque entièrement constituée par les carapaces de foraminifères, des diatomées et d'autres organismes microscopiques, spécifiquement identiques d'àprès M. Huxley à ceux de l'époque crétacée. Les dragages du navire anglais, le *Porc Epic* entrepris en 1869, sous la direction de M. Wywille Thomson, à l'Ouest des îles d'Ouessant et poussées à la profondeur de 4572 mètres et de 5121 mètres, ont amené des animaux marins appartenant aux familles les plus inférieures. La température ne dépassait pas 2 degrés. Enfin les observations de M. M. Pierce et Pourtalès dans la mer des Florides montrent que les polypiers s'établissent au dessus de l'accumulation et de s'enchevêtrement des débris d'innombrables animaux marins et qu' à des profondeurs considérables il existe souvent une abondance extrême de mollusques et de coraux, présentant pour la plupart un caractère de grande ancienneté comme espèces. (Ch. Contejean. Elém. de Géol. p. 92, 93.)

Tout cela nous conduit aux conclusions suivantes.

a) Que dans le passé, comme à l'état actuel, des circonstances multiples et des influences locales ont favorisé le développement organiques, ou l'ont empêché ;

b) que parmi les influences les plus délétères sur la vie organique, l'abaissement de la température tient la première place;

c) qu' avec la décroissance du calorique, les êtres organiques deviennent chétifs, rabougris, et plus rares en nombre;

d) qu' actuellement le développement organique diminue en raison de la profondeur de la mer, parceque la température s'y abaisse progressivement;

e) qui'il y a des milliards d'années, quand la température du globe était plus élevée, les êtres organiques ont abondamment prospéré dans les profondeurs même très grandes. C'est ce que nous prouve la paléontologie par les restes conservés.

20. Le monde paléontologique s'est conservé jusqu' à nos jours par ses squelettes, ses empreintes, ses pétrifications, sa carbonisation, ou par embaumement. Aux squelettes appartiennent toutes les parties dures, résistantes, osseuses, cornées ou testacées. — Les empreintes sont restées après la putréfaction de l'organisme, empâté dans une masse plastique insoluble; la pétrification a eu lieu, quand un être organique a subi une lente décomposition dans un entourage minéral soluble; alors les molécules organiques ont été peu à peu remplacées par des molécules minérales, pour la plupart de chaux, de silice et de fer oligiste, ou fer sulfuré. La carbonisation a conservé la matière organique, en détruisant le plus souvent sa forme. L'ambre et le sel gemme en enveloppant de petits insectes, les ont pour ainsi dire embaumés.

21. Nous n'avons fait mention des plantes qu' autant qu'il nous était nécessaire pour démontrer leur influence

sur la décomposition de l'acide carbonique, l'élimination de l'oxygène et leur participation à la construction des roches, auxquelles elles ont laissé en héritage une couleur plus ou moins foncée. Malheureusement, nous ne pouvons ajouter rien de nouveau et de plus précis, par cette double raison: que les végétaux sont très difficiles à conserver par la fossilisation, d'autant plus que les plantes primordiales étaient probablement d'une construction très mince et délicate, et que la violente compression et la combustion qu' elles ont subies, ont détruit toute trace de leurs formes. Il est très probable qu' une grande partie de la végétation primitive d'une consistance glaireuse, a péri par pourriture et décomposition. Pourtant quelques genres de fucoïdes ont conservé leur structure en laissant leur dessin dans les grès comme: *Oldhamia* T, *Phycodes* ⊥, *Chondrites* +, *Dictyonema* +, *Harlania* T. Il est hors de doute qu' aucune plante terrestre n'a existé pendant cette époque, parce qu' aucun sol solide n'a encore apparu au dessus des eaux. Quant à l'empreinte de *l'Equizetum Sismondae*, qu' on trouve dans les schistes même cristallins, et signalée comme la plante la plus ancienne, à mon avis ce cryptogame appartient aux aventuriers que j'ai mentionnés plus haut (IV. 1.) Les bouleversements et renversements étaient si nombreux et si grands, qu' un pareil pêle-mêle n'a rien de choquant. Après quelques unes des plantes marines, sont restées des agrégations qui méritent d'être mentionnées. Ce sont les minces strates charbonneuses, les amas d'anthracite et le graphite. Mais je me réserve la discussion de ces sujets pour l'époque, où je parlerai de l'origine des charbons fossiles, et entre autres du diamant.

22. Comme la flore primordiale ne nous a pas laissé de traces de ses formes, de même la faune de cette catégorie

est restée sans vestiges. Probablement, une quantité d'animaux protozoïques, nus, mous, gelés, dépourvus de toute partie dure ou résistante, qui ne servaient que de nourriture et de proie aux êtres supérieurs, ont disparu sans laisser de traces de leur existence. — D'ailleurs la création inépuisable dans ses formes et ses modèles, est à la fois admirable dans les transitions et les nuances imperceptibles, par lesquelles les types, les plus différents sont liés entre eux. L'embranchement des zoophytes nous présente justement le trait d'union entre les plantes et les animaux, ayant la forme, le caractère et les attributs mixtes des deux règnes. „C'est par leurs types les plus „dégradés que se touchent les deux règnes, qui se dé„veloppent ensuite chacun de son côté, et en se tournant „le dos, si j'osais ainsi m'exprimer. Le contact a lieu „d'une manière si étroite, qu' une foule de productions „inférieures ont été longtemps ballottées entre les deux „règnes, et successivement revendiquées par les botanistes „et les zoologistes.“ [1]) Je vais mentionner quelques embranchements de ces êtres inférieurs, sans suivre strictement une classification scientifique, qui à dire vrai, jusqu' à présent indécise, laisse beaucoup à désirer.

Les *amorphozoaires* sont représentés par les éponges, qui consistent en une sorte de squelette de fibres cornées, disposées en un réseau serré, et renforcées par des spicules calcaires ou siliceuses. Ce support renferme une masse vivante, molle, de nature sarcodique, formé d'innombrables petites cellules. Comme *aulocopium* +, *anchylospongia* T.

Les *foraminifères* sont des animaux très petits, de formes différentes, et élégants couverts d'une mince cara-

(1) Ch. Contejean. Elém. de Géol. et Paléont pag. 368.

pace calcaire, criblée d'ouvertures, par lesquelles sortent des filaments ténus, au moyen desquels, ils se rattachent et se lient entre eux.

Les *bryozoaires*, animaux aussi microscopiques et de formes aussi variées que les foraminifères, diffèrent de ces derniers en ce que leurs carapaces calcaires, ou siliceuses collées entre elles forment des colonies ramifiées ou aplaties, accrochées aux objets sous-marins. Ces deux familles forment souvent une sorte de mousse animalisée dans la profondeur de l'océan.

Les *polypiers*, agrégés en colonies, fixés au sol par leur base, se composaient d'une innombrable quantité de cylindres droits ou coniques, calcaires, nommés *sclérenchyme*, collés les uns aux autres. Chaque cylindre était entouré à sa bouche (ouverture supérieure) de tentacules, au moyen desquelles il saisissait sa proie, pour l'introduire dans sa cavité digestive, qui était tapissée d'une membrane. Les polypiers de cette époque appartenant à la famille des *zoanthaires*, formaient pour ainsi dire, un gazon animalisé au fond élevé de l'océan. Les genres principaux sont : *Monticulipora* ⊥, *Chaetetes* +, *Stenopora* ∓, *Stromatopora* ∓, *Halysites* ∓, *Heliolithes* ∓, *Alveolites* T, *Coexites* T, *Syringopora* T, *Omphyma* T, *Cyathophyllum* T etc.

Les *graptolithes*, qui ne sont que des polypiers non fixés, consistaient en cellules disposées sur une ou deux lignes, comme des feuilles le long d'une tige droite, ou courbée en spirale. Chaque cellule renfermant un individu distinct, était en communication avec un canal placé au milieu de la tige, correspondant à la moelle des plantes. C'étaient donc, pour ainsi dire des plantes animalisées, qui nageant dans les grandes profondeurs de l'océan ont dû commencer et finir leur existence éphémère pendant cette époque.

Les *échinodermes*, ayant une organisation plus perfectionnée, se trouvent à la limite des êtres végétaux et animaux, parcequ'ils sont pourvus d'un système nerveux distinct, d'un appareil digestif compliqué, de mandibules, de branchies respiratoires, d'ovaires, quelquefois même d'yeux. Quelques uns nageaient libres dans l'océan, semblables à des boutons d'artichauts avec un court pédicule; les autres étaient fixés au sol, au moyen d'une tige, plus ou moins longue et droite, composée d'un grand nombre de disques empilés, nommés *entroques*. Les troisièmes avaient une forme aplatie prolongée de cinq rayons à l'entour. En général les échinodermes sont formés de 5 ou 10 lobes symétriquement disposés. A cet embranchement appartiennent les *crinoïdes*, les *astérides* et les *échinides*, dont les tests sont souvent munis de piquants mobiles, comme arme défensive. Pendant cette époque ont existé: *Echinospherites* ±, *Caryocrinus* +, *Crotalocrinus* ∓, *Cyathocrinus* ∓, *Palaeaster* **T**.

22. Les *mollusques* forment un grand embranchement d'animaux inférieurs, d'une consistance sarcoïde, d'un développement mieux organisé, dont les uns sont nus, les autres entièrement ou partiellement couverts d'une enveloppe calcaire ou cornée, univalve ou bivalve, qui présentent un millier de formes différentes. A cet embranchement appartiennent les *brachiopodes*, *conchifères*, *gastéropodes*, *ptéropodes* et *céphalopodes*.

Les *brachyopodes*, particuliérement nombreux dans l'océan primitif, ont deux valves symétriquement équilatérales. Ils reposaient immobiles sur leur valve inférieure, plus petite, plate et abdominale, ayant une valve dorsale plus grande, convexe et criblée, perforée d'un trou, d'où sortait un faisceau musculaire qui clouait l'animal au sol. Ils se nourrissaient et respiraient probablement par les pores disséminés dans la valve dorsale. Leur fixation an sol indique que leur existence était passive, inerte, apathique, et presque sans relation avec l'entourage.

Les brachyopodes qui ont peuplé l'océan primitif par leurs innombrables genres et espèces formaient alors $^3/_{10}$ de tous les mollusques existants. Mais chaque révolution du globe les a décimés à cause de leur inertie; de sorte qu'ils ne composent qu' à peine $^1/_{200}$ des mollusques actuels.[1]) Ici se rangent: *Obolus* ⊥, *Lingula* $\overline{\pm}$, *Discina* $\mp$, *Spiringerina* $\mp$, *Rhynchonella* $\mp$, *Strophomaena* $\mp$, *Leptena* $\mp$, *Atrypa*, *Pentamerus* $\mp$, *Orthis* $\mp$, *Spirifer* **T**, *Merista* **T**, *Chonetes* **T**, *Orthisina* **T**, *Cyrtia* **T** etc.

Les *mollusques acéphales* ou *lamellibranches* bivalves, qui ne sont plus développés que parcequ'ils possèdent un appareil tendon-musculaire, pour ouvrir et fermer leurs deux valves, et qu'ils respirent au moyen de branchies lamelleuses. Ils reposent sur une des valves, (*pleuroconques*), ou verticalement sur le bord de la valve (*orthoconques.*) Les conchifères sont représentés par une quantité moindre de genres et d'espèces. Ce sont: *Modiolopsis* +, *Cardiola* $\mp$, *Pterinea* $\mp$, *Avicula* $\mp$, *Ambonychia* $\mp$, *Posidonomya* $\mp$, *Orthonota* **T**, *Grammysia* **T**, *Goniophora* **T**.

Les *gastéropodes*, *hétéropodes* et *ptéropodes:* univalves, cachés dans une coquille conique, enroulée en forme de spire oblongue, ou en forme concentrique sur le même plan, présentent une organisation plus développée. Ils ont

(1) Contejean. Géologie page 533.

une tête armée de plusieurs tentacules, des mandibules, un canal digestif distinct, des yeux et un appareil locomoteur, propre à ramper et à nager. C'est un embranchement fort nombreux dont les genres existant durant cette époque sont: *Euomphalus* ∓, *Turbo* ∓, *Bellerophon* ∓, *Cirrus* ∓, *Trochus* ∓, *Platiostoma* ∓, *Loxonema* ∓, *Straparolus* **T**, *Scalites*, *Murchisonia* **T**, *Cyclonema* **T**, *Conularia* ∓, *Tentaculites* ∓, *Pleurotomaria*, *Helicostoma*, *Cyrtolites*, *Helcion*, *Copulus*.

Les *céphalopodes* univalves, les mieux organisés de tous les mollusques, très richement représentés dans l'océan jusqu' à la formation crétacée, ont fourni à M. Barrand 1632 espèces, qui ont successivement subi le même sort d'extermination que les brachiopodes. Leur valve conique, droite, ou enroulée de diverses manières, était partagée en un grand nombre de loges, séparées par des cloisons et perforées par un tube (syphon). L'animal reposant dans la plus grande loge antérieure, était fixé à la plus petite loge, au bout du cône au moyen d'un ligament, qui passait le long du syphon. Cette période n'est représentée que par les genres: *Orthoceras* ∓, *Gomphoceras* ∓, *Cyrtoceras* **T**, *Phragmoceras* **T**, *Lituites* **T**.

23. Les *articulés* ainsi nommés, parceque leur corps se compose d'anneaux engrenés. Tels sont les *crustacés* et les *annélides*. Parmi les crustacés sont les *trilobites*, qui méritent notre attention, parcequ' ils peuplaient en abondance l'océan primitif, et qu' ils n'ont vécu qu' aux deux premières époques de la vie organique. Les trilobites, représentants de l'organisation la plus perfectionnée de cette époque, sont des crustacés, dont le corps se compose de trois segments: une tête, un thorax et un abdomen.

Chacune de ces parties est à son tour divisée en trois lobes, un médian et deux latéraux, par un sillon ou bourrelet; d'où leur nom de *trilobites.* Selon toute probabilité, ils étaient organisés comme les crustacés actuels, sauf des pieds qui ne sont chez eux que rudimentaires. Quelques espèces avaient même des pinces. Les trilobites subissaient des métamorphoses et menacés par un danger, ils s'enroulaient en pelote. Avec les céphalopodes, les trilobites étaient les premiers animaux qui avaient l'organe de la vue bien constitué, et qui pouvaient au moyen d'organes locomoteurs poursuivre ou fuir leur ennemi. Cela prouve que la lumière solaire était alors assez éclatante, pour pouvoir pénétrer dans l'abîme de l'océan, et que le séjour des trilobites était plutôt dans les parages supérieurs de l'eau, pour profiter des bienfaits du soleil. J'épargnerai au lecteur une description plus précise de cette famille, riche en différentes espèces dont le nombre jusqu'à présent monte à 1700. On a découvert dans la formation de cette époque les crustacés suivants: *Paradoxides* ⊥, *Olenus* ⊥, *Ellipsocephalus* ⊥, *Conocephalus* ⊥, *Agnostus* ±, *Asaphus* +, *Trinucleus* +, *Illaenus* +, *Ampyx* +, *Amphion* +, *Cheirurus* +, *Acidaspis* +, *Ogygia* +, *Encrinurus* ∓, *Calymene* ∓, *Dalmanites* ∓, *Eurypterus* ∓, *Homalonotus* ⊤, *Sphaerescochus* ⊤, *Phacops* ⊤, *Leperditia* ⊤.

Les *annélides* dont le corps est oblong et vermiculaire, ont été les premiers précurseurs de l'organisation animale, douée d'une locomotion serpentine. Les genres rencontrés dans les couches très profondes sont: *Trachyderma* ⊥, *Scalecolithus* ⊥, *Nereites* +, *Myrianites* +, *Cornulites* +, *Serpulites* ⊤.

Le développement primitif des êtres organiques a été accompagné de circonstances remarquables et instructives qui méritent l'attention du lecteur. Le règne végétal, je ne parle pas de sa qualité, était par rapport à sa quantité extrêmement développé. Si nous pouvions ramasser la poudre charbonneuse dont sont parsemés les massifs de cette époque, èpais de plusieurs milliers de mètres, nous aurions de la houille d'une épaisseur de quelques dizaines de mètres. — C'est grâce à cette vie développée des plantes, que l'oxygène était fourni aux animaux primitifs. Nous trouvons dans les couches les plus basses les animaux passifs et apathiques: comme les polypiers, les brachiopodes et les acéphales conchifères; dans les étages supérieurs, les êtres qui avaient une vie plus active: les gastéropodes et les céphalopodes. Si l'on rencontre dans tous les étages les graptolithes, les annélides et les trilobites, c'est probablement grâce à leur mobilité.

La présence des polypiers dans les latitudes très hautes annonce une température tropicale universelle dont nous indiquerons la cause plus bas. Mais l'abondance des différentes espèces dans toutes les familles, dans les diverses localités, révèle que les conditions de l'entourage n'étaient pas partout égales. Quelques unes des familles primitives, dont le berceau parait être profond, ont disparu à la fin de cette époque, comme les graptolithes. Plusieurs familles ont débuté par un développement, représentant un nombre remarquable d'espèces et de variétés, bien organisées, comme les *orthocératites* et les *trilobites*. Cela prouve que les êtres les mieux doués de mouvement, sont des étrangers, qui après avoir subi quelques changements organiques dans leur patrie, ont émigré et se sont colonisés dans les lieux où nous les avons trouvés. La théorie de M. Barrand sur la colonisation, se trouve donc en partie justifiée.

25. Les changements et les bouleversements pendant cette époque ont eu lieu au dessous du niveau de l'océan. Aucune terre ferme probablement n'existait alors. Les plantes flottaient, les animaux nageaient ou rampaient. Aucun individu n'avait le soutien, que nous appelons *pied*, pour rester debout ou pour marcher. Les trilobites même, organismes les plus perfectionnés n'avaient que des pieds rudimentaires. Selon toute probabilité, la création, dont la fécondité est surprenante, n'aurait pas tardé à produire des êtres ambulants, si un continent eût alors existé. Pourtant, pendant cette époque, le fond de l'eau tantôt s'est soulevé lentement en différents endroits, tantôt a été poussé avec plus de violence en haut. Le globe grandit en volume, sa superficie s'augmenta en étendue. Les sommets des montagnes sous-marines s'approchèrent de plus en plus de la superficie de l'océan, jusqu' à ce qu' ils apparussent comme de petites îles au dessus de son niveau. Avec leur apparition finit cette longue époque. Pourtant, je dois faire remarquer, que le changement dans les phénomènes terrestres, physiques et organiques se manifestera à l'avenir là seulement, où l'apparition des premières terres fermes a eu lieu; tandisque que sur l'immense étendue du globe couverte par les eaux, tout se passera comme auparavant. Voilà l'unique difficulté géognostique, pour déterminer les limites d'une époque.

VII.

SIXIÈME ÉPOQUE.

PREMIÈRE PÉRIODE DE LA DÉSOXYDATION DE L'ATMOSPHÈRE PAR LES VOLCANS.

FORMATION DU VIEUX GRÉS ROUGE.

Tout le monde sait que la langue de la géologie n'est encore que provisoire; telle quelle est, elle a déjà peine a subsister. Quelle raison par exemple de donner le nom d'une province de Russie ou dAngleterre, ou de Suisse, ou de France, a un terrain qui se trouve disséminé sur tout le globe. E. Quinet.—La création.—T. 1. p. 61.

Différence entre l'époque précédente et l'époque présente — caractère de cette époque — début et prépondérance de l'oxygène dans l'atmosphère — sa quantité correspond à la masse du charbon empâté dans les roches foncées et noires — d'après G. Bischof elle s'élève à l'épaisseur de 46 pieds — début des volcans au dessus du niveau des eaux —théorie de volcans — naissance de l'oxyde de fer et de l'acide sulfurique — formation du vieux grès rouge — changement des silicates et carbonates en sulfates — apparition du sulfate de baryte — trois étage de cette formation—revue des plantes et des animaux de cette époque—conclusions.

1. L'époque que je viens de décrire a une apparence d'identité avec la précédente. M. Contejean a même dit: „Rien ne s'opposerait en effet à ce que le terrain devonien „fût réuni au silurien, dont il formerait la faune „quatrième.“ [1]) Mais quand on analyse et compare attentivement ces deux terrains; on découvre des différences tranchées, autant dans les phénomènes du globe, que dans le développement des êtres organisés.

2. Dans le cours de cette époque, nous rencontrons les mêmes dépôts qu' à l'époque précédente : grès, grau-

(1) Eléments de Géol. et de Paléont. pag. 567.

wacke, conglomérats, calcaire, argile schisteuse, marne schisteuse et même ardoise. — Pourtant tous ces précipités et ces dépôts, ne contenant que peu de plantes grillées, sont en général plus claires, et souvent teintes en rouge. Au lieu de plantes, les couches sont entrecoupées et mélangées de débris proportionnellement plus abondants d'animaux. De sorte que j'ose dire avec une conviction d'accord avec les lois organiques, que le développement des plantes a eu lieu pendant l'époque décarbonisante, et que le développement des animaux a été favorisé par l'époque désoxydante.

3. Ce déchet de particules charbonneuses est facile à expliquer. Nous avons indiqué plus haut quel rôle a joué l'acide carbonique délayé dans l'océan. Il a décomposé les silicates pour les transformer en carbonates; enfin il a été décomposé pendant l'époque précédente par la vie organique des plantes marines. Ces deux actions l'épuisèrent lentement, tandisque la quantité d'oxygène s'y augmenta, et avec lui le développement des animaux. Si donc les couches qui couvrent les vastes catacombes des animaux sont parfois foncées, ce n'est pas parcequ'elles sont imbibées de matières bitumineuses. Cela prouve que les défunts étaient bien nourris, et ne faisaient pas maigre chère.

4. L'époque précédente était formée d'une série de paix et de révolutions alternantes, qui dépendant des ruptures successives d'équilibre, ont été suivies d'un ordre assez régulier. Pendant l'époque présente, les jours de paix sont plus rares et interrompus trop souvent par des bouleversements. Ceux-ci se sont succédé en différentes régions du globe, avec une violence notable. C'est pourquoi nous trouvons des différences bien tranchées dans la for-

mation des étages par rapport à leur qualité pétrographique, tandisque leur caractère paléozoïque paraît être contemporain.

5. Certaines localités sont marquées d'un caractère particulier, ayant débuté à l'époque présente par un puissant massif arénacé, riche en oxyde de fer; qui selon son degré d'oxydation et sa quantité, a emprunté au dépôt une couleur pourpre, rouge foncé, rouge clair, ocre ou jaune, connu en Angleterre sous le nom *de old red sandstone, vieux grès rouge.* En effet, la coincidence devient encore plus frappante, en constatant que justement ces localités étaient habitées par des êtres d'une organisation plus développée; et qu' on y trouve des cryptogames et même des gymnospermes de terre ferme, et des poissons. Les cryptogames appartenant aux equisetacées, fougères, lycopodiacées et aux calamites, montrent que leur sol était inondé et marécageux. Les poissons ressemblaient plutôt aux trilobites poissonnées, mais en tous cas ils ont été le début de l'ordre des animaux vertébrés, avec un foyer nerveux central. On a découvert même à Morayschire en Ecosse, dans un grès clair l'empreinte d'un reptile quadrupède, auquel on a donné le nom de *Telerpeton Elginense*, et en outre dans la même carrière on a trouvé 34 empreintes des pattes d'un autre quadrupède qui jadis s'y promenait. Mais je partage l'opinion de Huxley, que le grès contenant le Telerpeton est d'une formation postérieure et plus récente.

6. En combinant toutes ces circonstances, on est amené à la conclusion suivante : L'océan pendant cette époque contenant une trop grande quantité d'oxygène relativement à l'acide carbonique, était plutôt favorable à la vie animale qu' à l'existence des végétaux. La régéné-

ration des plantes ne commença qu' à la fin de cette époque, quand la quantité d'oxygène diminua et fut remplacée par l'acide carbonique. C'est ce que nous expliquerons bientôt. M. Léonard l'a justement remarqué: „Jusqu' à présent on n'a trouvé de lits de houille qu' en peu d'endroits dans la formation devonienne, et exclusivement dans sa partie supérieure, où comme nous l'avons indiqué plus haut, les plantes de terre ferme apparaissent“. [1])

7. Nous attirons l'attention du lecteur sur ce point, que les animaux aquatiques n'ont besoin que de peu d'oxygène pour leur respiration; ce qui est suffisamment prouvé par leur sang froid. Donc la plus grande partie de l'oxygène, provenant de la décomposition de l'acide carbonique dans l'océan, dut s'échapper dans l'atmosphère.

Selon Malaguti et Durocher, un milligramme de chlorure d'argent se trouve en solution dans 100 kilogrammes d'eau de mer. D'après le calcul de Tuld, 2 billions de kilogrammes d'argent métallique sont dissous dans l'océan. (Contejean, Elém. de Géol. et de Paléont. p. 51 et 821.) Nous lisons dans le même auteur: „Actuellement la proportion en volume de l'acide carbonique de l'atmosphère est de 4 à 6 dix millièmes; chiffre bien faible, qui représente néanmoins une quantité de carbone estimée à 695298682 billions de tonnes.“

Quoique ces deux chiffres n'aient pas la prétention d'être exactement rigoureux, cependant ils nous prouvent, que les plus petites molécules dispersées sur notre globe représentent des sommes colossales, approximativement déterminables.

Je pose cette question: Serait-il possible de déterminer même approximativement la quantité de charbon

(1) Grundzüge der Geognosie und Geologie. Page 210.

contenue dans les roches carbonifères de l'époque précédente, afin de pouvoir évaluer l'oxygène, qui devenu isolé s'est mêlé à l'atmosphère?

8. Avant de montrer toute la difficulté, je dirai même l'impossibilité d'un calcul, même approximatif, je dois attirer l'attention du lecteur sur les conditions suivantes:

a) L'atmosphère primitive par sa partie inférieure d'acide carbonique a pénétré toute la profondeur de l'océan universel.

b) Aussitôt que par le refroidissement de l'océan, le moment favorable apparut, la force mystérieuse appelée *vitale*, se mit à agir incessamment pour produire des êtres organiques, et avant tout les plantes qui ne pouvaient se procurer du charbon qu' en décomposant l'acide carbonique. Les énormes prairies marines formées par les varechs entre les Canaries, les Açores et les îles du Cap Vert nous donnent un exemple de ce que devait être la végétation marine, quand le globe entier était couvert par les eaux, et quand la température tropicale était universelle.

c) La force vitale étant générale, a partout produit des êtres organiques, et par conséquent le globe entier, depuis les pôles jusqu' à l'équateur étant couvert par l'océan universel, devait être partout entouré de plusieurs ceintures rocheuses, foncées, carbonifères, formées par la combustion des substances organiques enfouies dans la masse inorganique. Par conséquent, les roches foncées par les molécules charbonneuses, comptées dans la formation cambrienne, silurienne et devonienne, trouvées sur le continent ne sont que de petits échantillons de ceux qui jonchent l'espace sous-marin.

A présent voyons les causes qui rendent le calcul impossible.

a) Les $^{8}/_{11}$ du globe étant couverts par l'océan et les mers sont inaccessibles à toute recherche.

b) Les $^{3}/_{11}$ des continents ne sont que très peu exploités sous ce rapport, à cause de la profondeur où les couches carbonifères se trouvent, et le peu de profit que leur exploitation offre à l'homme.

c) Les formations contenant des couches carbonifères diffèrent éminemment dans leur épaisseur. Par exemple, les cambrienne et silurienne en Angleterre, ont environ 15000 mètres, les siluriennes en Bohême, environ 10000 mètres, la silurienne en Scandinavie n'en a qu' environ 800 mètres.

d) La quantité du charbon contenu dans les roches carbonifères soit: ardoise, schiste graphitique, alumineux, carbonifère, calcaire brun, dolomite brune, grauwacke, grauwacke schisteuse, et même plusieurs grès foncés varie essentiellement. D'après plusieurs chiffres que j'ai trouvés dans les oeuvres de Bischof et Zirkel, j'ai calculé que la quantité du charbon contenu dans les roches carbonifères diffère de 2 à 6 pour 100. D'après Bischof (Geologie T. 1. P. 625); la quantité moyenne de charbon contenue dans les couches sédimentaires n'est que de 0,1; en admettant la puissance de ces couches à deux lieues, le charbon aurait une épaisseur de 46 pieds.

10. Si nous pouvions donc exhumer toutes les roches plus haut citées pour les accumuler les unes sur les autres,

nous construirions des montagnes qui n'auraient pas à s'humilier devant les Alpes, les Andes, les Cordillères et l'Himalaya. Ces montagnes d'une couleur foncée, contenant une énorme quantité de molécules charbonneuses disséminées, pourraient nous donner une idée vague de l'oxygène, qui par rapport à son poids, trois fois plus grand que le charbon de l'acide carbonique, devait enrichir l'atmosphère de cette époque.

Il est probable que dans cette atmosphère oxygénée, les plantes ne pouvaient prospérer sur le sol qui commençait à paraître; et que les animaux ne pouvaient atteindre un plus haut degré de développement, et qu' il a fallu diminuer l'abondance de l'oxygène nuisible aux deux règnes organiques. Nous examinerons à présent les conséquences de l'action de la Sagesse.

11. La transformation successive de l'acide carbonique en oxygène, par la végétation sur les lames flottantes pendant l'époque précédente, ayant amené une diminution du poids de l'atmosphère, devait nécessairement provoquer la rupture de l'équilibre et le soulèvement séculaire de la croûte terrestre, jusqu' à ce qu' elle apparût en plusieurs endroits, comme des îles inondées et marécageuses, favorables au développement des cryptogames aquatiques. En même temps les secousses violentes, les ébranlements, et les déchirures répétées de la croûte terrestre causèrent des tremblements de terre et des flots de fond, avec toutes les conséquences plus haut indiquées. Mais outre ces accidents un nouveau phénomène apparut; c'est à dire *l'éruption volcanique.*

Nous avons indiqué plus haut (III, 13) la relation qui existe sous le rapport de la plasticité entre les roches sous-marines et la colonne d'eau superposée. Admettons que le fond de l'océan sur une grande étendue se rapprochant peu à peu du niveau de l'océan, était hérissé de montagnes dont les sommets ça et là, ont percé la surface des eaux. La plasticité diminuant en raison de l'élévation du fond, l'expansion centrale avait soulevé et distendu les parties profondes et plastiques, tandis qu' elle avait brisé et déchiré la partie durcie. — C'est pourquoi les volcans n'apparaissent pour la plupart que sur les bords de l'océan, ou des autres grands bassins.

Les éruptions volcaniques, il y a des milliards d'années différaient éminemment par leurs produits et leurs effets des éruptions actuelles. Pour ne pas revenir sur ce sujet, nous voulons maintenant fixer notre attention sur cette manifestation terrible et désastreuse de l'expansion centrale, et restant fidèle aux idées principales de notre théorie, nous tâcherons d'expliquer la marche progressive de ces phénomènes.

La masse fondue ayant une température éminemment élevée, après la rupture de l'équilibre, poussée en haut par l'expansion centrale, se mêle avec la couche plastique, c'est à dire avec la masse pâteuse, composée des roches à demi fondues; qui sous une énorme pression forment avec l'eau et l'acide carbonique (III. 6) un amalgame compacte; comme la pâte de pain qui, avant la cuisson, renferme de l'eau et des gaz dans sa masse compacte.

Quand cette masse fondue est parvenue aux roches plus solides, elle les déchire, les corrode, les perfore, et en les fondant, elle avance toujours en haut, dans une cheminée dont les dimensions sont inappréciables

Mais au fur et à mesure que la masse s'approche de la superficie de la croûte terrestre, c'est a dire, qu' elle subit une pression progressivement décroissante, l'eau et les gaz empâtés lui font sentir leur action expansive, par laquelle la masse devient poreuse, bulleuse, boursouflée, vacuolaire, comme la pâte de pain après la cuisson. Par conséquent, la masse augmentée en volume, exerce une énorme pression dans toutes les directions. C'est alors qu' une série de tremblements de terre se succèdent; c'est alors que les roches écrasées produisent ces lugubres tonnerres souterrains, premiers précurseurs d'une éruption volcanique.

La masse incandescente avançant toujours plus haut rencontre un nouvel obstacle; plutôt un nouvel ennemi acharné, c'est l'eau froide souterraine, superficielle, fournie surtout par la fonte de la neige. Le contact subit de ces deux ennemis, amène le moment le plus formidable de toute l'éruption. L'eau froide changée soudainement en vapeur surchauffée acquérant une température de plusieurs mille degrés, produit une explosion soudaine avec un fracas et une détonation, dont nous pouvons avoir à peine une faible idée en faisant passer un courant de vapeur surchauffée dans de l'eau froide. Toute la couche, reposant au dessus de ce contact hostile, éclate et lancée par l'expansion de la vapeur s'élève à la hauteur de plusieurs kilomètres. La masse fondue attaquée par l'eau froide se fèle, se dissipe en une poudre des plus fines, qui se mêlant avec la vapeur est emportée dans l'atmosphère, pour retomber en pluie boueuse.

En même temps que cette poudre (constituant le tuf des volcans anciens et la cendre des volcans actuels), des morceaux plus ou moins grands de lave durcie, nommés *lapilli*, *scories*, sont jetés dans l'air. La cendre, les lapilli, les scories, et même les grands quartiers de roches ne cessent pas d'être lancés, jusqu'à ce que toute l'eau froide soit consommée.

C'est alors que la masse fondue monte plus tranquillement dans la cheminée creusée, jusqu' à l'orifice du cratère, d'où elle s'écoule en torrent incandescent; ou en perforant un trou latéral dans la paroi de la cheminée, elle se déverse dehors.

La lave actuelle ayant une constitution pyroxénique, renferme des chlorures de manganèse, du fer, du nickel, du cobalt, du cuivre, de l'acide borique et du réalgar. Les chlorures métalliques nous fournissent une preuve de la profondeur énorme d'où la lave provient.

Je n'ai jamais vu d'éruption volcanique, mais les nombreuses descriptions que j'ai lues de ce phénomène épouvantable, se laissent expliquer commodément par mon exposé, sans offenser les notions élémentaires des sciences naturelles. Le tremblement de terre et l'éruption volcanique sont deux fléaux, qui intéressent moins notre esprit pour reconnaître leur vraie cause, que pour y trouver des présages, qui peuvent nous avertir d'un danger menaçant.

Ici j'attire l'attention du lecteur sur un phénomène constant, qui précède ces deux désastres; savoir que la pression atmosphérique diminue notablement, et que la colonne barométrique s' abaisse. Tenons fortement ce fil d' Ariane, peut être il nous indiquera la sortie du labyrinthe.

En revenant à l'histoire du globe et aux éruptions volcaniques, dès cette époque sur les bords des îlots, les déchirures de la croûte pénétrant toute son épaisseur firent une communication avec l'atmosphère, et formèrent des volcans émergeant sur les eaux de la mer, qui amenèrent de grands changements dans l'atmosphère et dans l'océan. Par les déchirures s'échappèrent des vapeurs métalliques ardentes, formées principalement de sulfure de fer, qui brûlant dans l'atmosphère très oxygénée, se changèrent en oxyde de fer et en acide sulfurique. L'acide sulfurique, en décomposant les silicates, les carbonates et les bicarbonates de l'océan, chassa de ces derniers l'acide carbonique dans l'atmosphère. L'argile et la silice isolées des silicates, en se mêlant à l'oxyde de fer formèrent le massif nommé *vieux grès rouge*. Les sulfates de soude et de magnésie restaient dissous dans l'océan; le sulfate de chaux moins soluble s' amassa quelquefois dans les enfoncements des îles en forme de rognons et de lits de gypse. Le sulfate de baryte presque insoluble s'infiltra dans les filons, où il servit de gangue aux minerais, principalement de plomb, d'étain et de cuivre.

13. Il est à remarquer, que les gangues formées de quartz, de feldspath, ou d'autres minerais sont quelquefois stériles, tandisque les gangues barytiques ne le sont jamais. — C'est une preuve que la formation des gangues barytiques suivit celle des filons métalliques. Ou trouve souvent des filons formés de deux veines métalliques, différentes injectées séparément l'une après l'autre. Comme ce double filon est entouré d'une gangue commune barytique, celle-ci a nécessairement suivi la dernière injection. La formation de l'acide sulfurique a probablement débuté pendant la période désoxydante et c'est alors que le sulfate de baryte se cristallisa comme gangue autour des filons métalliques. Zirkel a remarqué, qu'on a trouvé la plus grande abondance de sulfate de baryte, dans le schiste devonien à Meggen en Westphalie [1]). J'ajouterai que la seconde apparition de ce minerai sur une échelle plus

(1) Pétrographie, T. I. p. 276.

grande, suit la seconde période désoxydante (nouveaux grès rouges), où il accompagne les arkos.

14. Cette époque nous a laissé un monument composé de trois massifs, qui diffèrent selon la localité, selon qu'elle a subi l'influence de volcans supra-marins ou sous-marins.

Les localités affectées par les éruptions des volcans supra-marins présentent les massifs suivants :

1-er Etage: Vieux grès rouge, conglomérats, quartzite d'une couleur rouge ou bigarrée, formée comme nous l'avons dit plus haut, par la décomposition de silicates mélangés d'oxyde de fer.

2-d Etage: Argile et schiste bitumineux, produit probable d'alluvion par l'eau de pluie, qui coulant au large des pentes des îles, a lavé et balayé le sol de ses particules légères. Il faut se représenter que les pluies d'alors sur le terrain tout jeune, ne se creusaient pas de lits, pour former des fleuves, mais coulaient sur toute sa largeur dans le sens de la pente.

3-e Etage: grès jaune et marne, charriés par la pluie à torrent.

Ces trois étages contiennent en abondance des débris de poissons, dont on compte jusqu'à 70 espèces. En outre le dernier étage renferme des restes de plantes cryptogames de marais. Les poissons habitent ordinairement les alentours des continents; c'est principalement en cherchant les bas fonds pendant le frai, qu'ils fréquentent les bords de la terre ferme. L'apparition et l'abondance des débris de poissons pendant cette époque sont des preuves plus grandes du début des continents, que les continents eux-mêmes. Ces trois étages ont été formés séparément à des intervalles de temps énormes.

Elles ont commencé par des éruptions volcaniques et fini par de averses, qui ont déraciné les plantes du sol et en les emportant avec les parties meubles, les ont ensevelies dans le sable, puis changé en grès.

15. Les localités envahies par les bouleversements sous-marins, présentent un autre aspect de trois couches superposées.

1-er Etage, avec la prédominance des grès, conglomérats, grauwacke, quartzite, entrecoupés par les schistes. Tous ces dépots, s'ils ne sont pas foncés, sont colorés en rouge, ou bigarrés par le fer oxydulé ou oxydé, formé par la décomposition de l'eau. Ici l'action volcanique est visible;

2-d Etage, avec la prédominance du calcaire, quelquefois de la dolomite, entrecoupé par des schistes et des marnes. Le calcaire consiste en couches remplies par les squelettes et les débris de coraux et de coquilles, appartemant à une ou deux espèces, englobées dans un carbonate de chaux. Cette masse calcaire s'est formée pendant la putréfaction des parties molles des animaux, qui a changé les bicarbonates terro-alcalins en carbonates insolubles. On a observé que la dolomite ne renferme pas de débris fossiles. Cela prouve que les animaux vivants ont évité les parages abondants en sels magnésiens. Ces deux étages dans quelques localités sont placées en ordre inverse;

3-e Etage, avec prédominance des schistes argileux et des marnes bitumineuses, qui renferment le calcaire en rognons et en lits. Cette couche est provenue d'alluvion par les pluies. C'est d'autant plus probable qu'on y trouve du charbon fossile, de l'anthracite et des empreintes de plantes terrestres. Ce qui prouve que la vie des plantes anéanties dans les eaux ressuscita dans l'air.

16. La revue des êtres organiques de cette époque est très instructive. Outre quelques espèces d'algues marines comme *Halyserites* ⊥, *Chondrites* ⊥, on trouve dans les étages inférieurs quelques individus des continents, comme *Sigillaria Hausmani* ⊥, *Sagenaria Veltheimiana* +, *Psilophyton* ±.

Le troisième étage est plus riche en plantes de marais et de tourbière, comme: *Sphenopteris, Cyclopteris*, des *Equisétacées*, des *Calamites*, des *Asterophyllites*, des *Lepydodendrons*, des *Coniferès* et même *Nöggerathia*: Le nombre des plantes de cette époque est porté à présent à 180 espèces; leur distribution par étages nous indique suffisamment que le développement des continents a été excessivement lent. Les plantes de cette époque nous ont fourni une quantité notable d'anthracite.

Des êtres du règne animal, les *amorphozoaires, foraminiferès* et *bryozoaires* se rencontrent dans la second et le troisième étage; comme *Siphonia* ∓, *Ischadites* ⊤, *Receptaculites* +, *Fenestella* ∓, *Ptylodicta* ∓, *Glauconeme* ∓.

Les polypiers dont le nombre d'espèces a augmenté, ont vécu à une profondeur médiocre de la mer, et dans cette formation géologique ils occupaient pour la plupart le second étage. Les genres les plus fréquents sont: *Pleurodictyum* ⊥, *Calamopora* ±, *Cyathophyllum* ±, *Heliolithes* +, *Favosites* +, *Alveolites* +, *Aulopora* +, *Calceola* +, *Cystiphyllum* +, *Lithostrotion* +, *Smithia* +, *Acervularia* +, *Campophyllum* +, *Amplexus* +.

Les echinodermes plus développés habitaient les deux étages inférieurs, comme: *Ctenocrinus* ⊥, *Acanthocrinus* ⊥, *Taxocrinus* ⊥, *Rhodocrinus* ⊥, *Cupressocrinus* ⊥, *Eucalyptocrinus* +, *Stylocrinus* +, *Hexacrinus* +, *Haplocrinus* + etc.

Les brachiopodes multipliés en qualité et en quantité ont occupé en grande partie le second étage; quelques genres pourtant sont caractéristiques pendant l'époque entière. Comme: *Anaplotheca* ⊥, *Meganteris* ⊥, *Chonetes* ±, *Strophomena* ±, *Spiringerina* ±, *Rhynchonella* ±, *Spirifer* ±, *Orthosina* ±, *Terebratula* +, *Retzia* +, *Davidsonia* +, *Productus* +, *Uncites* +, *Stryngocephalus* +, *Orthis* ∓, *Pentamerus* ±, *Atrypa* ∓, *Lingula* T.

Les *conchyfères* étaient distribués dans les deux étages inférieurs. Ainsi: *Pterinea* ⊥, *Isocardia* ⊥, *Nucula* ⊥, *Cuculella* ⊥, *Gramisia* ⊥, *Cypricarda* ±, *Avicula* +, *Arca* +, *Conocardium* +, *Lucina* +, *Solen* +, *Megalodon* +, *Cardiola* T.

Les *gastéropodes* occupaient les deux étages supérieurs. *Celeoprion* +, *Tentaculites* +, *Bellerophon* ±, *Pleurotomaria* ∓, *Murchisonia* +, *Loxonema* +, *Litorina* +, *Macrochilus* +, *Euomphalus* ∓, *Holopella* T, *Scoliostoma* T.

Les *céphalopodes* entrent dans la voie de leur première décadence; les genres rencontrés le plus souvent sont: *Orthoceras* ∓, *Goniatites* ∓, *Bactrites* ⊤, *Cyrtoceras* +, *Gyroceras* +, *Gomphoceras* +, *Clymenia* T.

Chez les *crustacés* les trilobites subissent le même sort que les céphalopodes. Les quelques genres agonisants sont: *Homalonotus* ⊥, *Gryphaeus* ±, *Proëtus* +, *Cheirurus* +, *Bronteus* +, *Harpes* +, *Phacops* ±.

Les *cypridines*, petit genre de crustacés habitent le terrain argileux du troisième étage.

Parmi les *annélides*, on rencontre le *spirorbis* +.

Les poissons se trouvent dans des localités exceptionnelles en grande quantité, comme *Cephalaspis* ⊥, *Pterichthys* +, *Coccosteus* T, *Holoptychus* etc.

Les premiers poissons d'une forme bizarre et d'une construction lourde et grossière forment la transition des articulés (trilobites) aux vertébrés. Ayant une peau dure, hérissés tantôt de petites épines serrées, tantôt de crochets, ou couverts de plaques osseuses, ils sont presque tous cuirassés. Leurs dents monstrueuses constatent leur voracité; et les rayons durcis de leurs nageoires, portant le nom d'*ichthyodorulites*, nous indiquent leurs armes défensives. Ils avaient presque tous un squelette cartilagineux et la queue hétérocerque. Les genres mieux organisés avaient des écailles rhomboïdales, ou arrondies et un squelette osseux. Il est à remarquer que les poissons à leur début constituent une faune riche en espèces.

17. La distribution des êtres organiques nous donne quelques indices sur l'histoire de cette époque. L'étage du milieu était le plus habité, et renfermait presque tous les genres d'animaux; l'étage inférieur l'était moins, parce que trop souvent attaqué par les bouleversements volcaniques, il a empêché l'acclimatation des habitants. L'étage supérieur était aussi moins peuplé, parcequ'il formait un bas fond répugnant à plusieurs êtres marins; tandisque la terre ferme était encore trop jeune et trop petite pour être peuplée par des êtres vivants. Les habitants ont montré une certaine prédilection pour la qualité du terrain. Ainsi dans le calcaire on ne trouve que des brachiopodes, des mollusques univalves et bivalves et des coraux; les grès étaient habités par les poissons et par la famille brachiopode des *spirifères*. Les *cypridines*, accompagnées des *goniatites* et des *orthocératites* pullulaient dans le dépôt d'argile et de marne. C'est pourquoi nous appelons certaines couches d'après les débris qu'on y trouve en abondance; par exemple *grès spiriférien*, *calcaire stryngocépha-*

lique, schiste cypridien. La température sur tout le globe était alors encore plus élevée, car les coraux qu'on trouve partout ne se développent que dans les régions tropicales.

Dans l'époque précédente, les graptolithes ont été probablement détruits par la voracité des trilobites; à présent les trilobites sont en décadence, décimés par la rapacité des poissons. Il est prouvé en général que les animaux sont d'autant plus carnivores et vivivores, qu'ils sont plus cuirassés et mieux armés. Les poissons de cette époque l'étaient trop pour n'être pas des brigands.

La formation de cette époque n'est pas universelle, mais limitée et insulaire. Quand les îles devinrent assez spacieuses pour prêter une plus vaste base aux plantes terrestres, alors commença, l'époque suivante.

VIII

SEPTIÈME ÉPOQUE.

SECONDE PÉRIODE DE LA DÉCARBONISATION DE L'ATMOSPHÈRE PAR LES PLANTES PSEUDO-TERRESTRES ET TERRESTRES.

FORMATION DE LA HOUILLE.

Accroissement de la végétation par le nombre progressif des îles. Attolles et leurs fonctions — calcaire houiller — flore primitive pseudo-terrestre. — Opinion de Naumann sur la flore primitive — critique de cette opinion — formation des sédiments et des conglomérats — la houille disposée en bassins — théorie de Naumann sur la formation de la houille — critique de cette théorie—preuves que la houille est le produit du grillage — du carbone, du graphite, du diamant — de l'itakolumite — théorie de Liebig sur le diamant—critique de cette théorie — conclusions sur le diamant — probabilité de l'orgine chimique du graphite — preuves de l'activité plutonique pendant cette époque — preuves de sa longue durée — caractères de la flore — division de la formation houillère en inférieure et supérieure—faune de cette époque—de l'influence géogénique sur la faune — changements dans les types — relation entre le globe et ses habitants.

1. Nous passons à l'époque la mieux caractérisée de toute l'histoire de notre globe; époque qui a duré des myriades d'années, dont elle nous a donné le témoignage dans des myriades de tonnes d'une roche noire, amassée à de notables profondeurs, sur des espaces plus ou moins grands et éloignés les uns des autres par de notables étendues. Cette roche à présent ensevelie, provenant de la combustion, ou plutôt du grillage des plantes terrestres, qui devaient nécessairement jadis croître à la surface du sol, nous donne une idée vague de la grandeur du globe pendant cette époque, quand il était moindre qu'il n'est actuellement, en nous présentant un tableau hydrographique de cette époque, parsemé de petits îlots, qui disposés par groupes, formaient pour la plupart des archipels.

2. Durant la première époque de décarbonisation, c'était de préférence l'acide carbonique dissous dans l'océan, qui devait être décomposé par les plantes marines. Quoique les phucoïdes nageant à la surface des eaux aient diminué la quantité d'acide carbonique atmosphérique, il était largement restitué pendant l'époque suivante par l'acide carbonique, provenant de la décomposition des carbonates par l'acide sulfurique.

Si à présent l'abondance de l'acide carbonique fournit une condition favorable au développement des plantes, l'étendue de terre ferme trop circonscrite était alors un obstacle au large déploiement de la vie végétale.

Mais la création, image de la Sagesse savait remédier au mal. Elle a laissé croître une abondante végétation sur les petits îlots, après elle les a inondés, en les couvrant sous l'eau d'une terre fertile; puis elle les a soulevés au dessus du niveau de l'océan, pour les couvrir d'une nouvelle couche végétative. Cette alternance répétée plusieurs et même plus de cent fois, sur le même terrain, a autant de fois, je ne dirai pas élargi, mais multiplié l'étendue des petites îles, et en même temps elle a amené trois conséquences. Elle a augmenté progressivement le volume du globe et l'étendue des terres fermes, comme habitation future des êtres terrestres; elle a successivement décomposé l'acide carbonique en oxygène, nécessaire à la respiration des êtres mieux organisés; elle a emmagasiné pour la postérité du genre humain un combustible indispensable à son existence. Car soyons philosophes autant que nous le voudrons, mais que deviendrait l'humanité d'à présent avec ses besoins, et sa production sans la source inépuisable de la houille?

3. Nous tâcherons d'analyser l'histoire de cette époque autant qu'elle le mérite, pour indiquer les circonstances, les causes, les phénomènes qui durent se manifester, et qui expliqueront ce que nous trouvons à présent dans les entrailles du globe.

La géotechtonique de la plupart des îles est telle, qu'elles forment de hauts plateaux au centre, ayant des pentes inclinées vers les bords. En d'autres termes, ce sont des montagnes, ou des hauts plateaux émergés de l'océan. Sur le Pacifique et dans les régions tropicales on rencontre des îles circulaires et ellipsoïdes d'une conformation tout inverse; parce qu'elles ont des bords d'une largeur de 250 à 500 mètres émergeant de quelques mètres au dessus du niveaux de l'océan, souvent couverts d'une végétation luxuriante, ayant un enfoncement au milieu rempli d'eau, un lac salé qui, par plusieurs fentes verticales, par des *passes* pratiquées dans le bord élevé avait communication avec l'océan. Ces îles appelées *attolles*, ou *îles lagouns* construites par des polypiers, forment autant qu'elles sont cachées sous l'eau des *récifs de coraux.* Leur grandeur est très variable, elle varie de 3 kilométres jusqu'à 400 lieues carrées; leur profondeur diffère de 40 jusqu'à 100 mètres. L'épaisseur de la masse coralline dépasse 15 mètres et les colonnes corallines ont même une épaisseur de 100 mètres. Grâce à la formation des attolles, leurs lagouns n'étant que peu inquietes par les vagues, offraient un séjour tranquille aux innombrables crinoïdes, aux mollusques, aux foraminifères et aux bryozoaires cachés dans leurs tests, coquilles et carapaces. Les coraux qui participèrent exclusivement à la formation des attolles et les empreintes de plantes tropicales, trouvés les uns et les autres dans les latitudes les plus hautes, prouvent que la température pendant cette époque était élevée, même dans les zones qui actuellement sont tempérées ou froides.

La température tropicale qui régnait depuis l'apparition de la première vie organique, continuant pendant des milliards d'années, jusqu'à l'époque algide demande à être expliquée. Elle ne provenait pas de ce que la croûte terrestre étant alors plus mince, laissait échapper le calorique interne dans l'atmosphère; car l'épaisseur actuelle de la partie solide du globe, présumable de 20 myriamètres, n'a augmenté depuis par la formation des différents sédiments, que tout au plus de quelques kilomètres. La cause de la température élevée était totalement autre. Il est prouvé que l'air atmosphérique étant diathermane pour la chaleur lumineuse, met obstacle au rayonnement de la chaleur obscure. Cet obstacle à la dispersion de la chaleur obscure, s'accroît à mesure que l'atmosphère est plus épaisse et qu'elle contient plus d'acide carbonique et de vapeurs aqueuses. Comme l'atmosphère primitive était à un haut degré douée de toutes ces qualités, elle constitua une cloche sous laquelle le globe formait une serre chaude. En effet les polypiers prospèrent le mieux quand la température de l'eau ne s'abaisse pas au dessous de 24 degrés. Voilà une nouvelle preuve que l'histoire de notre atmosphère forme la partie essentielle de l'histoire du globe et principalement des ses êtres organisés.

4. L'activité vitale des coraux dans la construction des récifs, se manifeste tant qu'ils sont submergés. Mais aussitôt que les récifs se changent en attolles, les polypiers dépourvus de leur élément liquide, meurent, durcissent et deviennent fragiles. Il est donc évident que l'ap-

parition des attolles ne dépend pas de l'activité vitale de coraux, mais elle est plutôt le résultat de leur mort, et ne peut être attribuée qu'à l'expansion centrale, qui en poussant le fond de l'océan en haut, exhausse les récifs au dessus du niveau. Les polypiers, par cette émersion étant morts et devenus fragiles, exposés aux vicissitudes atmosphériques, morcelés et balayés par les pluies battantes et par les vagues ont obstrué peu à peu les passes, en interceptant le rapport de l'océan avec les lagouns. La communication une fois rompue, l'eau des lagouns étant morte, et grossie par les pluies, a changé succéssivement sa constitution chimique et sa densité, dans laquelle une végétation propre s'est engendrée. Avec le changement qualificatif de l'eau tous les habitants marins des attolles périrent. Leurs cadavres décomposèrent les sels calciques et magnésiens en calcaire et dolomite, leurs tests et coquilles augmentèrent le dépôt, qui uni aux polypiers forme un agrégat d'une notable largeur et profondeur, nommé *calcaire houiller*.

Le calcaire houiller est blanc, gris, ou noir selon la quantité de plantes qui s'y sont mêlées, et par leur grillage, elles lui ont communiqué une couleur plus ou moins foncée.

Il est pourtant impossible de fixer la formation du calcaire houiller exclusivement à l'intérieur des attolles, parce que nous le trouvons déposé sur des étendues de 1000 lieues carrées, d'une épaisseur de plus de 2000 pieds. Il faut donc aussi attribuer la genèse de cette roche à une série de secousses violentes et successives, exercées contre le fond de l'océan par l'expansion centrale, qui par son ébranlement a tué une série de générations successives marines, dont les squelettes et la décomposition pourrie de leurs cadavres ont contribué à l'accumulation énorme de cette roche. Il est évident que par les secousses venant du bas et par l'accumulation des squelettes et du sédiment déposé en haut, la haute mer est devenue de plus en plus bas-fond, jusqu'à ce qu'une végétation ait pu s'accrocher en amas grossier de plantes. Voilà l'origine probable des *pseudo-terres fermes premières* et de la *végétation pseudo-terrestre*.

Naumann dans son éminent ouvrage (1) nous dit: „Il „est hors de doute que les différents terrains de la forma- „tion houillère ont dû se former tantôt sur les côtes des „anciens continents et des îles, dans les golfes et estuai- „res, tantôt dans les eaux douces de la vieille terre fer- „me.“ J'ose protester contre cette opinion. L'hémisphère actuelle du Sud nous présente une énorme étendue d'eau parsemée d'une quantité de petites îles. Le lecteur aura l'indulgence de partager mon avis: que l'hémisphère du Nord, il y a des milliards d'années avait du moins une pareille configuration. Je suis d'avis que notre globe à cette époque a présenté à vol d'oiseau, une nappe éclatante d'eau, sur laquelle apparurent de très petits points sombres, formés par les premièrs îlots, couverts de végétation. Donc pour les golfes, estuaires et côtes ces terrains étaient trop petits. D'ailleurs les nids et les rognons d'anthracite et de houille, que nous trouvons dans les couches les plus profondes à cette époque, nous donnent une dimension assez précise de l'étendue des terrains d'autrefois. Quant à l'eau douce de cette époque, que mentionne le célèbre auteur, c'est à dire l'eau distillée par la vaporisation

---

(1) Handbuch der Geologie. T. 11. p. 581.

et accumulée par la pluie, il faut des terrains spacieux avec des enfoncements de bassins. Mais selon nous des terrains pareils n'existaient pas alors.

De même que la végétation pendant cette époque était cryptogame, ainsi le sol d'alors était probablement crypto-tellurique; voilà pourquoi je l'apelle pseudo-terrestre.

5. Sur le Pacifique, l'atmosphère est tropicale et calme; les vents et les orages sont exceptionnels, malgré le voisinage de l'océan antarctique, dont l'atmosphère froide devait amener des courants continuels de deux colonnes atmosphériques à une température différente. La température pendant l'époque dont nous nous occupons, était tropicale même aux pôles, donc aucun courant énergique ni dans l'atmosphère, ni dans l'eau ne pouvait avoir lieu. L'eau de l'océan d'alors était presque stagnante et morte, et comme telle favorisa la naissance de cette substance organique, amorphe, que nous appelons *protoplasme.* On a beau chercher des traces de formes végétales dans la masse compacte, pierreuse, et grillée qui compose la houille. Car la végétation primordiale fut probablement longtemps amorphe, avant qu'une organisation infime se développât, appartenant aux familles des *algues*, *conferves*, *characées*, *trémelloïdes*, qui meurent aussi vite qu'elles naissent, pour changer par leur substance l'eau limpide en vase glaireuse formant un marécage. Après apparut la nombreuse famille des mousses, qui changea le marécage en tourbe; enfin les cryptogames cellulaires mieux développés couvrirent le bas fond, ou l'île entière à peine émergée, comme: les *calamites*, les *fougères*, les *sélaginées*, les *équisétacées*, les *lycopodiacées*, et même sur le rivages plus élevés apparurent beaucoup plus tard les *lépidodendrons*, les *cycadées*, les *palmes* et les *conifères*.

6. Enfin il s'écoula un série de siècles, avant que la végétation favorisée par une température tropicale, par une humidité copieuse et par l'abondance de l'acide carbonique, en enlevant à ce dernier le carbone, rompît l'équilibre, au profit de l'expansion centrale. Une catastrophe arriva nécessairement: L'expansion centrale par des secousses répétées souleva l'entourage d'une attolle ou d'une île, qui appesantie par une énorme végétation faisait résistance. L'eau de l'océan chauffée et saturée de silice (V, 10 f.) pénétrée par des vapeurs métallifères, échappées de l'intérieur du globe, empoisonna et tua tous les êtres animaux, et élevée en flots du fond et en vagues de translation, franchissant l'attole par dessus ses bords, se précipita avec violence emportant des coquilles, des poissons, du limon, du sable, de débris de coraux et des roches, et en déracinant toute la végétation qu'elle trouvait sur son passage sur les endroits élevés, la balaya et l'ensevelit dans le sédiment. C'est ainsi que l'attolle ou petite île fut inondée. Sur la végétation séculaire marécageuse et terrestre se déposa un sédiment, renfermant du sable, de la silice, du calcaire, des débris de roches et des cadavres appartenant aux êtres animaux, qui la ferma hermétiquement et la comprima lentement de son poids, jusqu'à ce qu'elle fût devenue sèche. Mais en même temps que la première île couverte de végétation était inondée par le soulèvement successif ou soudain du fond de l'océan, une ou plusieurs îles nouvelles surgissaient au dessus de son niveau, qui pendant le cours d'une série de siècles futurs, devait subir le même sort que j'ai décrit à l'instant. Grâce à ce second soulèvement du fond, d'autres îles nouvelles ont apparu au dessus du niveau de l'océan, et entre autres la première île une fois deja inondée, poussée en

haut, devint terre pseudo-ferme, c'est à dire un marécage pour se couvrir une seconde fois d'une nouvelle couche végétale.

L'expansion centrale élevait donc successivement de nouvelles îles, qui appartenaient à deux catégories. Ou c'étaient des récifs de coraux changés en attolles, ou c'étaient des cimes plus ou moins étendues des montagnes sous-marines, dont la composition pétrographique était très variable, et pouvait se composer de granit, de gneiss, de grauwacke, d'argile schisteuse, de grès, de conglomérats etc. Ces montagnes avant leur apparition étaient ou couvertes de calcaire houiller, ou elles en étaient dépourvues; selon qu'elles venaient d'une profondeur plus ou moins grande. Et voila pour quelle raison nous trouvons quelquefois la houille reposant immédiatement sur les roches les plus anciennes.

7. J'espère que le lecteur se fera à present une idée exacte de cette époque, pendant laquelle chaque diminution notable du poids du l'atmosphère, amenée par la végétation, a donné naissance à une manifestation véhémente de l'expansion centrale, en produisant deux effets contraires; elle a soulevé au dessus du niveau de l'océan des îles, qui devaient à l'avenir se couvrir d'une végétation copieuse, et en même temps elle a inondé des îles couvertes de végétation, pour les encombrer d'un sédiment, ou plutôt d'un atterrissement minéral dans lequel se trouvaient amassés les cadavres des animaux, qui avaient péri durant ces catastrophes dévastatrices. Le *Monte nuovo*, le *Jurullo*, l'île *Julia* et l'ile *Nouveau Kameni*, qui ont apparu sur le niveau des eaux, dans le cours d'un temps plus ou moins long, pendant les époques historiques, justifieront ma théorie, d'autant plus qu'elle nous présente l'histoire du globe au courant de sa jeune vie, quand

l'énergie de l'expansion centrale était probablement plus grande qu'elle ne l'est à présent. Pourtant il ne faut pas se figurer, que par un choc venant du bas en haut, une île a surgi de la profondeur de la mer sur son niveau. C'étaient des chocs répétés des centaines de fois, qui nous sont connus de nos jours sous forme de tremblements de terre et de flots de fond, qui ont peu à peu poussé le fond en haut, pour le changer en terre. Chaque choc à part en comprimant la masse, y produisit une incandescence par laquelle, dans un moment (comme dans une allumette pneumatique) les parties organiques grillées se sont changées en houille et en produits bitumineux. L'eau chauffée a dissous la silice, et les parties inorganiques ont subi un métamorphisme plus ou moins évident par la chaleur et la compression. La qualité de la houille ne dépend pas de la durée de l'incandescence, mais plutôt du nombre de chocs qui l'a provoquée, et qui n'a rien de commun avec le grillage du charbon en meule.

Je me flatte que le lecteur finira par se convaincre, que les deux effets contraires: l'élévation d'un terrain et l'inondation d'un autre, ne pouvaient provenir que de la rupture d'équilibre amenée par le déchet du poids de l'atmosphère, et ne pouvaient avoir d'autre conséquence que l'agrandissement successif du globe en volume. Il verra ailleurs que la théorie qui veut expliquer la formation des couches végétales et sédimentaires, terrestres et marines, alternantes pendant cette époque par des affaissements et des soulèvements alternants de la même localité, n'a pas de bases solides et pèche par la contradiction. Car aussitôt que nous disons que le fond de l'océan poussé en haut par l'expansion centrale, a élvé l'ile *A* cachée sous l'eau au dessus du niveau, il est évident que toute la quantité d'eau qui couvrait l'île *A* avec son entourage, se déversa ailleurs, par exemple sur l'île *B* en y produisant une inondation; donc l'affaissement de l'île *B* pour disparaître de la surface des eaux, j'ose même dire pour commetre un abominable suicide, devient superflu.

8. La forme des attolles circulaire, oblongue, enfoncée au milieu, élevée par ses bords, nous explique:

a) pourquoi les lits de houille cachés pour la plupart dans des bassins profonds ont une forme lenticulaire, épaisse au milieu et amincie alentour? Parce qu'elle ont reçu la forme intérieure des attolles,

b) pourquoi la masse de houille est respectivement assez pure, et ne contient que peu de calcaire et de fer oxydé ou sulfuré? Parce qu'elle était entourée pendant sa formation séculaire par des bords élevés, qui ont tempêché tout atterrissement partiel et successif;

c) pourquoi la couche minérale qui couvre la houille est distinctement séparée de cette dernière, et comme tranchée? Parce qu'elle se forma par un atterrissement rapide, comme conséquence d'un bouleversement plutonique, et qu'elle renferme très souvent des conglomérats, puddings et brecias, dont les parties n'étant pas charriées de loin, ont conservé toutes leurs cornes,

d) pourquoi la couche minérale la plus profonde, et les couches minérales supérieures, qui séparent les lits de houille l'un de l'autre, révèlent deux caractères distincts? Parce que le premier acte se passait dans la profondeur de l'océan, peuplé d'êtres marins, qui par leur mort et leur putréfaction ont décomposé les sels calciques, formant le *calcaire houiller;* les actes ultérieurs ont eu lieu dans des marécages plutôt dans un bas fond, où la population des êtres marins était moindre, et même était transportée hors de l'entourage.

9. Passons maintenant à la formation de la houille. Je dois mentionner que quelques savants ont attribué sa formation à la décomposition chimique des gaz d'acide carbonique et hydrocarbonique. Grâce à des études minutieuses, tous les savants sont d'accord que la houille doit son origine aux êtres organiques, et spécialement aux plantes, qui ont subi l'action d'une haute chaleur. Les expériences montrent, qu'on peut former un charbon de terre artificiel de végétaux en présence de l'eau, de la chaleur et d'une forte pression. Goeppert en chauffant des feuilles de fougère entre des couches d'argile comprimée, est parvenu à imiter parfaitement les empreintes végétales du terrain houiller. Baroulier a obtenu de la houille de diverses qualités, en chauffant de la sciure de bois. Violette a reconnu que le bois porté dans un vase clos, à une température de 300 à 400 degrés, s'agglutine en une sorte de houille grasse. Daubrée a transformé à volonté des fragments de bois en lignite, en houille, ou anthracite, en variant les conditions de ses expériences, et il a en même temps recueilli des produits liquides semblables aux bitumes naturels (1).

Me fondant sur les données plus haut mentionnées,

---

[1]) D'après Bischof (Geologie T. 1, p. 749) il est hors de doute que la transformation de la substance végétale en matières bitumineuses, houille et lignite ne s'est faite que par voie humide.

qu'il me soit permis d'analyser l'opinion d'un éminent savant sur la formation de la houille.

Selon Naumann (1) *telle est l'explication la plus simple et la plus naturelle* de la formation de la houille: la masse végétative a subi une *décomposition interne* (innerer Zersetzungs-process), *excessivement lente* (aüsserst langsamer), secondée par une température élevée (höhere Temperatur) et modifiée par la pression des roches superposées. On lit plus loin, qu'on ne peut douter que l'eau, l'acide sulfurique et les autres matières ont participé à cette décomposition spontanée (freiwillige Entmischung) *de la substance végétative, qui doit être déterminée* comme une *fermentation* (Gährung) *destruction*, (Verwesung), *pourriture* (Vermoderung), *ou carbonisation puante* (faulige Verkohlung). Il ajoute après: que c'est une *idée depuis long temps abandonnée* qu'une très haute température a produit une *carbonisation rapide* (rasche Verkohlung) *un grillage* (Durchglühung) dans un espace fermé, au moyen desquels la houille s'est formée.

J'ai peine à croire que le lecteur veuille attribuer les épithètes *de simple et naturelle* à l'explication de cet éminent savant. Quant à moi, je tâcherai de prouver qu'elle est *compliquée* et *non naturelle*, et que nous sommes forcé de rappeler à la mémoire *l'idée longtemps oubliée*, comme la seule qui soit la plus simple et la plus naturelle.

10. Les expériences et les observations nous enseignent ce qui suit.

a) Les plantes d'une structure molle, subtile, aqueuse comme les agarics, bolets, algues, mousses en se flétrissant se changent très vite, et plu-

---

[1]) Handbuch der Geologie. T. 11, p. 469.

sieurs d'entre elles en quelques heures, se changent disons nous, en masse noire, glaireuse, ou poudre charbonneuse. C'est par cette propriété que la *Sphaigne des marais* (sphagnum) contribue à la formation de la tourbe. Les plantes d'une organisation inférieure, herbacées comme les fougèrs, les graminées et les feuilles en général, qui détachées deviennent vite jaunes, brunes, et noires, particulierèment quand elles ont été plusieurs fois arrosées par la pluie, éprouvent le même sort. C'est ainsi que se font la *terre tourbière*, le *terreau*, *l'humus* dans nos bois. Comme l'organisation primitive des plantes était inférieure, leur carbonisation devait s'accélérer sans avoir besoin *d'un temps excessivement long*, comme le veut le savant allemand. Mais cette carbonisation même accomplie est très loin de nous donner la houille.

b) Le foin mis en meules, quand il n'est pas bien sec s'enflamme dans l'espace de 8 à 10 jours; mais pour que la chose arrive, l'action de l'atmosphère est indispensable. Au contraire le foin préparé pour l'usage de l'armée par une forte pression, ainsi que les conserves de légumes preparées par presssion, et renfermées dans des vases hermétiquement clos, ne subissent aucune carbonisation et même ne perdent pas leur couleur et leur saveur. Eh bien! La houille s'est formée dans un espace hermétiquement fermé par le double couvercle d'un sédiment et d'une nappe d'eau, sous l'énorme pression d'une roche dont l'épaisseur était souvent de quelques centaines de mètres: ces conditons donc devaient plutôt protéger les plantes contre toute carbonisation, au lieu de produire leur *décomposition spontanée*. Il est donc évident qu'un autre agent a causé la carbonisation de la matière organique, et son changement en houille.

c) Un bois qui pourrit lentement en se convertissant en poudre, ou en masse molle perd totalement sa structure; un bois carbonisé par grillage (charbon de bois) conserve exactement sa structure. En bien! puisque les cycadées, les conifères et les autres plantes arboracées ont tellement conservé leur structure, qu'après des millions d'années nous pouvons les déterminer scientifiquement, leur carbonisation a dû s'accomplir par grillage et non par une *carbonisation puante*, modifiée par la compression. Mais outre cela nous trouvons sur les sédiments calcaires, argileux, marneux, ou sur le grès à petits grains des dessins les plus délicats de feuilles, de nerfs, de filaments, d'écailles et d'autres minces parties végétales d'une couleur noire, qui ont conservé exactement leur structure, comme s'ils avaient été lithographiés par un artiste habile. Bien certainement ce n'est pas une putréfaction lente qui aurait laissé un souvenir parcil.

d) Les troncs des plantes de cette époque ayant pour la plupart la structure des roseaux et des joncs étaient creux au milieu. On les trouve à présent ensevelis dans deux directions. Les uns ont une direction horizontale et alors convertis par le grillage en houille, ils ont changé leur forme cylindrique en forme aplatie par l'énorme pression venant de bas en haut, et du haut. Les autres se trouvent dans une direction verticale ou inclinée, empâtés dans une couche sédimentaire. Il paraît que les arbres ont été inondés rapidement dans leur position naturelle, pendant une catastrophe et inclinés par un courant d'eau; parcequ'ils sont dépourvus de leurs branches et de leurs couronnes. L'inondation a monté si haut que l'eau s'est répandue dans l'excavation des troncs, en y apportant toutes sortes de sédiments, qui en pénétrant dans les pores des bois les a changés en pétrification. L'écorce seulement faisant résistance à cette métamorphose, a subi une lente décomposition, et forme à présent une couche nince, noire, spongieuse, éminemment fragile, pouvant facilement se détacher à chaque contact. Voilà un exemple d'une lente décomposition; d'un côté elle nous a donné une pétrification en calcaire, quartzite ou spherosidérite; de l'autre côté une pellicule de carbone friable, qui ne ressemble en rien à la houille.

e) Chaque couche houillère, et le toit sédimentaire qui la couvre, contiennent une quantité plus ou moins grande d'une matière grasse, résineuse, empyreumatique, nommée *bitumineuse*. En préparant le charbon de bois en meule, nous produisons par la grande chaleur artificielle le goudron et les autres substances empyreumatiques, analogues aux matières bitumineuses fossiles. Nous avons donc tout lieu de croire que la matière bitumineuse fossile est le produit de la décomposition des matières organiques sous l'influence d'une grande chaleur.

f) Les matières bitumineuses dans les couches houillères superposées et entrecoupées par les strates sédimentaires diminuent successivement à mesure que les couches sont plus profondes. Il y a des savants qui expliquent la diminution de ces matières bitumineuses vers le bas, par la pression croissante de haut en bas des couches superposées. Je suis d'avis que cette explication s'écarte de la vérité. Quand on comprime de haut en bas un corps imbibé d'un fluide quelconque, celui-ci se rassemble à l'entour. Tandisque les matières bitumineuses s'amassant au toit de la couche sont plutôt le produit de la sublimation provoquée par la grande chaleur.

g) Cette distribution inégale de matières bitumineuses dans les couches superposées est la meilleure confirmation de ma théorie, sur la formation de la houille par grillage. Suivons pas à pas la formation successive de trois couches houillères superposées, et entrecoupées par des strates sédimentaires. Quand l'expansion centrale a poussé pour la première fois l'attolle ou une île avec son ballast végétal par un choc violent, le sédiment qui l'a couvert, n'était ni trop grand, ni trop lourd. Néanmoins une certaine quantité de matières bitumineuses, formées par le grillage des corps organiques, hermétiquement fermés, était sublimée vers le toit de la couche. Pendant la formation de la seconde couche houillère, la première couche en subissant un second grillage, sous un poids doublé, dégagea une plus grande chaleur, et poussa une quantité de ses matières bitumineuses dans la couche nouvelle. Le choc rapide qui a accompagné la formation de la troisième couche de houille, grilla la première couche une troisième fois, sous un poids triplé, dont la chaleur encore plus grande poussa une nouvelle quantité de matières bitumineuses de la couche inférieure dans les deux supérieures. La recherche analytique de ces trois couches nous démontre, que la première couche trois fois grillée, dépourvue de toute matière bitumineuse, nous offre *l'anthracite;* la seconde couche deux fois grillée ne contient que peu de matières bitumineuses, et nous donne la *houille sèche;* la troisième couche une fois grillée, imprégnée d'une quantité de matières bitumineuses, tant propres que sublimées, provenant des deux couches inférieures, a formé la *houille grasse*. Par exemple dans le bassin de Mons, on trouve 115 lits houillers superposés, dont les 50 supérieurs sont les plus gras, les 50 subséquents sont moins gras, et les 15 inférieurs sont très secs. Dans la même proportion les matières bitumineuses sont distribuées et imbibées dans les strates sédimentaires, entreposées parmi les couches de houille.

Je crois qu'il est difficile de remplacer cette explication par une autre.

Nous ne pouvons passer sous silence ce qui concerne la quantité de matières bitumineuses, qui est très variable et à laquelle, outre la qualité des plantes plus ou moins résineuses, ont contribué éminemment les organismes animaux, principalement les poissons qui étaient alors très gros et gras. On trouve des couches sédimentaires remplies d'amas d'os calcinés de poissons et alors les strates superposées sont pour la plupart copieusement pénétrées de substances bitumineuses.

12. Quant à la probabilité de la présence et de l'abondance de la houille sur notre globe, j'ose poser les conclusions suivantes:

a) Comme l'attiédissement, la solidification et la formation des premières îles commencèrent aux environs des pôles, d'où ils se poursuivirent vers l'équateur, l'apparition de la végétation dut avoir lieu dans la même direction. D'où il résulte, que l'abondance de la houille diminue en s'approchant des zones tropicales. Les recherches ont prouvé que dans les contrées plus chaudes, on ne trouve que le *lignite* comme produit plus jeune.

b) La puissance de la houille est toujours en proportion directe moins avec la hauteur, qu'avec l'extension des collines, qui l'entourent. Cela devient évident par les bassins de l'Angleterre, les bassins carbonifères de la France centrale, par les bassins de la Belgique, de l'Allemagne centrale, de la Bohême, de la Silésie, par les bassins du pays de Donetz, par l'immense richesse de la houille, dans les bassins d'Allégany etc.

c) Les couches de houille occupent en général les profondeurs notables. La capacité des montagnes, c'est à dire la masse élevée au dessus du niveau de la mer, peut contenir dans son intérieur des roches essensiellement différentes, même de sel gemme, mais à ce que je sais, elle ne contient jamais de houille; l'influence des montagnes sur la houille se borne à ce, quelles ont causé par leur élévation progressive une inclination, ou déviation des couches houillères.

12. Enfin, je dois ajouter trois circonstances qui prouvent, que la formation de la houille était toujours accompagnée de convulsions de la croûte terrestre.

a) Aucune formation géologique, ne présente autant de déviation de la direction horizontale, comme *élévations*, *contorsions*, *solutions de continuité*, *failles* etc., que les couches houillères.

b) Partout dans le voisinage des mines de houille on trouve de riches mines métallifères, qui ne sont que les résidus refroidis des décharges des vapeurs métalliques unies aux métalloïdes.

c) Les lits et les rognons d'anthracite sont souvent isolés, sans être superposés de lits de houille. Mais alors dans leur voisinage on trouve des preuves d'une action plutonique; du trachite, du basalte, du porphyre en filons, qui outre leur énorme chaleur, ont exercé une rapide pression de côté sur un lit de houille, et en la calcinant l'ont changée en anthracite.

13. Comme nous sommes venu à la formation de l'anthracite, qui contient environ 90% pour 100 de carbone; faisons deux pas en arrière, pour expliquer la genèse du graphite et du diamant. Ces deux corps dont le premier contient 95—96% de carbone, l'autre du carbone pur, sont relativement peu distribués sur notre globe; malgré cela, ou pour mieux dire à cause de cela, ils présentent une énigme difficile à résoudre, car leur origine est intimement liée à l'histoire de l'évolution terrestre. Pour

mieux étudier ce sujet, il nous faut examiner le carbone, comme élément sous le rapport physique et chimique; et en outre le graphite et le diamant sous leur relation minéralogique et géologique.

14. Le carbone (1) est un corps solide, inodore, insipide, infusible, et fixe aux plus hautes températures, qu'on puisse atteindre dans les fourneaux. Soumis à l'action d'une pile très énergique de 600 éléments de Bunsen, il peut être fondu, et même volatilisé; il dégage alors une lumière intense, et remplit l'oeuf électrique d'une vapeur noire, qui se dépose sur les parois en poudre cristalline. De petits fragments de charbon de sucre, ou d'essence de térébenthine, placés dans un creuset de la même matière à l'action d'une pile de 600 éléments, se réunissent en une seule masse, comme deux gouttes liquides, en se soudant au creuset. Une baguette d'anthracite d'un millimètre de diamètre, et de trois centimètres de longueur se courbe sous l'influence d'une pile de 200 éléments, on d'une forte lentille. L'anthracite fond facilement, lors qu'il est soumis à l'action de trois sources calorifiques, les plus puissantes: la pile, le chalumeau à hydrogène, et la lumière solaire. Le diamant traité comme le charbon de sucre, se ramollit, augmente de volume, se couvre de fentes, et se partage en plusieurs fragments, dans lesquels on trouve des globules fondus; il devient noir, et se change en un carbone, tout semblable au coke. Le diamant, le charbon de sucre, le charbon d'essence de térébenthine ne produisent dans les expériences précédentes que du graphite, quelle que soit la durée de l'opération. Le diamant, le graphite, le noir de fumée, l'anthracite, le coke, le charbon de

[1]) C'est un extrait concis de l'éminent traité de Chimie de J. Pelouse, et E. Frémy. T. 1. p. 705, 706.

bois ne sont que des variétés de carbone, qui en brûlant donnent deux combinaisons avec l'oxygène: l'oxyde de carbone CO, et l'acide carbonique CO^2; le dernier dans une température élevée, décomposé par plusieurs métaux, comme le fer, le zinc, le manganèse se réduit en oxyde de carbone. A présent passons du laboratoire à la nature; d'une miniature à l'infini des forces.

14. Le graphite (1) est d'un gris demi-métallique, doux et onctueux au toucher. Si on le frotte sur le papier, il laisse des taches d'un gris métallique, plombé; infusible, il brûle très difficilement au chalumeau. Il est toujours cristallin, en petites tables ou paillettes hexagonales; il est lammellé ou grenu, à l'état impur il a une texture schisteuse.

Gisement. Il appartient essentiellement aux terrains de transition (première époque décarbonisante, et première époque désoxydante). Il se présente rarement en masses exploitables, intercalées dans la stratification des roches schisteuses. On le trouve dans le granit, le gneiss, le calcaire granulé, où il remplace les micas, et par cette raison il donne le nom de *graphitiques* à ces minerais (2).

Le terrain de lias des Alpes, renfermant de l'anthracite, offre quelques gisements de graphite; qui n'est autre chose, que l'anthracite ayant perdu les matières volatiles, qui lui sont propres, a pris la structure cristalline. Ces changements sont en rapport avec des filons de porphyre amphibolique, qui traversent toute la montagne, et le

---

[1]) A. Dufrénoy — Traité de Minéralogie T. IV. p. 610.
Zirkel — Lehrbuch die Petrographie. T. 1. p. 352.

[2]) Je suis d'avis, que le micacite paraît quelque fois partiellement ou entièrement métamorphosé en graphite, qui ayant conservé la structure du mica s'appele *schiste graphitique*.

gîte du graphite même. Il est naturel de penser, que l'existence du graphite se lie au phénomène de métamorphisme dont les Alpes offrent tant d'exemples. Toutefois il se pourrait, qu'il y eût du *graphite natif (?)* comme du *diamant natif* (??) et l'on pourrait regarder celui, qui colore certaines roches cristallines, comme appartenant aux mêmes causes, qui ont fourni le carbone répandu en si grande quantité dans les roches calcaires à l'état d'acide carbonique (?). Cette phrase de Dufrénoy est moins claire.

16. Le diamant (1) est le corps le plus dur, que l'on connaisse; pourtant il se laisse réduire en poudre dans un mortier d'acier. Cristallisé ordinairement en octaèdre régulier, il est diaphane, demi-diaphane, ou translucide; ou trouve quelquefois des diamants adhérents en groupe. Incolore, il est assez fréquemment teint d'une nuance légère de vert, de jaune et de gris; les teintes, roses, bleues ou noires sont plus rares; mais sa poudre est toujours grise ou même noire, quelle que soit la couleur du diamant. Sa cassure est lamelleuse, son éclat très vif, sa pesanteur spécifique 3,52 à 3,55; il jouit de la réfraction simple à un haut degré, et par le frottement il s'empare de l'électricité du verre. Il y a des *diamants compactes et amorphes*, qui présentent des rognons irréguliers à l'angle grossièrement arrondis, avec des parties anguleuses; leur extérieur est ordinairement noir, souvent graphiteux, au milieu ils sont gris foncé, passant au noir; cristallins, hyalins et lamelleux comme le diamant cristallisé.

Gisement. Les diamants se trouvent disséminés dans les sables, qui proviennent des alluvions anciennes, mé-

---

[1]) Dufrénoy — Traité de Minéralogie. T. 11. p. 89.
Dr. Alexandre Petzholdt—Beitrage zur Naturgeschichte des Diamants mit einer Kupfertafel.—Dresden und Leipzig. 1842.

langés de cailloux roulés, qui ne sont que les débris d'une roche clastique. Ces galets agglutinés par un ciment ferrugineux, formant un pudingue grossier, désigné sous le nom de *cascahlo*, contiennent des cristaux de diamant. Ce qui l'a fait cousidérer comme la gangue du diamant. Mais ce gisement n'est que secondaire. Depuis peu de temps on a découvert au Brésil une *roche clastique*, nommée *itacolumite*, dans laquelle le diamant se rencontre. Mais cette roche, comme conglomérat, ne peut pas être non plus considérée comme matrice du diamant. *L'itacolumite* (1) est une roche d'un mélange schisteux, composée de très petits morceaux de quartz hyalin, de paillettes de mica, talc, ou chlorite. Il est souvent élastique, presque friable entre les doigts, et contient outre différentes combinaisons ferrugineuses en abondance, des grains d'or, et de diamant. On peut établir comme axiôme, que les minerais ferrugineux sont des associés inséparables des gîtes de diamant.

Le docteur Petzholdt dans sa monographie (l. c.), outre qu'il a donné la preuve d'une érudition profonde, a fait lui même des études, et des expériences chimiques, et microscopiques sur le diamant, et mérite pour cela une mention honorable. En analysant une partie de la cendre provenant de 5,6344 grammes de diamants brûles, par M. M. Erdmann et Marchand, il y a découvert des fragments (Splitter) inattaquables par le feu. Ces fragments extrêmement minces étaient quartzeux, et sous le miscroscope ont montré un *réseau de cellules noires pentagonales et hexagonales*, qu'il a reproduites par la daguerréotypie. Il ajoute, qu'on a découvert même des vases spirales.

---

[1]) Zirkel — Lehrbuch der Petrographie. T. 11. p. 482.

J'ai fait graver en bois, les dessins de la monographie gravés en cuivre.

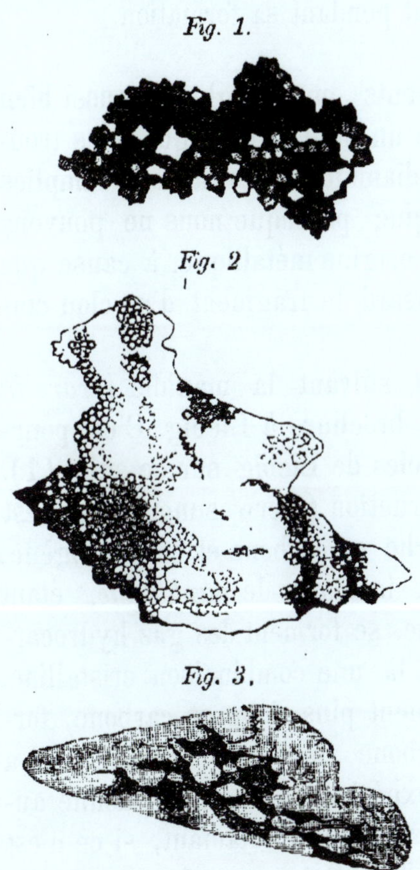
Fig. 1. Fig. 2 Fig. 3.

Les figures 1 et 2 représentent deux fragments de silice trouvés dans la cendre, après la combustion du diamant. La figure 3 donne l'image d'un fragment de silice empâté dans un diamant du musée de Dresde, catalogué sous le numéro 22.

L'auteur tire de ses recherches cette conclusion, que le diamant est le produit cristallin d'un fluide organique végétal, comme l'ambre jaune en est un, non cristallin.

Selon nous les expériences du docteur Petzholdt étant d'une haute valeur scientifique, loin d'être d'accord avec ses conclusions, prouvent seulement des vérités bien connues depuis longtemps. Savoir:

1-o. Que la silice en solution a pénétré les tissus organiques les plus subtils, en les changeant en pétrification.

2-o. Que la silice est inattaquable par le calorique, même par celui qui brûle et fond le charbon.

3-o. Que les fragments de silice, contenant des pétrifications d'un tissu cellulaire végétal, se sont empâtés dans la matière du diamant pendant sa formation.

Mais rien de plus.

Parceque ces fragments ont pu glisser aussi bien dans une fusion, que dans un fluide; parceque nous trouvons aussi dans la masse diamantine des cavéoles remplies d'eau, et d'acide carbonique; parceque nous ne pouvons dire, que le pain est d'une origine métallique, à cause que nous avons trouvé par hasard le fragment d'un clou empâté dedans.

Le docteur Petzholdt suivant la maxime *jurare in verba magistri*, a dédié sa brochure à Liebig. C'est pourquoi je veux citer les paroles de Liebig sur ce sujet (1).

„Supposons une destruction (Verwesung), qui s'est „passée dans un fluide riche en carbone et en hydrogène. „Alors comme les cristaux incolores de *naphtaline*, étant „les plus riches en carbone, se forment des gaz hydrocar„boniques, ainsi il se fera là une combinaison cristalline, „qui devenant successivement plus riche en carbone, for„mera finalement un carbone tout pur cristallisé. La „science avec toutes ses expériences, ne nous donne au„cune analogie pour la formation du diamant, si ce n'est „le procès de destruction (? ?). On sait avec exactitude, „que la genèse du diamant n'est pas redevable au feu (??); „parce qu'une température élevée en présence de l'oxy„gène n'est pas d'accord avec sa combustibilité. Au con„traire, on a des motifs convaincants (???), qu'il s'est formé „par voie humide dans un fluide (??), et que le procès de

---

[1]) Liebigs organische Chemie, in ihrer Anwendung auf Agricultur und Physiologie. Braunschweig, 1846, p. 285.

„destruction donne seul jusqu'à un certain point une so„lution satisfaisante (??)"

Je laisse au lecteur le soin de juger comme il l'entendra le raisonnement du célèbre chimiste. Je dois seulement noter cette circonstance, que la formation du diamant s'est faite dans une profondeur hermétiquement fermée, et pénétrée d'un bout à l'autre d'acide carbonique; je dirai même, que l'oxygène isolé existait à peine alors, et par conséquent le diamant malgré sa combustibilité et la température élevée, était trop bien garanti contre toute combustion.

17. De tout mon exposé sur le carbone, le graphite, et le diamant, qu'il me soit permis de tirer les conclusions suivantes:

a) Tout le carbone, qui se trouve sur notre globe, doit son origine à la médiation de la vie organique.

b) En commençant par la houille jusqu'au diamant, le carbone a subi une série de métamorphoses, produites par la chaleur plusieurs fois répétée et croissante.

c) L'anthracite, c'est le carbone grillé au plus haut degré; le graphite c'est le carbone volatilisé, et sublimé par une chaleur plus énergique; le diamant, c'est le carbone fondu par une température encore plus intense.

d) Quand la fonte fut compléte, le carbone se cristallisa; quand elle fut moins complète ou partielle, le diamant retint au milieu de petites parcelles noires de carbone non fondu, où il se présenta comme *compacte et amorphe*, étant à l'extérieur graphitique, au milieu lamelleux et cristallin. C'est ce qui renverse totalement la théorie de Liebig.

e) Quand de petites quantités de métaux se mêlèrent au carbone fondu, comme le cobalt, le nickel, le chrome, l'or, ou le manganèse, le diamant reçut des nuances bleues, vertes, jaunes, roses, brunes ou noires.

f) Le fer fondu est un dissolvant pour le carbone, comme l'eau l'est pour beaucoup de sels. L'acier c'est *le fer diamanté.*

g) La solubilité des sels dans l'eau s'accroît en raison de sa température, et de la pression exercée. Dans les mêmes proportions s'accroît probablement la solubilité du carbone dans le fer fondu.

h) Ces sels pendant l'attiédissement de l'eau s'éliminent en forme de cristaux; de même le carbone s'élimine du fer fondu en forme de diamants. La gangue primitive, le creuset des diamants c'est le fer.

i) Les diamants s'éliminent pour la plupart en petits cristaux de quelques milligrammes. Rarement leur poids monte à quelques centaines de milligrammes. Quand le carbone se trouvait en contact avec le fer fondu en quantité telle, que ce dernier n'était pas en état de le dissoudre entièrement, son superflu changé en *gaz carbonique graphitique* formait une boule, une cavéole (1) dans cette fusion, où s'exuda une plus grande quantité de carbone cristallisé en groupe d'une dimension un peu plus considérable. Ces *excava-*

---

[1]) On rencontre très souvent des cavéoles dans le fer defonte.

tions tapissées de cristaux forment des *géodes*. C'est ainsi que se cristallise l'augite dans la lave des volcans, et dans les scories de fonderie.

k) Les masses ferrugineuses contenant à l'intérieur des diamants, poussées vers la superficie du globe, exposées aux influences dévastatrices des acides, des métalloïdes et de l'eau, perdirent peu à peu leur cohérence. Devenues fragiles, brisées et réduites en poudre, elles laissèrent échapper les diamants de leur gîte primitif. Les diamants délivrés mêlés par l'action de l'eau avec le sable, l'argile, les galets, le mica, le talc, et les cailloux, cimentés par la poudre ferrugineuse, en conservant leur lieu de naissance, se trouvent à présent empâtés dans une roche clastique nommée *itacolumite*, ou dans des masses moindres, nommés *cascalho;* ailleurs ils étaient emportés par un courant d'eau plus ou moins loin avec tout leur entourage, et disséminés sur les plaines, ils forment à présent des sables diamantifères. Il est à remarquer qu'en tous cas ils sont associés à différents minerais ferrugineux, et que leur entourage entier est rouilleux. J'ai donc l'honneur d'être de l'avis de Dufrénoy (l. c. T. 11, p. 95), que les diamants ont tapissé les géodes, et de me joindre à l'opinion de M. M. Pelouze et Frémy (l. c. T. 1, p. 710), que théoriquement la production artificielle du diamant est possible.

g) Bishof (l. c. T. 1. chap. 12) qui partage mon idée, que tout le charbon, qui se trouve sur notre globe provient de la médiation de la vie organique, tâche pourtant de prouver, que l'anthracite le graphite, et le diamant ne sont pas les produits d'une action plutonique, mais le résultat d'une lente décomposition organique par voie humide, qui a chassé peu à peu l'oxygène, l'hydrogène et l'azote, en laissant le charbon plus ou moins pur et même cristallisé. Il attribue la même origine à la houille.

18. Je ne peux pas abandonner ce sujet, sans revenir au graphite. On trouve le graphite dans le granit, le gneiss, le calcaire primitif granulé, remplaçant le mica. Une pareille métamorphose n'est concevable, que par l'action chimique. Quelle était donc cette action chimique, qui a chassé le mica et déposé le graphite? Nous sommes d'autant plus autorisé à faire cette question que le granit, le calcaire granulé se sont formés pendant une époque où la température du globe était tellement élevée, qu'aucune vie organique n'est admissible. D'où venait donc le carbone, qui a formé le graphite?

Nous avons montré plus haut, que l'acide carbonique liquide avait pénétré en grande quantité la croûte terrestre à une très grande profondeur. Selon notre théorie, tous les métaux qui se trouvent ensevelis dans la croûte, ne sont venus du centre du globe, qu'à l'état gazeux, liés aux métalloïdes. Le contact de ces deux corps gazeux a sans doute produit leur décomposition réciproque. L'acide carbonique a cédé son oxygène aux métalloïdes, tels que le soufre, le phosphore, le selen etc., qui changés en acides ont dilué la chaux, la magnésie, la lythine de mica, et en même temps le carbone *statu nascente*, s'est déposé à la place du mica. Le graphite serait donc l'unique carbone, du moins en partie, qui ne soit pas d'origine organique, et qui serait même plus vieux que le diamant.

Sa consistance molle, pulvérulente milite beaucoup pour son origine par la voie chimique d'un gaz.

19. Si la théorie, que j'ai exposée dans ce chapitre n'est pas illusoire; si c'est une vérité incontestable, que l'expansion centrale pendant cette époque a été éminemment active, il faut que les traces de cette activité vulgairement nommée *plutonique* soient évidentes. Les conglomérats, qui se trouvent presque partout dans la formation de la houille, constituant soit sa base, soit une couche intermédiaire entre deux lits houillers, sont des preuves non équivoques de l'action plutonique.

Pendant un tremblement de terre, même très intense, le sol ne perd qu'exceptionnellement sa continuité, tandis que les bâtiments en pierres ou en briques s'écroulent, et tombent en ruines. Voici ce qui s'est passé pour les collines plus ou moins hautes, qui ont surgi à la surface de l'océan. J'ai prouvé plus haut, que l'action hydrostatique de l'océan, exercée par sa pression, produit une plasticité plus ou moins notable de son fond, et que cette plasticité diminue à mesure, que celui-ci est poussé vers la superficie des eaux. Par une secousse venant du bas, la partie profonde, plus élastique n'était que très peu altérée, tandisque les parties élevées, ébranlées dans leur base, s'écroulaient et tombaient en ruines. Je suis obligé de citer un exemple intéressant pris de Naumann (1) à ce sujet. „On trouve de gros conglomérats semblables dans le „bassin de Ségure, et dans d'autres endroits; mais partout „leurs fragments se montrent dans le voisinage immédiat „des roches; ce qui est par excellence frappant dans les „conglomérats, formant la base des bassins de Saint

[1]) Lehrbuche der Geognosi. T. 11, p. 450.

„Etienne et de Rive de-Gier. A la partie totale Sud-Est, où „la formation houillère est entourée de micaschiste, le „conglomérat se compose principalement de fragments de „cette roche. Dans la partie Ouest, où le granit séjourne, „le conglomérat est exclusivement granitique; enfin au „Nord, où le granit, le gneiss et le micaschiste se dres- „sent ensemble, le conglomérat à gros fragments est „formé de ces trois roches". On lit dans le même auteur (l. c. p. 449). Que les roches grossièrement clastiques, le plus souvent gigantesques, constituant les étages les plus profonds d'un bassin, ne contiennent aucun résidu organique, excepté des troncs de grandes plantes; et elles passent peu à peu par la diminution de la grandeur de leurs fragments au grès à gros grains, avec lequel elles alternent assez souvent.

Nous lisons dans Ch. Contejean (Elém. de Géolog. p. 597) „des torrents de pluie ravinaient le sol, et entraî- „naient dans les mers et dans les bassins lacustres les „énormes blocs roulés, les galets et les sables, qui se „rencontrent à la base de tous les dépots houillers... Dans „les bassins fort limités du plateau central de la France „par exemple, les épais conglomérats, qui constituent le „terrain houiller presque en entier, proviennent du pourtour „immédiat de ces bassins, et n'ont été roulés, et charriés, „que par des eaux torrentielles".

Qu'il me soit permis d'ajouter, que les débris de ces conglomérats provenaient de l'ébranlement des montagnes rocheuses par l'action plutonique, qui les a bouleversées et fait écrouler. Par cette description il est évident, que le sol de cette époque limitée consistant en marécages encombrés de tourbe, et de plantes d'ordre inférieur, était entouré de petites collines, et de plateaux plus élevés au dessus du niveau de l'eau, sur lesquels une végétation terrestre d'ordre supérieur s'est développée. Il est évident d'ailleurs, que les bassins se sont remplis alternativement tantôt par la végétation, changée après en houille, tantôt par une couche terrestre. Cela provenait de ce, qu'une fois, le pourtour du bassin rapidement ou lentement soulevé par l'expansion centrale l'avait inondé et couvert d'un sédiment, et qu'une autre fois le bassin soulevé en haut s'est changé en un marais, qui a été encombré ensuite par sa propre végétation pour former à l'avenir une nouvelle couche houillère.

Les conglomérats consistants, même à petits grains, nommés *grès houiller* sont aussi une preuve de l'action plutonique. Nous avons exposé plus haut (V. 10), que la formation du quartz, et du quartzite est le résultat de la dissolution de la silice par l'eau extrêmement chauffée, qui le dépose pendant son refroidissement comme quartzite.

La masse fondue, qui a pénétré et perforé la couche plastique, offre une seconde preuve de l'expansion centrale. Elle s'y présente comme lave dioritique; mélaphyrique et felsit-porphyrique en filons, ou en lits entrecoupant les lits de houille, ou les couches sédimentaires. Comme le verre fondu jeté dans l'eau froide s'en va presque en poudre, ainsi la masse fondue en contact avec l'eau de l'océan s'est dispersée en petits grains, qui forme le tuf *dioritique*, trouvé souvent dans la formation de cette époque. Avec les laves, les vapeurs métalliques ont pénétré la croûte terrestre, ou même ont échappé jusqu'à l'océan. Ce sont de préférence, les sulfures métalliques, qui se sont cristallisés, comme ceux de fer, de plomb et de zinc. Souvent ils ont changé leur constitution en oxyde par l'influence de l'eau de l'océan.

Des recherches pourtant ont constaté, que l'expansion centrale, quelle qu'ait été alors son activité, a exercé plutôt une action plutonique, que volcanique sur la croûte terrestre; c'est a dire quelle a ébranlé, et lancé en haut le fond, de la mer, sans rompre sa continuité. Ce qui est explicable par sa grande plasticité, et son extensibilité.

Après chaque bouleversement ou ébranlement violent, tantôt par l'action chimique et mécanique, trantôt par la propriété dissolvante de l'eau chauffée, l'eau se troublait ayant en suspension une quantité de molécules infiniment petites d'argile, de calcaire, de quartz, de feldspath, de mica, qui en se précipitant lentement, formaient selon la prépondérance d'une de ces substances, différentes couches sédimentaires d'une puissance notable, quelquefois même schisteuses. Ces couches, reposant au dessus des conglomérats, quand elles contenaient beaucoup d'êtres organiques forment des schistes alumineux et carbonifères. C'est dans ces couches sédimentaires, que nous trouvons les dessins et les empreintes des plantes parfaitement conservés comme dans un herbier.

De tout ce que nous venons d'exposer, il résulte, que le terrain carbonifère ou la formation houillère consiste dans les différentes localités en conglomérats, poudings, en grès à gros grains ou en grès à petits grains, en argile, calcaire ou marne, en débris conservables d'êtres animaux, qui par le charriage, l'alluvion, l'atterrissement, par la précipitation mécanique ou chimique forment des couches superposées et alternantes, parmi lesquelles se trouvent intercalés l'anthracite, et la houille, en rognons, nids et assises plus ou moins étendus, et d'une épaisseur différente.

La puissance de la formation houillère y compris les masses sédimentaires est très variable, de 1200 à 5600 mètres comme dans les Apalaches. Le charbon fossile n'y forme qu'une part minuscule. La puissance en bloc de cette formation même minimale, nous peut donner une idée de la durée de cette époque.

Quand on se fait un tableau idéal, d'une part de la série des couches de houille, dont l'origine a été le plus souvent la tourbe croissant à la surface du sol, d'autre part des sédiments, agglomérations et atterrissements, qui alternant avec la houille plusieurs fois, jusqu'à cent fois, se sont formés sous la nappe d'eau, on a la mesure exacte de l'accroissement de notre globe, au cours de cette époque; parce qu'il devient impossible d'expliquer ce phénomène d'une autre manière sans être en contradiction avec nos sciences élémentaires.

20. Tous ces ébranlements, plus haut mentionnés, tous ces cataclysmes, cette force gigantesque centrale— qui l'a fait éclater? Qui a réveillé le géant endormi? Qui a rompu ses liens monstrueux, et a provoqué son activité? C'étaient des créatures infiniment petites, souvent molles, glaireuses, chétives; c'étaient de petits et faibles êtres organiques, qui pourtant réunis en masse, formaient une force gigantesque. Soyons justes, et consacrons une mention honorable aux Pygmées de cette époque.

21. Je n'ai pas l'intention de faire un exposé paléontologique; je veux seulement étudier en bloc les êtres organiques, qu'on trouve dans le cours de cette époque, sous le rapport géognostique, pour tirer des conclusions sur les relations mutuelles de la vie organique et de la vie chimique, proprement dite terrestre, et indiquer les conditions, qui devaient régner entre elles à cette époque.

Le mode de l'apparition des terres fermes et du développement des plantes sur elles, fait comprendre la nécessité absolue de la durée éminemment longue de cette époque. Chaque masse d'anthracite ou de houille, que nous trouvons à présent, quelle que soit sa puissance actuelle, forme un résidu de plantes d'un volume cent fois plus grand, qui a eu sa naissance et sa durée sur son propre terrain, mais qui a dû sa mort à l'apparition d'un autre terrain. De sorte que l'existence des terrains végétatifs durant cette période, n'était pas ordinairement simultanée et contemporaine, mais successive. Donc si nous calculons les millions de nids, rognons, gîtes, strates, couches, lits et étages de combustible, qui se trouvent dans la terre, ayant une puissance relative de quelques centimètres jusqu'à 12 mètres et même plus, et si respectivement à leur puissance, nous sommes modérés autant que possible, quant à la durée vitale des plantes dont ils proviennent, nous aurons en somme un chiffre de temps si long, que je n'ose pas le déterminer. En outre, il faut y ajouter le temps nécessaire pour la formation des couches sédimentaires, qui séparent un lit de houille de l'autre, et qui en puissance surpassent souvent cent fois celle du charbon fossile.

22. Les plantes en général sont ou arboracées ayant une consistance compacte de fibrine et de cellulose, contenant beaucoup de carbone, ou herbacées et parenchymateuses, qui n'en contiennent que très peu. Les plantes de cette époque appartiennent pour la plupart à cette seconde catégorie. Donc l'accumulation d'anthracite ou de houille de quelques centimètres a exigé un volume excessif de plantes. Cette pauvreté de carbone végétal a été en partie restituée par une énorme fécondité, et la vie

éphémère des individus, qui en se développant les uns après les autres sur les tombeaux de leurs ancêtres, ont déposé peu à peu une quantité croissante de cellulose et de fibrine.

23. Il est certain que le grillage et la compression, en changeant la substance végétale en roche d'anthracite ou en houille, ont complètement effacé toute trace de forme et de structure d'une quantité de plantes de cette époque. Seulement les plantes isolées, qui étaient englouties dans les sédiments sablonneux, argileux ou ferrugineux formant le toit de la houille future, bien qu'elles fussent grillées, et comprimées, comme la masse végétale entassée au dessous, ont conservé complétement leur forme et leur structure. C'est grâce à ces sédiments qu'une série très modeste de types principaux, composée à peine de 8 familles, représentant environ 70 genres s'est conservée de cette époque jusqu'à nos jours. Voici leurs familles: les calamites, les fougères, les sélaginées, les lycopodiacées, les zamiacées ou cycadites, les glumacées, les palmes et les conifères. Nous voyons que si la richesse végétale était énorme, représentée par d'inépuisables dépôts de charbon fossile, la quantité des types était non seulement modérée, mais elle manifeste une uniformité frappante et universelle sur notre globe, y compris toute la longitude, et la latitude géographiques. Cette uniformité est bien justifiée par les raisons suivantes. Cette époque avant tout représente l'enfance de la vie végétale, qui n'avait pas assez de temps pendant quelques millions d'années pour développer toute sa richesse en forme et en couleur. Par la séparation, les types ayant vécu sur des îles souvent très éloignées, étaient empêchés d'entrer en mésalliance, et de multiplier la quantité des

modèles. Enfin malgré la durée de cette époque, les conditions ambiantes n'ont que faiblement changé, du moins sous le rapport du climat, qui était partout tropical, favorisé par l'abondance d'acide carbonique atmosphérique, dont nous avons expliqué plus haut l'influence. Il est à remarquer, que les régions tropicales actuelles, riches en végétation luxuriante, sont pauvres en espèces, tandisqu'on voit le contraire dans les régions tempérées.

La sensibilité ou la résistance plus ou moins grande aux influences extérieures, est en général un attribut individuel, qui ne se laisse pas encadrer dans une règle. Il y a des espèces, comme le *Neuropteris Loschii*, le *Sphenopteris elegans*, le *Sphenopteris Höninghausii*, *l'Hymenophyllites furcatus*, *l'Hymenophyllites dissectus*, qui ont été des associés inséparables de cette époque pendant toute sa durée. Il y en a d'autres comme *Calamites transitorius*, *Cyclopteris frondosa* et tant d'autres, qui très sensibles aux altérations de l'entourage, ont perdu leur existence dans la première moitié de cette époque, tandisque les familles des *glumacées*, *des palmes* et des *conifères* n'ont apparu, que dans la seconde moitié de l'époque:

Les observations nous apprennent, que deux toits sédimentaires de deux lits consécutifs de houille contiennent pour la plupart des plantes appartenant aux mêmes familles et aux mêmes genres, mais différentes quant à l'espèce. Cela prouve que la durée entre la formation de ces deux lits était très longue, et nous explique en partie la différence de la qualité de la houille de deux lits reposant dans le même bassin. La résistance de plusieurs espèces de plantes à toute vicissitude, nous explique pourquoi nous les trouvons invariables pendant trois époques consécutives, dans celle qui nous occupe à présent et dans les deux *désoxydantes*, dont l'une l'a précédée et l'autre suivie. Brongniart, Göppert et d'autres illustres géognostes ont démontré, qu'il y a des lits houillers, formés en majorité de troncs grossiers d'une espèce spéciale, par exemple de *sigillaria*, *araucaria*, ou *sagenaria*, *lepidodendron*, *calamites*, ou *fougères*, et que les différents bassins carbonifères contiennent des plantes différentes. C'est ce qui nous est explicable par la différence du sol, qui étant tantôt plus élevé, tantôt plus bas et inondé a favorisé des espèces différentes; mais cela prouve principalement, que la végétation surgit sur des îles éloignées entre elles par des espaces notables.

La flore de cette époque présente par excellence le caractère lacustre et marécageux; exceptionnellement elle contient des fucoïdes. Les cryptogames et les monocotylédons dominent, associés à des conifères, et à des bicotylédons gymnospermes dans les lits supérieurs; les bicotylédons angiospermes sont en déchet. Parmi les plantes à troncs, ce sont les *calamites*, reposant horizontalement et aplaties qui sont les plus répandues. Les *astérophyllites*, les *annulaires*, et les *lippurites* ne pouvaient être que les branches, les rameaux et les rejetons des *calamites*; aussi bien que les *Volkmaniens* ne sont que leurs épis florifères. On a même enlevé aux *Stigmaria* l'honneur de faire un genre à part, en leur donnant le rôle subordonné de racines des *Sigillaria*, *Segenaria*, et *Lepidodendron*. Cela prouve que pendant les catastrophes, l'eau agitée a détaché les troncs de leurs racines fortement enfoncées dans le fond. Les fougères herbacées étaient plus abondantes, que les arboracées. Ce sont les premières, qui par leur feuilles, et leurs tiges ont formé une espèce de houille peu compacte d'une consistance schisteuse, nommée *houille schisteuse.* Les *carpolithes* ou *fruits carbonisés et pétrifiés*, qu'on trouve souvent, ne nous disent pas quelle plante les a produits.

25. Quoique la création nous présente une continuité non séparée par des lignes de démarcation, la science pour s'en faciliter l'étude, a été forcée de partager les produits de cette époque en deux *ères* appelcés *inférieure* et *supérieure*, *ancienne* et *jeune*, *marine* et *lacustre*, par les Français *formation carbonifère* et *formation productive.* Cette division, plutôt artificielle que naturelle, se manifeste aussi bien dans l'ordre des dépôts inorganiques, que dans la distribution des êtres organiques. La partie inférieure est caractérisée par le calcaire houiller, par les conglomérats grossiers des roches primitives et par le quartzite. Le tout nous indique une action *plutonique* véhémente. La partie supérieure se révèle par la présence du grès à petits grains et par les couches d'argile plus ou moins schisteuse; le tout nous indique une action *plutonique séculaire* ou *neptunique.* Quant aux êtres organisés, il arrive, que dans les combustibles inférieurs on trouvé des coquilles lacustres, sur lesquelles les couches sédimentaires contiennent des coquilles marines. De sorte que tantôt la terre ferme s'exhaussait probablement, tantôt l'océan se répandait sur la terre ferme. Comme la chose s'est répétée plusieurs fois, l'accroissement du globe devient indiscutable. Enfin pendant une époque si longue, où chaque terrain se développait à part et successivement l'un après l'autre, il arriva trop souvent, que la formation inférieure d'un terrain était contemporaine de la formation supérieure d'un autre terrain. Donc la *dénomination ancienne* et *jeune* est illusoire, et il ne reste, qu'un caractère le moins douteux, basé sur la

quantité de combustible, qui est toujours en proportion directe de l'étendue du terrain. C'est pourquoi nous trouvons les combustibles dans la formation inférieure en nids, rognons et gîtes; dans la formation supérieure en lits, couches et strates.

26. La faune que nous examinerons bientôt, nous offre quelques indices plus positifs du développement organique, qui a eu lieu pendant cette époque. Le globe terrestre, comme organisme, avec ses êtres organiques présente un cercle sans commencement ni fin, dont les parties singulières restent en dépendance réciproque. Nous avons vu l'influence que les plantes, ces créatures misérables et chétives ont exercé sur le globe terrestre, par la seule décomposition de l'acide carbonique; comme elles ont changé sa grandeur, son architecture, sa composition chimique. Nous verrons bientôt, quel changement provoquèrent les vicissitudes du globe dans l'économie des animaux; et ensuite quelle prédominance les animaux ont eue sur l'existence des plantes. De sorte que la flore, le globe et la faune forment trois anneaux d'une chaîne circulaire; c'est un triumvirat administratif, dont chaque membre est contrôlé sous la dépendance de ses deux voisins; et aussitôt qu'un de ces trois cessera de remplir ses fonctions, le tout périra, notre globe deviendra un cadavre froid et inerte, un ballast comme l'est la lune.

Les vicissitudes qui produisent des altérations absolues dans l'économie des animaux sont les suivantes:

a) l'influence de la lumière plus ou moins grande;
b) la température plus ou moins élevée;
c) l'atmosphère par rapport à sa constitution chimique, sa hauteur et sa pression;

d) l'eau par rapport à sa quantité, le contenu de ses matières solubles, sa hauteur et sa pression;

e) l'abondance ou le manque de végétaux, comme nourriture primitive des animaux;

f) la liberté ou la captivité dans laquelle les animaux sont nés et demeurent.

Le lecteur pressent d'avance l'influence des cinq premiers agents. J'attirerai son attention sur le sixième agent.

Quand une multitude d'êtres animaux étaient emprisonnés dans un bassin clos de toute part, il en résulta une série de conséquences inévitables comme *superpopulation*, *famine* et *combat*. Pendant ce dernier, les plus forts exerçaient leurs instruments offensifs; les plus faibles leurs instruments défensifs. Les moyens de locomotion tiennent la première place parmi les armes offensives et défensives. Avant tout, les combattants de toute part exercèrent leur force musculaire, pour que leurs corps devinssent souples et élastiques. Les poissons lourds, maladroits, cuirassés de larges plaques, munis de fortes épines disparurent peu à peu. Par l'exercice devenus élancés, ils apprirent à sauter, à s'élancer et à ramper. Leurs nageoires composées d'un nombre de cartilages minces et articulés, devenues osseuses; et s'étant jointes par l'exercice continuel s'allongèrent, et par ces jointures elles se sont transformées en pattes et pieds, d'abord très courts.

Depuis les persécuteurs et les persécutés se transformèrent en *amphibies*, *reptiles*, *batraciens* et *sauriens*. Les premiers commencèrent à chercher leur nourriture végétale, ou leur proie animale en partie sur le sol à demi inondé; les derniers se sont retirés ou cachés devant l'agression de leurs ennemis. Quant le séjour sur le terrain plat devint moins sûr pour les faibles, ils commencèrent à grimper, à gravir les arbres et à s'élancer d'un arbre à l'autre. Leur peau entre les doigts s'étendant en membranes, ils purent rester suspendus en l'air quelques instants, soutenus par leur parachute. Les derniers des trilobites et autres crustacés aquatiques changèrent leur organisme ils devinrent des scorpions, des crustacés terrestres et des insectes. Avec le changement de demeure, les êtres animaux subirent également une altération dans leur organisation. A la respiration branchiale succéda la respiration pulmonaire et trachéale. Ces exercices continués pendant des milliers de générations, se changèrent si bien en habitude, que les individus même de nos jours ont une respiration branchiale pendant leur jeunesse, qui devient pulmonaire chez les adultes.

27. D'après ce bref exposé, faisons une revue générale des changements, qui se sont opérés pendant cette époque dans le globe, en attirant l'attention du lecteur sur les changements, qui se manifestaient dans l'économie des animaux tels, que nous l'avons indiquée à priori. Je serai fier si la Création suit du moins en partie mes indices pour les réaliser.

L'atmosphère, au début de cette époque chargée d'acide carbonique en bas et d'azote dans ses parages supérieurs, fut changée en oxygène et en azote; par conséquent sa pesanteur et sa pression sur la surface de l'océan diminuèrent. Par cette raison, la vie végétative dans l'océan fut réduite au minimum, et nous ne trouvons qu'exceptionnellement des traces de fucoïdes dans la houille de cette époque. La température tropicale entretenue par la constitution atmosphérique indiquée ci-dessus, poussait l'oxygène chauffé vers le haut, tandisque l'azote condensé par le froid en haut, tomba de plus en plus en bas. Par ce double courant se forma un mélange de ces deux gaz, dont la pesanteur spécifique est presque égale; tout en étant semblable à l'atmosphère actuelle dans ses parties constituantes, en différait beaucoup par sa proportion relative, par sa masse et sa hauteur en bloc. Pourtant en tout cas l'air était respirable.

Le fond de l'océan se soulève insensiblement, l'eau en se déversant sur un plus grand espace, perdit de sa profondeur, car la grandeur du globe s'augmenta, sa rotation se ralentit, les jours devinrent plus longs, l'année devint plus courte.

Les organisations infiniment petites, dont la classification et la nomenclature laissent beaucoup à désirer, comme les *foraminifères*, les *polythalmes*, les *bryozoaires*, les *rhysopodes*, les *polypiers* etc., subirent de notables changements. Les uns, qui menaient une vie paisible dans les ténèbres et la profondeur, périrent par l'élévation graduelle du fond; les autres comme les *fusilina*, les *polypora* etc, commencèrent à prospérer sous la salutaire influence de la lumière et probablement de l'oxygène. Les polypiers haussés de plus en plus vers la surface des eaux se multiplièrent en genres et en espèces, qui forment une grande partie du calcaire houiller. Le rapprochement vers la lumière et l'oxygène est par excellence visible dans la grande famille des *échinodermes*. Car pendant que les *asteroïdes* et *échinides* plats et bossus sont très faiblement représentés; les *crinoïdes* à longue tige, élancés en haut, riches en genres et en espèces, remplissent souvent des couches entières, formant un *calcaire crinoïdien*.

Les mollusques, comme créatures passives, étant à la merci du fond sur lequel ils reposaient, éprouvaient une révolution très variable. Des *brachiopodes:* les *productus* et les *spirifères* atteignirent une grandeur de corps et une quantité d'individus, qu'ils n'avaient pas auparavant. On peut en dire autant des *chonetes.* Mais pour les *strophomena*, les *rhynchonella*, les *térébratules*, et les *orthis*, l'élévation du fond paraît leur avoir été nuisible, parce qu'ils ont depuis diminué en quantité.

Parmi les acéphales, les *posydonomia*, *avicula* et les *pecten* étaient très nombreux. Les espèces même, qui appartiennent à présent aux habitants des eaux douces, comme les *unio*, les *cyclas*, les *cyrena*, les *pupa*, les *spirorbis* se rencontrent dans la partie supérieure de cette époque. Les *gastéropodes* et les *ptéropodes*, qui pouvant ramper et nager, étaient en état de choisir l'habitation la plus convenable, comme les *euomphalus*, les *pleurotomaria* et les *chemnitzia*, sont caractéristique de cette époque.

Les *céphalopodes*, comme les familles des *nautilus* des *orthocératites* et des *goniatites*, étant mieux exercés à la locomotion se multiplièrent.

Des *crustacés*, les derniers des *trilobites*, les *cypridiens* et les *cythérins* se métamorphosèrent probablement en partie en *crustacés terrestres*, *insectes* et *arachnoïdes* à respiration aérienne, qui commencent à paraître à la fin de l'époque. Ce sont les *orthoptères*, *nevroptères*, *coléoptères*, *myriapodes* et *arachnides*.

Les poissons acquirent un développement notable en espèces et individus, principalement dans la formation supérieure, quand la quantité des îles, leur grandeur, et la longueur de leurs rivages eurent considérablement augmenté. Agassiz a décrit jusqu'à 152 de leurs espèces, pour la plupart appartenant aux *ganoïdes* à écailles rhombifères. On les trouve tantôt complets, tantôt on ne trouve, que leurs dents, écailles et *coprolithes.*

En outre il faut noter qu'on a découvert des os, des dents et des empreintes, qu'on ne sait à qui attribuer, aux poissons *sauroïdes* ou aux *reptiles,* et qui sont d'autant plus difficiles à déterminer, que la transition de ces deux groupes animaux est insensible.

Plus remarquables sont les empreintes, qui sont restées dans le grès et le sédiment argileux, soit de nageoires de poissons nommées *ichtyopatolithes,* soit de pattes de quadrupèdes *ichnites.* Celles-ci sont peut être les premières tentatives de poissons pour glisser et marcher sur un sol à demi-pâteux. Quant aux *ichnites* ils n'indiquent pas suffisamment, à quel animal ils appartiennent. L'imagination, prenant son essor a même aperçu des empreintes de pattes d'oiseaux, et même de pieds d'hommes. Pourtant je suis d'avis, que si les poissons méritent d'être enregistrés sur la liste des êtres de cette époque, les amphibies et les sauriens ne sont que des enfants prématurés.

Néanmoins on a trouvé des batraciens ressemblant à des salamandres et à des grenouilles, dont quelques uns avaient plus de deux mètres de longueur; des sauriens et d'autres amphibies dont la classification est très difficile à déterminer. Tels sont les *raniceps, parabatrachius, ophioderpeton, actinodon, archegosaurus, labyrinthodon, dendrerpeton, hylonomus, hylerpeton* etc.

Enfin il me faut mentionner la statistique de la faune pendant cette époque, faite par Bronn en 1849; selon laquelle la faune a fourni 1189 espèces dans la formation inférieure carbonifère, et seulement 241 espèces, pendant la formation supérieure productive. Parmi ces dernières, les poissons et les reptiles en formaient 80=(78+2) (1). D'après Barrand, la faune de cette époque comptait déjà en 1872, 4901 espèces.

Selon toute probabilité, ces deux chiffres ont beaucoup changé depuis ce temps, relativement à leur grandeur respective, par les découvertes continuelles. Mais si les deux formations: carbonifère et productive ont conservé la proportion quantitative de la faune, que Bronn a indiquée, cette circonstance nous autoriserait à tirer la conclusion suivante. Que pendant l'époque décarbonisante la prépondérance vitale s'est manifestée dans la flore; et si l'oxygène au courant de la première moitié de cette époque, étant en quantité modérée, a exercé une influence salutaire sur le développement des animaux, doués d'une organisation inférieure, il est devenu délétère dans la seconde moitié par sa quantité désorbitante. Il incombait donc à la création de détruire le superflu d'oxygène, si elle ne voulait pas compromettre l'attribut de l'infini.

---

[1]) Naumann, Lehrbuch der Geognosie. T. 11, p. 577.

XI

HUITIÈME ÉPOQUE.

SECONDE PÉRIODE DE LA DÉSOXYDATION DE L'ATMOSPHÈRE PAR LES VOLCANS.

FORMATION DES ROCHES ROUGES, BIGARRÉES ET IRISÉES. FORMATION DE LA DOLOMITE, DU GYPSE, DE L'ANHYDRITE ET DU SEL GEMME.

Abondance de l'oxygène durant cette époque — citation de quelques chiffres actuels de la houille exploitée et déterminée — appréciation approximative d'après ces chiffres sur la quantité d'oxygène pendant cette époque — action désoxydante des volcans — les roches sont rouges et multicolores (poikilitiques) — division de cette formation en six étages — trois étages inférieurs (dias d'autrefois) — nouveau grès rouge, conglomérats — opinion de Lyell sur le grès rouge — critique de cette opinion — abondance de silice, dendrolithes — abondance des métaux — formation de la dolomite, du gypse et du sel gemme d'après les lois de Berthollet — cette formation en Russie (permienne) — la malachite, le lazuli — opinion de sir Murchison sur l'abondance du cuivre — critique de cette opinion — flore et faune, du trias, inférieur — trias supérieur, sa flore et sa faune — gres bigarré, abondance de silice et de métaux — formation répétée de la dolomite, du gypse et du sel gemme — calcaire coquiller — troisième formation du gypse et du sel gemme — marnes irisées — conclusions sur le mouvement de la croûte terrestre.

1. En décrivant l'histoire de la première période désoxydante, j'ai tâché avant tout de donner au lecteur, à défaut de chiffre approximatif, du moins une idée vague de l'oxygène, que la première période décarbonisante avait dû laisser en héritage à son successeur. Nous voilà au début de la seconde période désoxydante. La statistique annuelle nous offre à présent en chiffres assez précis la

quantité de toutes les substances combustibles, et des matières bitumineuses exploitées dans chaque pays économiquement organisé. Serons nous donc plus heureux pour déterminer l'état de l'oxygène à l'époque, qui nous occupe? Malheureusement non. La statistique nous donne des chiffres énormes, gigantesques, écrasants par leur poids. Au milieu de ces géants nous ressemblons à un homme égaré dans une sombre et majesteuse forêt vierge, dont l'épaisseur l'empêche de mesurer des yeux l'étendue, et de s'orienter pour en sortir. Voyons de plus près quelques uns de ces chiffres. Frémy et Pelouse nous présentent (1):

a) le tableau officiel de 62 bassins houillers de la France, selon lequel ils ont fourni pendant l'année 1852—47239000 quintaux métriques de houille et d'anthracite, outre 646355 q. m. de bitume et de graphite;

b) l'exploitation d'anthracite depuis 1817 à 1857, dans la Sarthe et la Mayenne, qui a donné 3420729 q. m.;

c) le progrès croissant de l'exploitation du bassin de la Loire, qui a fourni l'année 1814—2541878 q. m.; l'année 1857—21000000 q. m.; du nord de la France en 1810—2318382 q. m. en 1857—19000000 q m.; de Gand en 1810—198400, en 1858—6506359 q. m.

d) Une notice suivant laquelle M. de Carnall ingénieur a estimé la quantité de charbon fossile extrait sur le globe entier en 1857, à 125000000 q. m.

---

1) Chimie. T. 1, p. 775 et suivantes.

D'après le professeur Otto Delitsch, l'exploitation de la houille sur le globe entier en 1877 a monté à 2780 millions de quintaux métriques.

Donc en admettant, que les deux estimations mentionnées soient approximativement assez justes, l'exploitation des combustibles fossiles dans un intervalle de vingt ans a doublé.

J'ai lu dans le Courrier de Varsovie du 29 Octobre 1880, que suivant des données officielles, la Grande Bretagne pendant l'année 1879, avait exploité dans ses 3877 mines carbonifères, 134008228 tonnes de houille. C'est à dire la moitié du chiffre, que Delitsch nous a donné en 1877 pour le globe entier.

On trouve dans une oeuvre populaire (1), que les quatre grands bassins de l'Angleterre: Sud-Wals, Manchester-Liwerpool, Nottingham-Leeds et Durham-Berwick renferment pour 1321000 millions de quintaux de houille, sans compter les autres bassins plus petits.

On y lit aussi, que les 61 couches susceptibles d'être exploitées en Westphalie, ayant une puissance en bloc de 172 pieds, contiennent une quantité de houille, qui dans une période de 3000 années, pourrait donner 200 millions de quintaux de houille par an.

G. Bischof nous dit (Geologie. T. 1, p. 745, 47), que la masse en bloc de la houille à Saarbruck, ayant une puissance de 338 pieds pèse 90,8 billions de livres, et a demandé un espace de temps de 1004177 ans, pour son accumulation; sans compter le temps exigé par la formation du sédiment d'une puissance de 19662 pieds, dans lequel les couches de houille sont intercalées.

---

(1) Dass Buch der Geologie. T. 11, p. 89.

2. Le lecteur avouera, que tous ces chiffres au lieu d'éclaircir la question, ne font que l'embrouiller, et que nous sommes forcés de nous contenter de conclusions vagues et indéfinies, quant à leur quantité; mais strictes et irrécusables en ce qui touche leur base. Ce sont:

I. Pendant la seconde période décarbonisante une quantité immense, inappréciable, incalculable de houille s'etait amassée dans l'intérieur du globe, formant selon nos notions chimiques, le quart en poids de l'acide carbonique, qui devait faire partie de l'atmosphère d'alors.

II. Donc quelque grande que fût cette quantité, l'oxygène d'un poids trois fois plus grand, est resté dans l'atmosphère, comme résidu de l'acide carbonique.

III. L'atmosphère, contenant l'acide carbonique intact, a exercé une pression égale et uniforme sur toute la surface du globe. Mais par la perte d'un quart de son poids, qui se concentra sous forme de charbon dans les terrains élus, la force comprimante vers le milieu du globe, perdit son égalité de pression. Les terrains chargés de matière végétale, exerçaient une pression augmentée contre l'expansion centrale, tandisque les terrains dépourvus de toute accumulation charbonneuse, supportant une atmosphère plus légère, étaient d'autant plus exposés à la force de l'expansion centrale; en conséquence, ces derniers étant poussés en haut, soit lentement, soit rapidement ont nécessairement provoqué une inondation des terrains carbonifères.

IV. L'atmosphère changée chimiquement, ayant un superflu d'oxygène, a exercé une influence délétère sur le monde organique entier, qui a pris naissance dans d'autres conditions.

V. Les terrains rapidement élevés, offrant une moindre résistance, étaient souvent déchirés à leur circonférence (V. 10) et ils ont vomi par leurs gouffres ouverts des masses fondues, pâteuses ef des gaz.

VI. Ces gaz étaient pour la plupart des chlorures et des sulfures métalliques, de préférence de fer, comme plus léger, et flottant à la surface des autres métaux plus lourds.

VII. Les chlorures tombés dans l'océan, changèrent les carbonates alcalins et terro-alcalins en chlorures. C'est depuis, que les eaux de l'océan en contiennent une notable quantité.

VIII. Les sulfures de fer, au contact de l'atmosphère extrêmement oxygénée s'enflammant, produisirent deux combinaisons chimiques; le fer se changea en sesquioxyde rouge, le soufre en acide sulfurique, qui délayé dans l'océan, décomposa à son tour une quantité de carbonates et une partie de silicates, formant des sulfates alcalins et terro-alcalins, à présent si abondamment dissous dans l'océan; les derniers se déposèrent en couches, gîtes et étages dans l'intérieur du globe.

IX. Si nous admettons, que ce sont des monosulfures, qui se sont échappés de l'intérieur du globe—un kilogramme de monosulfure de fer contient 636,3 grammes de fer et 363,7 gr. de soufre.

636,3 grammes de fer changés en sesquioxyde, absorbent d'oxygène	272,70 gr.
363,7 grammes de soufre, changés en acide sulfurique, consomment d'oxygène .	545,55 gr.
Donc un kilog. de fer monosulfuré enlève à l'atmosphère d'oxygéne	818,25 gr.

X. Par les changements chimiques survenus dans l'atmosphère et dans l'océan, la plus grande partie des êtres organisés empoisonnés a dû périr; la minorité seule pourvait s'echapper des localités bouleversées par des cataclysmes.

XI. La croûte même du globe devait éclater en pièces, parce qu'ayant perdu un quart de son poids atmosphérique par la décarbonisation, elle était dépourvue du reste par la désoxydation. L'expansion centrale aurait donc eu un libre champ pour briser la croûte solide et pour lancer au dehors ses masses fondues et gazeuses. Mais la Sagesse à remédié au mal. Les chlorures et l'acide sulfurique formés, à mesure qu'ils décomposaient les carbonates, chassèrent à la fois leur acide carbonique vers l'atmosphère, de sorte que son déchet fut à peu près restitué. Le calcul chimique sous ce rapport serait très trompeur, mais la probabilité et la logique enseignent, que l'accroissement du poids en acide carbonique malgré qu'il fût moindre que la perte en oxygène, était pourtan suffisant pour contrebalancer l'expansion centrale. Cette quantité d'acide carbonique était indispensable pour former à l'avenir plusieurs couches de combustible plus jeunes, pour décorer la terre agrandie de plantes et la peupler d'animaux.

XII. La seconde période désoxydante ayant une énorme provision d'oxygène à absorber, dut pour la même raison avoir une durée très longue.

3. Jusqu'ici j'ai exposé une théorie. Passons à la pratique et cherchons dans les souvenirs de cette époque, pour voir jusqu'à quel point la théorie est d'accord avec la réalité. Nous tâcherons de donner au lecteur un tableau général succinct et clair, en lui faisant l'observation, maintes fois répétée plus haut, que chaque terrain avait son individualité, ainsi que nous l'avons vu dans les for-

mations précédentes, laquelle dépend principalement des déplacements alternants des terres solides et des eaux.

La classification dans les sciences naturelles est une entreprise très ardue; et qu'elle soit artificielle ou naturelle, elle a toujours ses points obscurs; car vouloir trancher la continuité de l'infini, est chose très difficile. Cette entreprise en géognosie est d'autant plus pénible, que nous sommes souvent bornés à un coin de forêt, qui nous doit résoudre la question d'une série de couches.

Les géognostes distinguée sont d'accord jusqu'à présent, qu'avec la *formation permienne*, qui nous occupe, a fini le monde paléozoïque, et qu'avec le *trias* un nouveau monde mézozoïque a commencé son existence; bien qu'eux mêmes soient forcés d'avouer, que la partie inférieure permienne (dias) doit appartenir à la formation houillère, tandisque sa partie supérieure appartient au trias.

Quant à moi, je n'ai pas l'envie d'honorer un calamite, une térébratule, ou une dent unique d'un saurien perdu, en leur attribuant une importance si grande, qu'ils ont fini ou commencé une ère dans le développement du globe. Je vois dans le globe terrestre un organisme complexe; et selon mon point de vue, une époque se manifeste par un changement d'effets, qu'exercent les cinq organes du globe l'un sur l'autre: l'atmosphère, l'eau, l'écorce solide, la masse fondue et le noyau métallique.

M'appuyant sur ces changements évidents, j'ai hasardé de réunir les deux formations *dias* et *trias* en une grande époque désoxydante. Je ne prétends point être l'inventeur de la réunion de ces deux formations en une. M. M. Conybeure et Buckland ont déjà donné à ces deux formation un nom commun *poikilitique*, du mot grec ποικίλος signifiant *multicolore*. Ayant donné au *dias* la dénomination de *trias inférieur*, parce qu'il est formé essentiellement de trois parties distinctes. Je présenterai au lecteur un tableau comparatif de leurs couches caractéristiques, superposées pour mieux prouver leur ressemblance et même presque leur identité.

Trias inférieur (dias)	*Trias supérieur*
I. *Etage inférieur*. Conglomérats et grès rouge.	I. *Etage inférieur*. Conglomérats, grès rouge et bigarré
II. *Etage médian*. Couche bitumineuse, riche en fossiles et métaux: cuivre et fer.	II. *Etage médian*. Calcaire coquiller (*Muschelkalk* des Allemands); riche en fossiles et métaux: fer hydroxydé brun, manganèse, galmei, galène, cuivre, mercure etc.
III. *Etage supérieur* (*Zechstein* des Allemands), pauvre en fossiles, riche en gypse, anhydrite et sel gemme.	III. *Etage supérieur*. Marnes irisées (*Keuper* des Allemands), pauvre en fossiles, riche en gypse, anhydrite et sel gemme.

Nous voyons, que le trias supérieur est une répétition plus faible du trias inférieur, et que le dernier est relativement au premier comme une éruption volcanique à un tremblement de terre.

A présent analysons chacune de ces deux formations.

Trias inférieur.

4. *Etage inférieur*. Le caractère général de cette époque à son début était volcanique. L'élévation le plus souvent rapide du fond de l'océan, hérissé de montagnes, avait provoqué leur destruction partielle; ensuite leurs débris de nouveau cimentés ont donué naissance aux con-

glomérats, et aux *breccias,* dont les parties constituantes provenaient des roches plus anciennes, depuis les granits jusqu'aux schistes argileux. Cette condition nous apprend, que les roches plus anciennes, reposant dans la profondeur de l'océan, étaient poussées durant cette formation avec violence vers le haut, et se sont en partie écroulées par l'éboulement. Ces conglomérats sont souvent empâtés dans les prophyres, porphyrites, mélaphyres et tufs felsitiques. Ce qui prouve suffisamment leur contemporanéité. Le plus souvent leur ciment consiste en grés sablonneux, ou quartzeux rouge, plus rarement en argile rouge.

Les volcans éclatés sur les îles nouvellement émergées, ont non seulement versé des laves fondues ou pâteuses de porphyre, et de porphyrite; mais en outre ils ont exhalé des gaz ferrugineux, qui changés en sesquioxyde, ont donné un enduit rouge aux conglomérats. Le sesquioxyde de fer mêlé avec le sable, les grains de quartz, le tuf, l'argile et le calcaire, provenant des détritus de roches et de la décomposition des silicates par l'acide sulfurique, fournit un sédiment rouge, qui se déposa an dessus des conglomérats, et qui transporté par le vent et un courant d'eau sur les îles voisines, décorées de plantes et peuplées de reptiles, les a recouvertes d'un sanglant linceul, comme à Pompei, en conservant leurs empreintes et leurs squelettes. C'est pourquoi on trouve même de minces couches de houille ou de glaise carbonifère (Lettenkohle) au dessous du grès rouge. Ce sédiment, nommé par les Français *nouveau grès rouge*, par les Anglais *lower new red sandstone*, par les Allemands das *Rothliegende,* avec le conglomérat, forme le début de cette époque.

Ch. Lyell attribue la formation des roches clastiques rouges et bigarrées en général, à la destruction par les atmosphérites des minerais riches en sesquioxyde de fer comme: *hornblende*, *micaschiste* etc. Mais nous lisons dans son éminent ouvrage (Géologie. T. II), dans le même chapitre (23), où il donne l'explication de la genèse du grès rouge, ce qui suit: „C'est un fait général et jusqu'à „présent inexplicable, qu'on trouve à peine des restes „fossiles organiques dans les couches, qui abondent en „sesquioxyde de fer; et même en Angleterre, quand on „rencontre des fossiles organiques dans *l'old* ou *new red* „*sandstone*, c'est qu'ils sont encaissés dans le calcaire ‚gris, intercalé entre les couches de grès rouge"

Je me flatte que la genèse, que je donne au grès rouge expliquera l'inexplicable.

5. L'eau chauffée par les laves, par les vapeurs brûlantes des iodures, chlorures, bromures, fluorures; par l'action chimique sur les alcalis et terres alcalines au moyen de l'acide sulfurique anhydre, qui s'était dissous dans l'océan, et par les secousses volcaniques, l'eau disons nous, a dissous une grande quantité de silice, qui en se cristallisant en petits grains quartzeux, faisait partie du grès rouge; ou bien il se formait de plus grands cristaux de cristal de roche pur. Grâce aussi à cette solution quartzeuze, un grand nombre d'arbres, pénétrés de silice, se sont transformés en pierres nommées *dendrolithes*, dont plusieurs atteignent une longueur de 10 à 20 pieds et une épaisseur de plusieurs pieds. Naumann (1) confirme mon opinion dans les termes suivants: „C'est une preuve, que pendant la formation du grès rouge une quantité de silice dissous, devait souvent y participer."

---

1) Handbuch der Geologie. T. 11, p. 596.

6. Comme les cataclysmes éruptifs se sont répétés plusieurs fois, par intervalles dans le même terrain, ainsi les conglomérats, et les grès rouges à grains minces sont alternants.

Le point de l'issue de grès rouge, étant une éruption volcanique sur le bord d'une île, cette formation présente toujours une localité circonscrite, insulaire et rarement répandue sur de grands espaces. Même là où sa puissance est évaluée de 1000 jusqu'à 6000 pieds, comme en Bavière, elle devient à l'entour de plus en plus mince, jusqu'à disparaître.

Les restes organiques de cette phase sont très rares. Ce sont plutôt ceux de l'époque précédente. Parceque tous les êtres vivants ayant émigré des localités troublées par les cataclysmes, les nouvelles organisations ne pouvaient pas croître, ni atteindre un degré plus haut de développement.

7. *Etage moyen.* Si jamais une conséquence inévitable peut être visible dans l'ordre des événements, cela arriva évidemment au courant de cette époque. Le passé que j'ai exposé nous expliquera l'avenir. J'ai prouvé plus haut, que pendant cette époque, l'atmosphère avait peu à peu regagné en poids par l'accès de l'acide carbonique, ce qu'elle avait perdu par le déchet de l'oxygène. Or cela se justifie en réalité. Car l'atmosphère devenue successivement plus pesante, en contrebalaçant l'expansion centrale, a calmé par degré l'ardeur des volcans. Le grès rouge a pâli jusqu'à devenir blanc ou gris. Les allemands l'appellent *das Weissliegende, das Grauliegende.* Avec le calme une vie nouvelle apparut. Sur les bas-fonds les fucoïdes commencèrent à croître; sur les marécages les fougères, les calamites, les lycopodites élevèrent leurs troncs.

A l'entour des végétaux, les animaux se colonisèrent, depuis les foraminifères par tous les degrés de développement, jusqu'aux poissons et aux reptiles, qui formaient alors le point culminant de l'organisation. Quelle fut la durée de ce calme illusoire, c'est difficile à déterminer, mais elle paraît avoir été assez courte relativement, eu égard à la puissance modérée de cette formation. Les cratères des volcans restaient ouverts; par leurs gouffres béants commencèrent à s'échapper des vapeurs métalliques, unies aux métalloïdes, tels que fer, cuivre, plomb, argent, zinc, cobalt, nickel, bismuth, molybdéne et wanad; qui délayés dans l'océan composaient un poison funeste pour les êtres organisés, végétaux et animaux. Au contact mutuel, et par l'affinité réciproque des vapeurs métalliques, avec les sels à base alcaline ou terro-alcaline abondants dans l'océan, en outre par la putréfaction des cadavres d'animaux et la destruction des parties végétales, se développa une série de combinaisons chimiques et de métamorphismes, qui formèrent une couche de plusieurs pieds, marneuse, glaireuse, bitumineuse, et metallifère principalement riche en cuivre, nommée *schiste-cuivré* (Kupferschiefer). Le bitume provenait du grillage des poissons et reptiles, qui étaient d'une grandeur, et d'une grosseur notables.

8. *Etage supérieur*. Le calme illusoire continua. Mais le calme ne constitue point l'équilibre de deux forces opposées, qui n'exista jamais sur notre globe. Car même pendant le calme apparemment le plus grand, nous avions une élévation à peine perceptible d'un terrain, ou un empiètement des eaux sur un autre terrain. Voilà que durant ce calme illusoire d'une durée enormément longue, il arriva un échange des bases et des acides des sels dis-

sous dans l'océan d'alors, selon la loi suivante de Ber-„thollet. „Lors qu'on mêle deux sels qui peuvent donner „par l'échange de leurs bases et de leurs acides un sel „insoluble ou peu soluble, ces sels se décomposent, et le „composé le moins soluble se précipite".

L'océan de cette époque avait probablement en solution les sels suivants:

1-o. Les carbonates alcalins, principalement de soude très solubles.

2-o. Les combinaisons haloïdiques alcalines (chlorure de sodium) assez solubles.

3-o. Les combinaisons haloïdiques terro-alcalines (chlorures de chaux et de magnésie) très solubles.

4-o. L'acide sulfurique par la combustion du soufre par l'atmosphère oxygénée.

L'échange réciproque d'une part du carbonate de soude, d'autre part des chlorures de chaux et de magnésie a produit: le calcaire, la dolomite très peu solubles et le sel gemme moins soluble. Puis l'acide sulfurique en décomposant une partie de dolomite, donna naissance au gypse, à l'anhydrite peu solubles, et au sulfate de magnésie plus solubles.

C'est depuis cette époque, que la constitution chimique de l'océan devint semblable à l'état actuel, dont les parties constitutives principales sont: les chlorures de sodium, de magnésie et de potasse, le bromure de sodium, et les sulfates de chaux et de magnésie.

On a observé, que les sédiments magnésiens contiennent moins de restes organiques, que les sédiments calcaires. Il paraît que la Sagesse, par le double échange des acides et de leurs bases, voulut éliminer une grande quantité de chlorure de magnésie en solution, pour rendre l'eau de l'océan plus favorable aux êtres organiques plus développés. Par l'élévation séculaire du fond de l'océan, il s'est formé des bassins plus ou moins étendus, dans lesquels se sont déposés la dolomite, le calcaire, le gypse et l'anhydrite, et même par l'évaporation, et la condensation de l'eau le sel gemme s'amassa en couches et étages notables.

9. En Russie, cette formation, à laquelle on a donné le nom de *permienne*, occupant une étendue d'environ 18000 lieues carrées, diffère par son caractère de la description faite plus haut. La différence est facile à expliquer. Cette partie du globe située dans une haute latitude du nord, ayant la croûte terrestre plus épaisse et solidifiée (III. 5), présentait pour cette raison un obstacle plus énergique à l'expansion centrale. De sorte, que dans cette contrée ce furent plutôt des ébranlements répétés à plusieurs reprises, que des déchirures volcaniques qui éclatèrent alors. La probabilité de mon hypothèse est justifiée par la disposition topographique des volcans actuels, dont le nombre s'accroît en allant vers l'équateur. Donc, d'après ce que j'ai exposé plus haut, la nappe liquide, dans laquelle se déposa la formation permienne, parsemée de petits îlots, ayant une profondeur variable, forma à cette époque une méditerranée, entourée de monticules élevés, comme par exemple la *mer Caspienne* l'est à présent. Par conséquent la partie inférieure de la formation permienne ne présente pas le grès rouge comme masse homogène d'une notable puissance et étendue, ni des conglomérats grossiers, à défaut de volcans proprement dits; mais on y rencontre une alternance fréquente de grès brun, gris, rouge, de marne, de glaise foncée ou bleue, de gypse, de conglomérats moins grossiers, de cal-

caire, et même de houille, qui nous indique la topographie des petits îlots, ou des marécages couverts de plantes. Le cuivre se trouve en abondance dans cette formation, lequel pénétrant les bois fossiles, les grès et les marnes, les colore en vert ou en bleu formant la *malachite* et *le lazuli.*

Dans la partie supérieure, le cuivre diminue successivement, les conglomérats et les troncs fossiles disparaissent, la dolomite, le grès clair, le calcaire, le gypse, l'argile et la marne augmentent. Les deux dernières sont évidemment le produit d'un atterissement dans un bassin d'une profondeur modérée. Dans le gypse on trouve du sel gemme, ou des cavernes restées après la lixiviation du sel. Les fucoïdes et la glaise carbonifère peu compacte nous indiquent l'étendue des bas-fond et des marécages.

10. La recherche du cuivre dans cette contrée a constaté, qu'il se trouve en abondance au pied de l'Oural, et qu'en allant des monts Ourals vers l'ouest il diminue de plus en plus, jusqu'à disparaître à 18 verstes. Sir Murchison explique ce phénomène par cette hypotèse; que les sources, qui ont jailli du pied des monts Ourals étaient cuprifères.

Mais pour justifier cette probabilité, il fallait avant tout savoir: 1-o Si les monts Ourals existaient alors comme montagnes. 2-o S'ils avaient sur leurs cimes des bassins d'eau, ou des glaciers, pour entretenir leurs sources. 3-o Si nous trouvons des analogies ailleurs. Les deux premières questions restent encore à résoudre. Pourtant on ne peut pas passer sous silence, qu'en général les sources, outre le fer en quantité minime, mais appréciable, ne contiennent que des traces inappréciables d'autres métaux. La troisième question est résolue par les mines de cuivre du lac Supérieur, situé dans l'Amérique du Nord, où le métal est encaissé dans le trapp, roche pur-sang plutonique; et en Europe, où il se trouve en petits grains dans les mélaphyres (1). Ce qui prouve suffisamment son origine ignée d'une grande profondeur. J'ose admettre une autre hypothèse. Quand la chaîne de l'Oural poussée par l'expansion centrale a déchiré le fond plastique de la mer permienne, les vapeurs métalliques étaient par la même force chassées au dehors, où elles ont subi de variables modifications chimiques, au contact de l'eau et des différents sels.

11. Les êtres organiques de cette époque se plièrent toujours aux conditions, et aux manifestations du globe. La flore du trias inférieur, toute pauvre qu'elle était à cause des cataclysmes répétés, a beaucoup de ressemblance avec celle de l'époque précédente. Outre les *Sigillarias* et les *Stigmarias*, qui ont disparu à jamais, toutes les autres plantes ne sont, que des émigrées de l'époque houillère. On trouve des fougères arboracées, *psaronius* et *tubicaulis* pétrifiées dans l'étage inférieur. Quelques autres *fougères* et *cryptogames*, telles que les *lycopodites*, les *calamites gigas*, les fruits de *cardiocarpon*, les *astérophillites*, *noeggeratia*, *walchia*, *cycadées* et *auracaria* sont rarement dispersées dans les roches, et étant plus ou moins carbonisées, ne présentent aucune caractéristique particulière.

Avec le retour du calme, les fucoïdes; *paleophyrus*, *chondrites* et *zonarites*, plusieurs fougères et même des conifères: *l'ulmaria* et le *voltzia*, donnent la preuve de leur prospérité par la glaise carbonifère de l'étage moyen.

---

(1) Naumann. Handbuch der Geognosie. T. 11. p. 725.

La faune présente les mêmes proportions. Les polypiers, les crinoïdes et les échinides sont réduits à un petit nombre. Les mollusques et les crustacés sont très pauvrement représentés dans l'étage inférieur. La plus remarquable apparition est celle d'un insecte aux ailes membraneuses, *blattina Leibachensis*. Les poissons sont héterocerques à écailles rhomboïdales: *paleoniscus*, *xenocanthus*, *acanthodes* et *amblypterus*. Les sauriens: *Saurichnites*, *Archeogosaurus* sont des maraudeurs de l'époque précédente surpris par le cataclysme.

L'étage moyen nous donne une respectable collection d'animaux, qui se sont abrités dans les localités tranquilles, ombragées par les plantes. Nous trouvons dans les *foraminifères*, les *modosaria* et *textularia;* dans les coraux les *fenestella* et *stenopora;* dans les mollusques bivalves, les *lingula*, *productus*, *gervillia* et *pleurophorus;* des *céphalopodes*, cette aristocratie parmi les mollusques, même un *nautilus Freislebeni;* dans les poissons: les *janassa*, *paleoniscus*, *pygopterus* et *pletosymus*. Des reptiles et des sauriens, les lacertiformes sont largement representés; ainsi *zygosaurus*, *paleosaurus*, *thecodontosaurus* et *proterosaurus Speneri*.

Dans l'étage supérieur, dans le bassin, où se concentra l'eau saline et plâtreuse, seulement quelques individus de l'organisation infime, les plus réfractaires, tenaces résistèrent quelque temps; ce sont un *cyatocrinus;* des bivalves: les *strophalosia*, *spirifer*, *terebratula*, *camarophoria*, *pecten* et *schisodus;* des univalves, un *turbo;* des annélides, une *serpula;* et des crustacés, quelques *cythères*. Tous ces êtres énumérés se trouvent seulement dans les couches inférieures, et médianes de cet étage. Mais l'eau de plus en plus saturée de sel, devint un désert hostile à tout être organisé.

Trias supérieur.

12. *Etage inférieur.* Les bassins remplis d'un sédiment, que les Allemands appellent d'un nom collectif *Zechstein*, poussés en haut par l'expansion centrale, se transformèrent en terres fermes, ou du moins en bas-fonds et marécages d'une étendue plus notable. Leur surface avait probablement toutes les inégalités, que doit nécessairement présenter une masse large et peu cohérente, qui obéit à une égale force, avec une inégalité de résistance. Ce terrain ondulé par des collines et des vallons s'est couvert de différentes plantes, parmi lesquelles les *calamites arenacea*, *anomopteris Mougeoti*, et *voltzia heterophylla* dominaient. Les eaux de l'océan débarrassées d'une quantité de parties solides devinrent plus favorables aux organismes animaux. Autour des îles et sur les marécages, les mollusques, les poissons, et les reptiles ont cherché leur séjour et leur nourriture. Une écrevisse, *pemphix Alberti*, un saurien *trematosaurus Brauni*, et un énorme batracien *labyrinthodon* enrichirent le règne animal. Nous recontrerons bientôt le dernier sous le pseudonyme de *chirotherium*.

13. Mais il leur était interdit de jouir d'une tranquillité prolongée. Des ébranlements survenaient, par lesquels la croûte terrestre se fendillait. Des gaz sulfo-ferrugineux échauffés, provenant de la profondeur s'enflammèrent dans l'atmosphère, en produisant des changements chimiques dans l'atmosphère et dans les eaux de l'océan, que j'ai décrits au début du trias inférieur. Pourtant la croûte terrestre étant plus épaisse offrait plus de résistance, et par conséquent la demolition des roches étant

moindre ne fourmissait, que de petits cailloux pour les conglomérats. De même, les vapeurs métalliques étant moins abondantes, ne donnaient pas la même couleur orange foncé qu'auparavant. Le grès d'un rouge clair, tacheté de blanc, de vert, de jaune et de brun reçut le nom de *bigarré*. Ces nuances provenaieut du ciment qui était argileux, quartzeux, caolineux, ferrugineux à différents degrés d'oxydation.

14. L'eau échauffée comme pendant le trias inférieur était saturée d'une grande quantité de silice, qui en se cristallisant en petits grains, forma dans la majorité des cas le ciment de grès. Une preuve incontestable de l'abondance du silice en solution et de sa haute température, c'est que presque tous les êtres organiques, plantes et animaux que le cataclysme a surpris, cuits dans l'océan échauffé, sont pétrifiés en quartz, argile quartzeux, ou en oxyde de fer. Les mollusques ont été changés en noyaux de pierre. Leurs coquilles laissant des empreintes exactes de leurs formes dans le grès bigarré, comme dans un moule, ont disparu complètement. Ce qui prouve qu'ultérieurement les acides très forts, comme chlorhydrique ou sulfurique, ont dissous les parties solides des coquilles sans laisser de traces.

15. C'est un fait hors de doute, qu'aussitôt que le cataclysme eut débuté, le fond de l'océan s'est élevé en inondant peu à peu la formation du grès bigarré; autrement les phénomènes, que j'indiquerai bientôt seraient inexplicables. Comme les cataclysmes se sont répétés par intervalles, pendant les jours de paix des sédiments de glaise, d'argile, de marne et de grès schisteux blancs ou gris se sont formés sur les dépôts colorés. Sur ces sédiments on trouve des empreintes de pattes d'animaux mon-

strueux, appartenant probablement aux batraciens, qui venant du voisinage ont visité les lieux ravagés par les cataclysmes. Les empreintes ressemblant à la paume d'une main à cinq doigts, ont donné le nom de *chirotherium* à cet hôte inconnu. Ces empreintes de différentes dimensions sur une place limitée, annoncent qu'une famille entière composée d'aïeuls, et de petits fils se promenait ou plutôt sautait joyeusement; car c'était une famille de batraciens, de grenouilles dont les adultes avaient la grosseur d'un boeuf.

16. La dolomite se forma de la même manière, que nous l'avons décrit plus haut; le gypse et le sel gemme exposés à l'action d'une température élevée, se sont concentrés dans les bassins en masses solides et cristallisées, protégées contre une nouvelle lixiviation par le toit de sédiment imperméable de glaise ou de marne qui s'est déposé ensuite, étant apporté par des torrents de pluie. Comme nous trouvons quelquefois plusieurs gîtes de sel gemme dans le même bassin, cela peut nous donner une vague idée de la longueur de cette formation, pendant laquelle l'eau salée de l'océan s'y est répandue à plusieurs reprises, en précipitant chaque fois par l'évaporation un dépôt cristallin de gypse, d'anhydrite et de sel gemme, protégé ensuite par un sédiment imperméable à une nouvelle lixiviation. Cette alternance des dépôts salins et argileux atteint en tout, une puissance de 200 à 400 mètres dans les Vosges. Enfin les eaux ont monté si haut, que sur le premier étage passa la haute mer. C'est alors que commença la formation du second étage.

17. *Second étage.* Les matériaux pour cette formation se sont accumulés dans un bassin très profond, mais dont la profondeur a diminué successivement, tantôt par

le depôt des couches superposées, tantôt par l'élévation du bassin lui-même. Quant aux espèces animales qu'on trouvé dans le dépôt, c'étaient des amorphozoaires, rarement des coraux; parmi les échinodermes, les incrinites sont représentés en quantité; parmi les mollusques, les conchifères et les gastéropodes se trouvent en abondance, moins les céphalopodes; sur les bords du bassin quelques crustacés, quelques reptiles et une multitude de poissons ont peuplé cette contrée. Cet étage nous offre un phénomène qui mérite d'être examiné. Le plus souvent une ou deux espèces de mollusques ou d'échinodermes ont rempli de leurs squelettes une couche entière d'une épaisseur différente, sur laquelle s'est déposé un sédiment dépourvu de fossiles. Mais sur ce sédiment a vécu une autre espèce animale, qui de nouveau a été couvert d'un sédiment sans fossiles; cette alternance s'est répétée une dizaine de fois. La question est de savoir, dans quelles conditions ces mollusques ont fait leur début dans la vie, et quelles conditions ont amené leur mort.

J'ai mentionné plus haut, que l'océan entourant la formation triasique, étant lentement soulevé a augmenté de beaucoup la profondeur aquatique au dessus du premier étage. Mais pendant la formation du second étage, ce fut tout à fait le contraire; car c'était le fond du bassin triasique qui était peu à peu poussé en haut. Ce mouvement était extrêmement lent, parceque les couches conservaient une horizontalité complète, et n'étaient nulle part troublées par la moindre déviation. Pourtant il amena la mort de ses habitans, parceque la colonne d'eau de moins en moins profonde était devenue pour eux délétère. Les êtres tués par le changement d'une si mauvaise condition, ont subi une pourriture, qui par la décomposition des sels calciques les a ensevelis dans un sédiment de carbonate de chaux, sur lequel se déposa peu à peu un autre sédiment de condition différente ou identique c'est à dire de grès, d'argile, de marne, de dolomite ou de calcaire. Sur ce sédiment une seconde famille de mollusques se colonisa. Comme chaque espèce de mollusques pouvait exister à une profondeur limitée, quand le fond poussé en haut dépassa de beaucoup cette limite, les mollusques périrent en masse, formant un cimetière sur lequel une troisième famille commença son existence, après que l'action de la pourriture eût été effacée. Voilà comment se forma le *calcaire coquiller* en couches. On peut me faire l'objection, qu'on trouve les mêmes mollusques dans les couches inférieures et supérieures de cet étage comme: *grevilia socialis, myophoria laevigata, terebratula vulgaris, spiriferina fragilis* etc., ce qui est en contradiction avec ma théorie. Mais justement cette contradiction la corrobore.

Le second étage est formé de trois groupes superposés:

1-o Le groupe inférieur composé de plusieurs couches de calcaire coquiller.

2-o Le groupe moyen composé de gîtes d'anhydrite, de gypse, et de sel gemme, sans trace de fossiles.

3-o Le groupe supérieur composé de nouveau de couches de calcaire coquiller.

Le lecteur avouera qu'il est impossible, que le groupe moyen se soit formé dans la profondeur des eaux; il s'est consolidé plutôt dans un bassin à bas fond. Il est donc évident, que le calcaire coquiller inférieur s'est soulevé peu à peu jusqu'a devenir un bassin limité. Alors succéda un repos extrêmement long, au courant du quel par l'afflux successif de l'eau saline et son évaporation l'anhydrite, le gypse et le sel gemme se sont cristallisés. Puis le fond entourant ce bassin en se soulevant, a versé les eaux sur le dépôt de gypse et de sel, emporta une glaise, qui en se précipitant forma un couvercle imperméable garantissant le gypse et le sel contre une lixiviation future. Le bassin limité renfermant le gypse et le sel gemme étant inondé se changea en mer profonde. Enfin le groupe de gypse et de sel était peu à peu poussé en haut; et c'est alors que les mêmes mollusques en se colonisant pour la seconde fois, relativement à la profondeur différente, ont subi le même sort, que dans le groupe inférieur. Nous croyons donc, que le même mécanisme, qui a formé les couches houillères et sédimentaires alternantes pendant la seconde époque décarbonisante, se répéta dans la formation triasique, soulement il est ici plus évident. On ne peut dire, que c'était le seulèvement et l'affaissement répété du même terrain, car de quelle manière l'étendue de la terre ferme a-t-elle successivement augmenté jusqu'à nos jours ? Où sont les eaux qui ont jadis couvert le globe entier? On me dira, que les eaux ont pénétré dans les profondeurs du globe. Soit! mais l'eau est—elle un corps impondérable, comme la lumière qui n'occupe aucun espace? Enfin par quelle raison pouvons nous attribuer à *une partie* de la croûte terrestre l'obéissance à une force motrice inconnue, en le niant *à une autre partie voisine?*

Toutes ces questions nous conduisent à cette *ultima ratio*, que l'apparition successive des terres fermes plus spacieuses et la disparition des eaux, proviennent de ce que les dernières se sont répandues peu à peu sur une superficie toujours plus grande.

18. *Troisième Etage.* Quand le second étage poussé en haut pour la seconde fois, devint un bassin à dimensions limitées, alors commença la formation du troisième étage. Ce troisième étage appelé par les Français, *marnes irisées*, par les Allemands *Keuper*, nous présente l'agonie de la longue époque désoxydante, au courant de la quelle le globe haletant a pour la dernière fois exhalé ses gaz ferro-sulfureux.

Le dépôt de cet étage nous offre trois groupes différents en couleur, en minerais, et en stratification. Le groupe inférieur, dont la puissance ne surpasse pas 40—50 mètres, nous donne la preuve évidente qu'il s'est déposé dans un bassin d'une profondeur modérée. La couleur des roches en général grise, noirâtre et noire, provenant de la carbonisation des plantes, montre que le bassin était marécageux ou un bas-fond parsemé de petits îlots couverts de *calamites arenaceus*, *equisetites*, *columnaris*, *teniopteris vittata*, ou quelques autres fougères et quelques cicadées. Les plantes en nombre modéré se rencontrent dans le grès, l'argile et la glaise, avec la dernière elles donnent un mauvais combustible nommé *glaise houillère* (Lettenkohle). On trouve même de petits nids et des lits de houille, qui ne valent pas la peine d'une exploitation. Les *ostrea*, *gervillia*, *myophoria*, *lingula*, *posydonomia* et *terebratula*, trouvés dans les marnes et la dolomite, habitans de l'océan, emprisonnés à cause de leur inertie dans le bassin, dont l'eau par l'évaporation devint de plus en plus salée, y trouvèrent leur mort. *L'unio* et *l'onodonta* nous indiquent, que sur les îlots bien plus élevés, s'étaient formés des étangs remplis d'eau de pluie dans lesquels ils menaient une douce vie. Dans les marnes on trouve même des restes insignifiants d'os de poissons et de reptiles, comme *mastodonsaurus Jaegeri, ceratodus, labyrinthodon* etc. Sous le rapport pétrographique, le gypse, l'anhydrite, et le sel gemme formant des lits et des étages d'une puissance très différente, sont englobés dans les marnes, et l'argile saline. Les trois minerais mentionnés ne pouvaient se consolider qu'après une très longue évaporation des eaux du bassin à bas fond.

19. Le second groupe se compose de *marnes irisées* et de gypse entrecoupés de dolomite, de grès à grains de quartz, d'argile quartzeuse, et même de minces strates de quartzite. Ce groupe formé évidemment pendant un cataclysme est plus pauvre en fossiles. Sa puissance de 100 à 200 mètres montre, que l'afflux des eaux de l'océan dans le bassin y a amené une grande profondeur. Les grès et l'argile quartzeuze, et les strates de quartzite indiquent l'abondance de la silice en solution et par conséquent une température élevée. La couleur prédominante des marnes, rouge, mais tachée de bleu, jaune, brun ou gris, montre qu'avec l'atterrissement amené par l'afflux des eaux, les oxydes métalliques principalement de fer à différents degrés d'oxydation étaient emportés dans le bassin.

Il y a des localités dans lesquelles le gypse ne se déposa point; ici les marnes irisées présentent une stratification horizontale et unie. Dans d'autres localités contenant du gypse, les marnes éprouvent une déviation dans la stratification; parce qu'elles sont onduleuses (1). On veut expliquer ce phénomène par cela que le gypse augmenté en volume, comme provenant du métamorphisme de l'anhydrite, a amené cette déviation dans la stratifica-

---

[1]) Naumann. Handbuche der Geognosie. T. 11, p. 779.

tion des marnes irisées. Nous voyons une autre probabilité. D'abord avec le gypse se cristallisa le sel gemme, qui a formé des rognons, des nids et des gîtes empâtés dans les marnes. Mais après, quand la grande quantité des eaux échauffées, se déversant dans le bassin (19) eurent dissous le sel, les marnes remplissant les excavations produites par la lixiviation du sel, acquirent une stratification inégale et onduleuse, principalement dans le voisinage du gypse, où l'accumulation du sel est ordinairement plus abondante.

20. *Le troisième groupe* débute par les marnes irisées et le grès rougeâtre ou bigarré à petits grains, cimenté par l'argile. Puis on trouve des grès à gros grains blancs, clairs, friables, et souvent des bancs de sable blanc, quartzeux et kaoliné. Enfin on trouve une breccia composée de débris d'os, de dents, d'écailles et de coprolithes de poissons et de reptiles. L'atterrissement et le roulage sont ici visibles. La puissance de ce groupe varie de 30 à 90 mètres, étant très pauvre en fossiles.

Les *équiselites, calamites* et quelques fougères englobés dans la marne ou glaise, donnent un mauvais combustible en *glaise houillère*, ou *houille jonceuse*. Les *cycadés* et *voltzia* offrent quelquefois un lignite en nids, rognons et petites strates, qui ne méritent pas d'être exploités.

La revue générale de ces trois groupes superposés de l'étage supérieur, nous présente une circonstance remarquable et très instructive sous le rapport géogénésique.

Le groupe inférieur renferme une grande quantité de sel gemme, associé au gypse et à la dolomite.

Le groupe moyen ne contient pas de sel, mais abonde en gypse associé à une moindre quantité de dolomite.

Le groupe supérieur ne contient ni sel ni gypse, malgré qu'il se soit formé dans un bassin à bas-fond; et le peu de dolomite mêlé d'argile, ne donne qu'une marne dolomitique.

Il est évident que la Sagesse, en délivrant successivement les eaux de ces trois corps superflus, les a purifiées, pour les rendre habitables aux organismes mieux développés.

21. Le monde organisé durant cette époque nous révèle, que la flore était très pauvre, comme cela arrive toujours dans les périodes désoxydantes. Les fougères, les équisétacées, les calamites dominaient à l'étage inférieur, les cycadées et les conifères à l'étage supérieur. De sorte que la flore touchait par ses deux bouts aux caractères de deux époques décarbonisantes, dont l'une la précéda et l'autre la suivit.

La faune en revanche était très riche, surtout dans l'étage moyen. On trouve en abondance les brachiopodes. Les mollusques acéphales s'enrichirent par les genres *ostrea*, *grevilia*, *lima*, *trygonia*, *mytilus* etc. Les gastéropodes et les céphalopodes étaient moins nombreux. Parmi les échinodermes, *l'encrinus liliformis* remplit par ses *entroques* des couches entières de calcaire coquiller. Les articulés faisaient un pas en avant par les *décapodes*. Les poissons sont représentés par les *placoïdes* et *ganoïdes*. L'embranchement des amphibies et des reptiles, tels que les *sauriens*, *lacertiens* et *batraciens* ouvre sa richesse de types par *les labyrinthodons*, *igaunodons*, *telerpetons*, *galéosauriens*, *rhychosauriens*, *mastodonsauriens*, qui doivent continuer leur développement ultérieur dans l'époque suivante. Malheureusement ces types trahissent une telle complication de transition mutuelle, qu'il est difficile de les ranger méthodiquement. On a même découvert quelques individus des *didelphes mammifères;* ainsi le *microlestes antiquus* et le *dromatherium silvestre*. Enfin outre les empreintes pentodactyles, semblables à la paume d'une main, attribuées à un énorme batracien nommé *chirotherium*, on a trouvé une quantité d'empreintes tridactyles, qui semblent appartenir aux oiseaux. On peut dire qu'avec l'apparition des pieds, commence l'histoire de la terre ferme proprement dite.

X

NEUVIÈME ÉPOQUE.

TROISIÈME PÉRIODE DE LA DÉCARBONISATION DE L'ATMOSPHÈRE.

Revue générale du passé — différence entre les époques précédentes et la présente — Combat incessant entre l'eau et la terre ferme pour s'arracher la suprématie — de l'Atlantide, de la Lémurie et du continent (la Baltide) à la place de la Baltique actuelle — Les Dyatomées, l'ambre jaune et le Danemark comme preuves de ce vaste continent — Division de cette époque en cinq formations.

Formation bitumineuse (lias). Son relief par rapport à la paléontologie — deux tableaux de cette formation en Angleterre et en France — Flore et faune de cette formation.

Formation oolitique. Abondance du fer — preuves d'une action plutonique — caractères du grés, du calcaire, de l'argile, du fer et du charbon — Flore et faune de cette formation.

Formation corallienne. Abondance du calcaire, et des animaux aquatiques inférieurs — Le grés, le sable, l'argile, et la houille sont en quantité moindre — Caractères pétrographiques — La flore et la faune de cette formation.

Formation houillère supérieure (Wealden). Les premiers continents plus étendus — ressemblance de cette formation avec la houillère — trois étages de cette formation avec leur flore et leur faune.

Formation crétacée. Sa division en cinq étages — coup d'oeil sur cette division — minerais prédominants — minerais moins répandus — irrégularités pétrographiques des couches — la flore et la faune de cette formation — Conclusion de cette époque par la disparition et l'anéantissement de tous les types existants alors.

1. Je suis obligé de débuter dans cette époque par un coup d'oeil sur le passé, en rappelant au lecteur ce que je disais à la fin de la première époque de la génèse. ,,Pendant la longue série de millions d'années que ,,nous avons parcourue, comme commencement de la for- ,,mation du globe, je dirai comme son état embryonnaire,

„les manifestations d'activité et leurs produits étaient par-„tout identiques et semblables. Mais dans les millions „d'années qui suivront, plus le globe se développera, et „plus ses manifestations deviendront différentes et leurs „produits divergents en chaque lieu".

Le lecteur qui depuis la première jusqu'à la huitième époque, a eu l'occasion de constater cette vérité, en sera convaincu de plus en plus, en raison du développement terrestre ultérieur.

C'est tout naturel. L'anatomie d'un embryon est très simple; son activité modérée est plus facile à étudier que celle d'un adulte.

L'embryon du globe ayant successivement grandi, devint une individualité mûre. Ses eaux d'un côté diminuées en quantité par leur pénétration dans la profondeur de la croûte, d'un autre côté ont perdu de leur profondeur, parce qu'elles se sont répandues sur une surface plus large. Les terrains des formations primordiales, d'une constitution essentiellement différente, ont successivement apparu et disparu les uns après les autres. Mais ces agents multipliés les ont en partie ou totalement détruits et bouleversés en dispersant leurs débris. Comme leur action, quoique simultanée était souvent opposée sur différentes localités, à cause des déplacements des eaux, par quelle raison pouvons-nous prétendre trouver une similitude de produits pendant la même contemporanéité? Lyell tâche de prouver dans ses *Principes de Géologie*, que tout se fait de la même manière à présent qu'auparavant. Lyell est un anglais orthodoxe, pour lui la sentence de Salomon „rien de nouveau sous le soleil" est un dogme. Pourtant les didelphes n'habitent plus Londres ni Paris comme aux temps du wealden, et même les laves actuelles ne ressemblent en rien aux porphyres, mélaphyres, et trachites des temps reculés. La Géologie prouve justement la sentence d'un Salomon païen:

„Tempora mutantur et nos mutamur in illis".

Ces changements incessants et inappréciables causent souvent un embarras aux savants. Par exemple, trois formations se sont succédé, la jurassique, le wealden et la crétacée. La jurassique n'avait pas fini son oeuvre dans une localité, que le wealden a commencé dans l'autre; le wealden n'a pas plustôt expiré ici, que la crétacée a débuté ailleurs. Le wealden était donc par ses deux extrémités, contemporain de ses deux époques. Mais la formation du wealden, ayant une puissance, de 300 mètres en Angleterre, et de 400 mètres dans l'Allemagne du Nord, suppose une durée de quelques millions d'années; sa contemporaneïté avec ses deux voisines a bien pu s'élever à quelques cent mille ans, pendant les quels les êtres organisés étaient identiques, ou du moins semblables dans ces trois différentes formations. Je dirai plus, les sondages et les dragages récemment exécutés par les naturalistes anglais et américains ont démontré, que la boue à *globigerine* dans la profondeur de l'Atlantique n'est, que de la craie en voie de formation; de sorte que la période crétacée, depuis long temps terminée à la surface des continents et sur leurs rivages, continue d'exister dans les mers profondes et se trouve contemporaine de la période actuelle. On a même découvert des animaux marins rappelant les types secondaires et même paléozoïques, ressemblant aux trilobites siluriens. Nous voyons donc, que les fossiles ne sont qu'une preuve douteuse et incertaine de la chronologie du globe.

Mais l'embarras de la géologie et de la paléontologie

n'existe pas pour la géogénésie; car celle-ci est la physiologie du globe, quand les premières, à proprement parler, sont son histologie, qui nous montre dans chaque partie du corps une structure différente.

2. Nous passons à une nouvelle époque, que j'appelle en somme *décarbonisante*, quoique elle renferme cinq longues formations différentes l'une de l'autre, désignées par les plus habiles géognostes sous les noms de *lias*, *jura brun*, *jura blanc*, *wealden* et *crétacée*, et qui en somme constituent la partie supérieure de la formation dite *secondaire*. Quiconque a étudié ces formations à part, selon les descriptions géologiques de différents pays, ou même de différentes localités dans le même pays, avouera que vouloir composer un tableau général de toutes ces descriptions partielles, sous leur rapport pétrografique et paléontologique, c'est vouloir représenter le chaos. Pourtant je tâcherai au point de vue de la géogénie de faire un tableau de cette longue époque, qui avec la précédente fera deux pendants, qui diffèrent entre eux, comme le jour et la nuit.

Voici les différences caractéristiques.

a) Les roches de l'époque précédente étaient en grande partie rouges, bigarrées, imprégnées de sesquioxyde de fer. Les roches de cette époque, si elles ne sont pas blanches, ont des couleurs grises, noirâtres, noires, bleuâtres, brunes, ou jaunes qui proviennent des matières bitumineuses, produites par le grillage des animaux ou des végétaux, en nous offrant des roches carbonifères, des combustibles plus ou moins bons et même de la houille; enfin la couleur foncée provient du fer oxydulé, hydraté et carbonaté.

b) Les produits de la formation précédente étaient faits à l'endroit où nous les trouvons. Par exemple: les conglomérats, les grès et le quartzite par l'écroulement des montagnes et par l'eau échauffée et saturée de silice; le calcaire, la dolomite et le gypse par la décomposition réciproque du chlorure de magnésie et de chaux avec le carbonate et le sulfate de soude; le sel gemme, l'inséparable associé du gypse par l'évaporation de l'eau salée. Dans cette époque, outre *l'arcos* et le grès quartzeux, qui comme produits locaux se trouvent dans la partie inférieure de cette formation, en réminiscence de l'époque précédente, les roches supérieures se composent d'argile, de marne, de calcaire, de sable, de grès dont le ciment est le plus souvent argileux ou calcaire, et tous ces sédiments sont évidemment transportés de loin, parce qu'ils ont souvent une stratification schisteuse, qui se formait périodiquement, jour par jour, ou an par an. La dolomite, le gypse et le sel gemme ont presque totalement disparu.

c) Une activité volcanique est évidente à l'époque précédente, parceque le porphyre, le porphyrite, le mélaphyre ont percé souvent l'épaisseur de cette formation, accompagnés de vapeurs métalliques, changés en oxydes par le contract avec l'atmosphère oxygénée. Dans cette époque nulle trace de roches plutoniques, et les vapeurs métalliques échappées ont conservé leur composition de sulfures, ou se sont changées en oxydule, hydrate et carbonate en contact avec l'eau et les matières organiques. Bref l'époque précédente, si je me sers des expressions usitées, était volcanique et plutonique; dans la présente la couche terrestre est calme, mais l'océan en courroux se bouleverse, en produisant des effets neptuniques.

Les couches sédimentaires, qui se sont formées depuis cette époque, ayant des puissances énormes conduisent à deux conclusions.

I. Que par le déplacement incessant des eaux leur profondeur était tantôt ici, tantôt là très grande.

II. Que les terrains qui ont fourni ces sédiments s'ils n'étaient pas spacieux comme continents, consistaient en nombreux archipels, continuellement démolis par les eaux et les ouragans. Nous voyons donc, que ce que le feu, comme expansion centrale a construit, les tempêtes, et les ouragans l'ont démoli par le charriage, l'atterrissement et le transport. Le calme de la croûte terrestre n'était causé ni par sa résistance plus grande, comme effet de son épaississement notable, ni par l'épuisement de l'expansion centrale; parceque le globe actuel plus vieux qu'il est, ayant une croûte probablement plus épaisse, compte néanmoins plusieurs centaines de volcans actifs. Mais ce calme provenait plutôt de ce, que la décarbonisation de l'atmosphère se faisait avec une grande lenteur, et par conséquent l'expansion centrale agissait avec uniformité et égalité sur tous les points de la superficie, en soulevant imperceptiblement la croûte unie.

d) Tous les étages et tous leurs groupes de cette époque se sont formés, comme nous l'avons dit plus haut, à une grande profondeur, et leur puissance dépasse souvent quelques centaines de mètres. Les îles n'avaient encore que peu d'étendue, et leur élévation au dessus du niveau était petite. Voilà pourquoi la flore, que nous a laissée cette époque en empreintes, lignites et houille, nous offre plus de fucoïdes et de plantes marécageuses, moins de cycadées, de conifères et d'autres plantes terrestres.

e) A aucune autre époque, ni avant ni après, on ne rencontre une telle abondance et une telle variété d'animaux marins, depuis les foraminifères, coraux, échinodermes, jusqu'aux poissons, reptiles et sauriens, que dans celle-ci. C'est le règne aquatique, qui a atteint son point culminant avant sa décadence. Les premiers habitants terrestres de cette époque, qui ont peuplé les îlots, sont les insectes; puis apparurent quelques didelphes, à la fin quelques oiseaux.

f) Tous les êtres animaux de cette époque étaient ovipares. Les vers, les crustacés, les mollusques, les insectes, les poissons, les reptiles déposaient leurs oeufs dans les fissures des roches, dans les fonds des estuaires, sur les bords des îlots, sur les bas—fonds des golfes, sur les feuilles et les branches des plantes, et probablement dans les premières rivières, qui ne venant pas des hautes montagnes et n'ayant pas leurs sources dans les glaciers éternels, coulaient lentement sur les pentes peu inclinées.

La quantité de ces oeufs correspond à la fécondité connue de ces êtres. Les oeufs accumulés en masses, inondés et couverts par des atterrissements produits par les vagues de l'océan, ne pouvant éclore, subirent une lente putréfaction, par laquelle en décomposant les sels calciques et ferrugineux, se changèrent en roche d'une texture globuleuse, qui selon la grandeur et la forme des globules reçut le nom *d'oolithe ou pyzolithe.*

Virlet d'Aoust a observé, que dans les lacs de Chalco et de Texcoco, sur le plateau du Mexique, un calcaire oolithique s'est formé tout à fait comme l'oolithe jurassien, par les pellicules calcaires concentriques, enveloppant de très petits oeufs d'insectes (Comptes rendus LXV. 1857, p. 865). Quoique on ne puisse pas nier, que l'eau riche en chaux ou en fer, en tournant un petit grain de quartz ou de sable puisse l'envelopper de pellicules solides concentriques, en formant un tissu oolithique, comme nous le voyons à Carlsbad, pourtant une telle abondance de roches oolithiques à cette époque, ne peut pas être attribuée exclusivement à une action mécanique, mais plutôt à une origine organique par pétrification.

g) Dans les époques précédentes, en décrivant les roches, qui se sont formées par leur caractéristique déterminée, j'étais en état d'indiquer leur composition chimique et les causes, qui ont contribué à leur formation. Mais depuis cette époque, je l'avoue sincèrement, nous sommes au bout de notre latin. Les roches d'à présent n'ont aucune caractéristique particulière, sinon quand elles sont formées de débris organiques; par exemple les oolithes, la craie, le calcaire pentacrinite etc. La formation du calcaire peut s'expliquer en partie par la décomposition des sels calciques sous l'influence de la putréfaction des corps organiques; mais l'argile, la marne, le sable, le mica ne sont que des parties transportées par un courant d'eau, provenant de la destruction des roches compactes; par conséquent ils sont fortuits et secondaires, dépendants des roches primitives. Le fer ne se rencontre point à l'état d'oxyde et rarement sous forme de pyrite; mais il se change en oxydule, en hydrate ou en carbonate, qui participent à la coloration brune de ces roches clastiques. Les époques précédentes étaient généralement riches en métaux, la présente en est pauvre. En revanche, aucune époque ni précédente ni postérieure n'a amassé une telle quantité de carbonate de chaux, soit par voie chimique soit organique, par les plantes et les animaux, que l'époque qui nous occupe. Le carbonate tantôt mêlé avec le sable ou l'argile a formé les grès et la marne; tantôt concentré en masses homogènes a constitué un calcaire ou un marbre; enfin il a construit des couches entières et de puissance notable des dépouilles d'êtres animaux. Par cette raison l'époque, que nous décrivons mérite bien le nom de décarbonisante, parce qu'elle a enlevé à l'atmosphère une énorme quantité d'acide carbonique, et qu'en outre, elle a enrichi ses couches de combustibles bitumineux ou charbonneux.

3. Après tout ce que nous avons exposé jusqu'à présent, il nous reste à résoudre quelques questions importantes.

La première consiste en ce que ayant donné à cette époque le nom et la fonction de décarbonisante, puis—je prouver, que la quantité des combustibles trouvés jusqu'à présent, correspond à la quantité présumable de l'acide carbonique atmosphérique?

La seconde question en ce que nous avons prouvé que l'inondation d'un terrain dépend chaque fois de l'apparition d'un autre terrain. Où est donc ce terrain, qui par son apparition pendant cette époque, a amené un déluge plusieurs fois répété sur toute l'Europe? D'ailleurs où sont les eaux, qui ont couvert l'Europe pendant cette époque, et qui par leur disparition successive nous ont laissé un si vaste continent? Enfin avons nous des indices de quelques terrains larges et vastes, qui aient existé autrefois sur la surface des eaux, et qui aient disparu?

La Grèce antique nous parle d'une Atlantide, un vaste terrain qui devait exister à l'Ouest de l'Afrique. Il est possible même que les îles les plus proéminentes, telles que les Açores, les Canaries, du Cap Vert etc., soient des échantillons, que cette terre a laissés à la postérité comme preuve de son existence; ayant été inondée par l'élévation d'un plus grand continent d'Afrique. Pourtant ce mythe grec est peu suffisant comme preuve scientifique.

Nous lisons dans Ernest Haeckel (1) un des plus savants naturalistes de notre siècle, ce qui suit:

„L'histoire du développement du globe nous enseigne, que la participation de la terre ferme et des eaux à sa

---

1) Natürliche Schöpfungsgeschichte. Berlin, 1874, p. 320—321.

superficie, a subi des changements éternels et continuels. Partout le sol se soulève ou s'affaisse, à cause des vicissitudes géologiques de l'intérieur du globe, qui sont ici tantôt plus fortes, et là tantôt plus faibles. Et quand même leur effet est si faible qu'au courant d'un siècle, le bord marin ne se soulève ou ne s'abaisse que de quelques pouces ou même de quelques lignes, il produit néanmoins à la longue un résultat étonnant. L'histoire du globe n'a jamais manqué d'espaces de temps, même de très longs. Au courant de plusieurs millions d'années, quand les êtres organiques existaient déjà, la terre et la mer se disputaient la domination. Les continents et les îles étaient plongés dans la mer, et de son sein les autres se sont élevés. Les lacs et les mers étaient peu à peu exhaussés, jusqu'à devenir secs; et de nouveaux bassins se sont enfoncés par l'abaissement du sol. Les péninsules sont devenues îles, parceque la langue terrestre, qui les avaient liées au continent, fut submergée. Les îles d'un archipel se sont changées en points culminants de chaîne de montagne, quand le fond entier de la mer était de plus en plus poussé en haut. Ainsi la Mediterranée n'était autrefois qu'une mer intérieure, quand au lieu du détroit de Gibraltar existait une langue de terre, qui unissait l'Afrique à l'Europe. L'Angleterre à été plusieurs fois liée au continent et séparée de lui, à une époque peu reculée, où les hommes existaient déjà. L'Europe était même en contact immédiat avec l'Amérique. L'océan du Sud a formé autrefois un grand continent; et les innombrables petites îles, qui s'y trouvent dispersées, ne sont que les cimes des montagnes dont le continent était hérissé. L'océan Indien existait sous la forme d'un continent, dont l'étendue se développait depuis les îles de la Sonde jusqu'au bord oriental de l'Afrique. Ce grand continent d'autrefois, nommé *Lemuria* par l'Anglais *Sclater*, à cause de ses demi-singes caractéristiques, est d'une haute importance; parce qu'il a été probablement la berceau du genre humain".

Cet exposé du savant naturaliste, consciencieusement traduit, confirme cette vérité: que des terrains qui ont existé jadis sur notre globe, les uns ont paru, les autres disparu; quoique Haeckel ne fasse point mention des motifs ni des relations mutuelles de ces changements territoriaux. Pourtant nous devons analyser les relations réciproques de ces deux phénomènes.

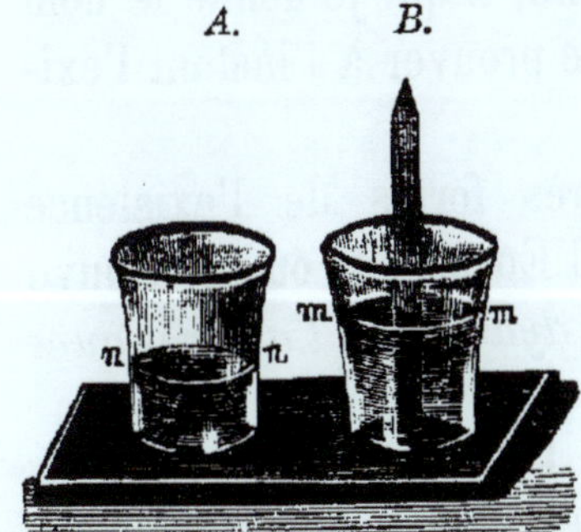

Supposons que dans un vase *A*, l'eau se trouve à la hauteur *n n*. Si nous plongeons y un corps solide l'eau, montera à la hauteur *m m* désignée dans le vase *B*. Supposons que les trois continents, l'Asie, la Lémurie et le continent Pacifique se trouvaient en même temps au dessus du niveau *m m* de l'océan du Nord et du Sud (fig. 1), qui n'est

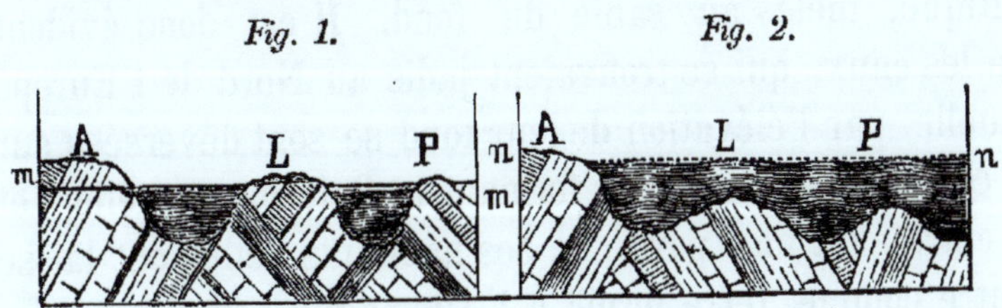

qu'un vase bordé de toute part par les parois des rivages; puis que la Lémurie et le continent Pacifique se soient affaissés au dessous du niveau. La conséquence inévitable serait, que l'océan devrait se soulever en inondant l'Asie jusqu'au niveau *n n* (fig. 2). Mais en réalité, c'est précisément le contraire que nous voyons; il est donc évident, que quand la Lémurie et le continent Pacifique formaient deux terres-fermes au dessus de l'océan du Sud, c'est l'Asie qui était alors submergée; mais après, la dernière en se soulevant au dessus du niveau de l'océan du Nord, a nécessairement amené une inondation de ces deux continents préexistants. De même l'Afrique poussée en haut a inondé l'Atlantide; de même un terrain inconnu situé au Nord de l'Europe a causé par son apparition l'inondation de l'Europe; mais après cette dernière poussée en haut a inondé ce terrain inconnu, à qui je donne le nom de *Baltide*, et dont je tâcherai de prouver à l'instant l'existence indubitable.

4. Il y a trois preuves très fortes de l'existence d'un grand terrain au Nord de l'Europe, là ou se trouve la Baltique actuelle; ce sont: les *dyatomées*, *l'ambre jaune* et le *Danemark*.

Le continent du Nord de l'Allemagne et spécialement celui, qui limite la Baltique, est très peu fertile à cause de son sol silicique, qui est formé de dyatomées. Les mêmes dyatomées se trouvent en abondance dans la Baltique, mêlés au sable du fond. Il est donc évident que les eaux, qui se trouvaient jadis au Nord de l'Europe actuelle, par l'élévation de leur fond se sont déversées sur un continent du Nord, en formant la Baltique actuelle, et en entraînant une partie de ses habitants, elles ont laissé l'autre comme terre ferme à l'Allemagne actuelle. Nous trouvons un phénomène analogue avec les *nummulites*, au bord de la Méditerranée; la différence des êtres organiques repose seulement sur la différence du climat.

5. L'ambre jaune, trouvé et exploité dans l'antiquité par les barbares sur les côtes de la Baltique, est connu comme objet de commerce chez les anciens habitants de la Grèce et de l'empire romain, par l'intermédiaire des Phéniciens et des Tyriens.

Mais cette mention historique ne peut pas nous indiquer l'importance de l'ambre jaune, sous le rapport de la géogénie. L'exploitation actuelle pratiquée sur la Baltique jettera quelques lumière sur cette question géognostique. Je veux citer quelques chiffres statistiques, que j'ai trouvés dans les journaux scientifiques allemands. Nous lisons dans l'article *Bernstein* (1). Dans le village de *Schwarzort* situé dans l'estuaire de *Kurisches Haff*, habité par des pêcheurs, 500 travailleurs sont occupés pendant l'été jour et nuit, pendant le printemps et l'automne 12 à 16 heures par jour, selon sa durée, à exploiter l'ambre jaune dont les frais annuels s'élèvent à 100000 thalers (360000 francs). La pêche diffère chaque année. En 1867, on en a exploité 36642 kilog. L'exploitation se fait par dragage (bagern) du fond de l'estuaire, au moyen de seaux rangés en chapelets, ayant pour moteur la vapeur. L'ambre jaune tiré à une profondeur de 6—7 mètres est toujours associé au lignite (Sprockholz) brun, friable, presque spongieux.

La seconde localité est le *Samland*, prés de *Königsberg*, principalement le promontoire de *Brusterort*, où on recueille la meilleure quantité d'ambre jaune. Les pêcheurs d'ambre se rendent en canots sur la Baltique, armés de longues tiges munies d'une pointe ou d'une fourche en fer, servant à repousser les grandes pierres reposant au

[1]) Illustrirtes Konversations-Lexicon. Leipzig—Berlin, 1872.

fond de la mer, sous lesquelles se trouvent le varech et les fucoïdes, embrassant de grands morceaux d'ambre jaune. Les plantes, debarrassées de leur poids, sont tirées de l'eau au moyen de filets. Les pêcheurs d'ambre s'écartent du rivage autant, que leurs tiges leur permettent d'atteindre le fond pour attaquer les grandes pierres.

Le docteur Sellinick (1) a évalué l'exploitation de l'ambre jaune dans le Samland à 200000 livres par an. Alexandre de Humboldt ayant visité cette localité en 1829, trouva 75000 kilog. d'ambre jaune emmagasinés dans un bâtiment assuré contre l'incendie. Il faut en outre remarquer, que tous les rivages de la Baltique depuis Rügen jusqu'à Riga sont couverts de petits morceaux de lignite et d'ambre jaune, qui y sont déposés après chaque marée. Plus la mer est troublée par les tempêtes, plus le lignite et l'ambre sont abondamment rejetés sur les rivages. Pendant un séjour de quelques semaines à Colberg, j'ai recueilli, moi même chaque jour plus ou moins d'ambre selon la force de la marée.

H. R. Göppert (2) a calculé dans un article *sur la relation quantitative de l'ambre jaune*, qu'une forêt de pins succinifères de l'étendue de la Baltique actuelle, c'est à dire de 6370 lieues carrées, devait être approvisionnée de 8585172000 de livres d'ambre jaune. Et comme l'exploitation annuelle s'élève à 300000 livres sur tout le rivage de la Baltique, cette quantité nous doit fournir cet article pendant 28618 ans.

D'après Bischof (Géologie. T. 1, p. 785—86) l'ambre jaune formé par une résine, provenant d'un arbre succinifère, est aussi un produit de la décomposition des

---

[1]) Industrie Blätter, 1868. Nr. 44.

[2]) Beilage zur Industrie Blätter, 1878. Nr. 44.

plantes (carbure hydrogéné), comme l'est l'asphalte ou la résinite. Mais l'asphalte est évidemment le résultat du grillage, ce qui est moins probable pour l'ambre. Le même auteur nous dit, que l'ambre fossile se trouve dans le diluvium et l'alluvium, de 70 jusqu'à 100 mètres au dessus, et à 50 mètres au dessous du niveau de la Baltique. Le long rayon de ce gisement de 150 mètres nous indique assez évidemment la différence de l'élévation de la Baltide jadis et de l'Europe actuelle du Nord, ce qui corrobore mon calcul plus bas.

6. Le Danemark sous le rapport géognostique nous fournit la meilleure preuve de l'inondation, qui a eu lieu du Sud vers le Nord, formant la Baltique actuelle. On trouve dans le Danemark de grandes tourbières, dans lesquelles des forêts entières sont ensevelies, et dont les arbres ont conservé leur direction verticale. Mais ce qu'il y a de plus remarquable, ce sont trois forêts, qui ont crû l'une sur l'autre. La première se composait de pins, la seconde de chênes, la troisième de hêtres. Si nous donnons à chacune de ces forêts, inclusivement avec l'atterrissement qui la couvre, une hauteur de 50 mètres, l'inondation de la Baltide s'étendait à une profondeur nominale de 150 mètres, et par conséquent l'Europe en se soulevant, et le globe entier dans chaque direction se sont élevés depuis ce temps de 150 mètres. Comme nous avons admis approximativement (II. 21), que l'agrandissement du globe par million d'années s'élève à 30 et quelques mètres; il s'ensuit, que depuis que la forêt de pins croissait sur la péninsule du Danemark faisant alors partie de la Baltide, il s'est écoulé plus de quatre millions d'années. Je ne garantis pas l'exactitude de mon calcul.

7. Les dates chronologiques des révolutions du globe terrestre sont trompeuses et pleines d'incertitude. Selon la théorie orogénique d'Elie de Beaumont, par exemple le système de la Vendée et de la Bretagne littorale a été la première des élévations en Europe, qui ait surgi au dessus du niveau de la mer. Je cède volontiers à la Grande Nation la priorité sous beaucoup de rapports. Mais quant à cette priorité je ferai la remarque, que s'il est vrai, que l'Angleterre a été maintes fois liée au continent et séparée de celui-ci, le déplacement des eaux plusieurs fois répété nécessairement, a probablement détruit les couches sédimentaires moins compactes, en nous laissant les schistes cristallins tout nus. En jetant un coup d'oeil sur le globe, nous sommes frappé de cette circonstance, que tous les grands continents représentent des triangles irréguliers, dont les bases sont tournées vers le nord tandis que leurs sommets regardent le sud. Ceci nous indique, que les continents se sont développés successivement du Nord vers le Sud, et que dans la direction inverse ils ont été inondés. Il est donc très probable, que plus au nord de l'Europe exista un continent, qui a précédé le système de la Vendée et dont nous trouvons les restes dans tous les pays Scandinaves.

8. Quand nous combinerons les caractères généraux de cette époque indiqués plus haut, avec l'existence présumée d'un grand terrain au nord de l'Europe, nous arriverons aux conclusions suivantes, sans entrer dans le domaine de la fantaisie.

I. D'après ma théorie (III. 5) la formation des terres fermes a commencé vers les pôles et s'est poursuivie vers l'équateur. Ce qui trouve sa confirmation en partie dans la théorie d'Elie de Beaumont sur le soulèvement successif des chaînes de montagnes, qui a suivi la même direction. Par conséquent au nord de l'Europe a existé déjà un terrain spacieux, auquel je donne le nom de Baltide, quant au Sud et au centre elle ne présenta que des groupes d'archipels.

II. Il est prouvé que les conifères composaient les premières plantes terrestres. Donc une forêt de pins succinifères sur ce terrain corrobore nos notions géognostiques par l'abondance de l'ambre jaune.

III. Nous avons vu pendant la formation houillère, que de petites îles s'étaient plusieurs fois soulevées, pour se couvrir d'une végétation luxuriante, et autant de fois avaient été inondées et couvertes de sédiments. Les soulèvements d'alors étaient énergiques et violents. C'est grâce à cette énergie, que la végétation s'est changée en houille. Personne donc ne doit être surpris si la Baltide comme vaste terrain, n'a été en partie lentement soulevée, que quatre ou cinq fois et autant de fois inondée. Comme entre ces soulèvements partiels il s'est écoulé un très long espace de temps, le climat a subi de sensibles vicissitudes, et partant la végétation a dû être différente, telle que les pins, les chênes et les hêtres. D'ailleurs les soulèvements eux—mêmes n'étaient pas rapides, ils se faisaient lentement, par conséquent la végétation a subi l'action tantôt de la putréfaction, tantôt de la pétrification, sans être changée en houille.

IV. L'étude géologique nous apprend, que les grands terrains de l'Europe étaient succesivement poussés en haut par l'expansion centrale, parceque nous y trouvons des plantes terrestres ou marécageuses; mais la même étude nous enseigne, que chaque soulèvement était suivi d'une inondation caractérisée par des couches sédimentaires d'une puissance différente, déposées au dessus de ces plantes. Par conséquent nous avons le droit de voir une rélation réciproque entre les soulèvement de la Baltide et les inondations de l'Europe d'un côté, aussi bien qu'entre les soulèvements de l'Europe et les inondations de la Baltide, d'autre part.

V. Il serait téméraire de vouloir déterminer par des dates les soulèvements et les inondations mentionnés. Cette entreprise est d'autant plus difficile, que le fond de la Baltique est inaccessible aux recherches géologiques. Mais selon toute probabilité, la grande Baltide dans toute son étendue couverte d'une forêt de pins succinifères, qui nous fournissent l'ambre jaune en si grande quantité, était contemporaine de l'époque décarbonisante, qui nous occupe. La dernière inondation partielle de la Baltide a eu lieu après la formation crétacée du nord de l'Europe. Les eaux par l'élévation successive de l'Europe pressées vers le Nord se sont déversées à l'Est, formant le golfe de Bothnie et à l'Ouest, en creusant les terrains sédimentaires dans le sol rocheux, se sont frayé un passage vers la mer du Nord par le Sund et le Belt. De la grande Baltide, il ne resta que la presqu'île de Schleswig-Holstein avec le Jutland, la Norwège et la Suède les hauts plateaux des îles de Seeland, Fühnen, Laaland, Bornholm et d'autres îles d'une moindre dimension.

9. La description générale de cette époque présente à grands traits au lecteur un vaste tableau.

La nature est grande et le tableau, qui la représente doit ressembler plutôt à une décoration, qu'il faut observer de loin, qu'à une miniature qu'on regarde à travers un microscope. Je risque beaucoup en me hasardant à entrer dans le labyrinthe des détails. Pourtant pour ne pas rompre la chaîne des formations superposées, et la continuité du progrès organique, je suis forcé de décrire chaque formation de cette longue période à part.

Toutes les divisions de cette époque, que les plus éminents savants ont tâché de faire, ou qu'ils ont acceptées par convention, j'ose le dire, sont arbitraires et incertaines, leurs dénominations hasardées et trompeuses; leurs descriptions mêmes, très consciencieuses n'ont qu'une valeur locale, et justement c'est leur faute. Mais il n'en peut être autrement. Il est impossible de faire un tableau pétrographique comparatif de cette époque, qui est formée d'une série de couches sédimentaires superposées sans aucun ordre déterminé, et dont l'origine dépend du hasard. Pourtant une division même vicieuse est indispensable, car c'est un guide, qui nous conduit dans une caverne sombre et inconnue. *Melius anceps quam nullum.* J'ai hasardé de faire une classification de cette longue époque en cinq formations, auxquelles j'ai donné des dénominations selon leurs caractères saillants. 1) *Bitumineuse;* 2) *oolithique;* 3) *corallienne;* 4) *houillère supérieure*, et 5) *crétacée.*

Formation bitumineuse.

Je la nomme ainsi, parceque les roches de préference calcaires, argileuses et marneuses contenant en abondance des restes animaux, sont souvent imprégnées d'une telle quantité de matières grasses et bitumineuses, qu'elles peuvent servir comme combustible. Toute cette formation se compose d'une série de couches alternantes, variables quant à leur qualité, qui pourtant contiennent des restes organiques en partie identiques, en plus grande partie différents dans diverses localités, éloignées les unes des autres. Cela nous prouve qu'au point de vue des conditions ambiantes il régnait déjà une différence sensible.

La Baltide située au Nord croissait en étendue; les eaux poussées au Sud, ont inondé successivement les parages de cette zone. Comme les tempêtes étaient continuelles, ce que nous indiquerons bientôt, les vagues ont peu à peu démoli les parties proéminentes, et balayé les bas-fonds avec leurs habitants; leurs parties constituantes emportées dans toutes les directions, déposées au fond, formaient un tombeau pour les êtres animaux. Ce sédiment étant calcaire, argileux, marneux ou sablonneux selon la constitution du terrain démoli, par l'agrégation moléculaire se changea en roches plus ou moins compactes, que nous trouvons à présent. Il est donc évident, que la formation des roches est tout à fait fortuite, comme effet d'une action mécanique. On subdivise cette formation, vulgairement nommée *lias*, en plusieurs étages. Je présenterai au lecteur deux esquisses de cette subdivision, afin de lui montrer, que chacune d'elles précieuse comme étude locale, est sans valeur comme modèle général de cette formation.

Lias en Angleterre d'après Murchison.

1. *Lias limstone*,

a) calcaire inférieur 10—20 pieds; gris et compacte, quelquefois blanc (white lias);

b) argile, 50—100 pieds;

c) calcaire supérieur, 12—20 pieds; gris, bleu, souvent composé de *gryphaea arcuata ;*

d) *lover lias clay, or shale* 300—500 pieds; argile quelquefois schisteuse, brun foncé.

2. *Marlstone* 100—150 pieds; argile schisteuse, sablonneuse, calcaire impur.

3. *Upper lias clay, or shale* 50—200 pieds; argile schisteuse, marne schisteuse, bitumineuse.

Lias en France d'après d'Orbigny.

1. *Etage sinémurien* 100—160 mètres.

Arkose et grès superposés de couches de calcaire et d'argile avec *gryphaea arcuata*, outre quantité d'autres fossiles.

2. *Etage liasien* 150 mètres.

Argile et marne brunes.

Calcaire jaunâtre avec *gryphaea cymbium*, *ammon. spinatus* et *ammon. marginatus*

à Niort et Thouars prédominent l'arkose et le grès à gros grains,

à Evrecy et Landes le calcaire jaune compacte,

à Bayeux la marne noire, pyritique.

3. *Etage toarcien* 150 mètres.

Très variable sous le rapport pétrographique, formé de couches alternantes d'argile, de calcaire, de marne schisteuse, calcaire argileux gris et jaunâtre.

Il est à remarquer, que ces trois étages diffèrent essentiellement l'un de l'autre par les espèces de leurs fossiles; ce qui prouve qu'ils se sont déposés au courant d'un temps très long.

En laissant au lecteur le soin de trouver un parallélisme pétrographique entre ces deux descriptions, nous passerons à la paléontologie.

Les plantes de cette formation appartiennent à trois sphères. Elles sont marines, telles que les fucoïdes, *sphacrococcites* et *chondrites*; marécageuses comme *esquisetites* et quelques fougères: *clathropteris, taeniopteris, alethopteris* etc.; terrestres, comme les *cycadées*, les *zamites, pterophyllum*, *Nillsonia* et les conifères avec leurs espèces *d'araucaria* et *peuce*. On trouve des plantes avec empreintes grillées dans le grès; les troncs d'arbres sont souvent pétrifiés, ou plûtôt pénétrés de calcaire; enfin les plantes forment un lignite en nids et rognons, empâtés dans l'argile et le calcaire, emportées qu'elles étaient par les vagues et ensevelies dans les sédiments. On trouve même des lits de houille d'une médiocre puissance, comme à Brunswick, en Hanovre, en France, en Autriche, en Hongrie, dans les îles Bornholme et Schonen.

La faune de cette formation est caractéristique, parce qu'elle est pauvre en amorphozoaires, coraux et foraminifères. Il est prouvé, que ces êtres d'une organisation infime ne peuvent prendre naissance que dans une eau limpide et tranquille; leur absence nous prouve, que cette formation s'est déposée pendant un temps extrêmement orageux. Exceptionnellement l'endroit où on les trouve, était probablement un port à l'abri des vagues. *Des échinodermes*, les crinoïdes, et spécialement les *pentacrinites* remplissent souvent de leurs débris (entroques) des couches entières, formant un calcaire *pentacrinitique*. Les échinides, comme les *cydaris* et *diadema* sont en quantité moindre; les stellèrides comme *asterias* ne se rencontrent, que dans des couches inférieures. Les brachiopodes, comme les *terebratula*, *rhynchonella spirifera*, et quelques autres, représentés seulement par 36 espèces sont visiblement en décadence. Mais les conchifères comme les *gryphaea*, *plicatula*, *pecten*, *lima*, *posidonomya*, *inoceramus*, *avicula*, *cardinia*, *nucula*, *leda*, *mytilus*, *photodonya*, *astrate*, et tant d'autres représentés par 221 espèces, ont peuplé en telle abondance les mers de cette formation, que leurs coquilles emplissent des couches entières, et donnent leur nom au calcaire. De même les céphalopodes représentés par 227 espèces, parmi lesquelles les *belemnites* et *ammonites* tenant la première place, ont emprunté leur nom au calcaire. Parmi les crustacés, *l'Eryon Hartmani* est digne d'être noté. On a trouvé 70 espèces d'insectes appartenant aux *coléoptères* et *hyménoptères*, dont 58 représentent des scarabées.

Les poissons en 132 espèces offrent une grande richesse dans l'étage supérieur, specialement les genres *tetragonolepsis*, *dapedius*, *semionotus*, *lepidotus*, *euganthus*, *pachycornus*, *phylidophorus*, *leptolepis*, *ptycholepis* etc. En général les *hétérocerques* ont cédé la place aux *homocerques*. Ce sont eux probablement, qui ont engraissé les roches de matières bitumineuses.

Enfin on trouve 40 espèces de reptiles dans les schistes bitumineux de l'étage inférieur et supérieur, appartenant aux genres: *ichtyosaurus*, *plesiosaurus*, *teleosaurus*, *pterodactylus*, *mystriosaurus*, *macrospondylus* et *pelagosaurus*. Leurs squelettes entiers sont rares; plus souvent on trouve leurs débris, tels que les os séparés, vertèbres, dents et coprolithes; ces derniers forment des couches entières, ce qui suffit pour nous donner une idée de leur énorme quantité et de leur voracité. En général, le démembrement de leurs squelettes prouve, que les sauriens n'ont subi aucun cataclysme dévastateur, qui aurait dû clouer leurs corps entiers à l'endroit de la catastrophe.

Formation oolithique.

1. Je donne le nom d'oolithique à cette formation parce qu'on y recontre en abondance le calcaire clair, le calcaire ferrugineux plus ou moins brun, ayant une texture oolithique ou lenticulaire nommée *pysolithe*. Cette dénomination était usitée chez les géologues Anglais: *the oolithe systeme*, et il est à regretter d'un côté qu'elle ait

été rejetée par les géognostes du continent et remplacée par *jura brun* et *dogger ;* d'un autre, que les savants anglais l'aient étendue aux couches supérieures où le caractère oolithique est moins saillant. On oppose comme objection à cette dénomination qu'on trouve la structure oolithique dans les autres formations. Mais on pourrait faire la même objection à celle de la formation houillère, parce qu'on trouve la houille dans les formations supérieures.

Une autre caractéristique singulière de cette formation, c'est que la plus grande partie des roches dont elle se compose, est plus ou moins colorée par le fer. Cette coloration passe par tous les degrés, depuis le jaune clair et le brun clair, jusqu'au brun rouge et au brun foncé. C'est que probablement le fer a dû être transporté avec les autres particules sédimentaires par l'action neptunique. Pourtant il y a de très graves motifs d'attribuer en plus grande partie la présence de ce métal à l'origine immédiate de l'intérieur du globe, sous forme de vapeurs métalliques. L'accumulation du fer en quantité digne d'une exploitation, indique son origine du milieu terrestre, comme source métallifère. Ma supposition trouve un appui dans cette circonstance, que le fer se trouve souvent à l'état de sulfure. D'ailleurs cette formation présente des preuves évidentes d'une énergique action plutonique. On trouve le calcaire compacte changé en marbre; ce métamorphisme exige une haute température. On rencontre assez souvent des lits de houille, dont la formation dépend d'une forte action plutonique. Enfin ce qui corrobore ma supposition, c'est que le grès a souvent un ciment quartzeux, et qu'on rencontre *la chalcedone* et *le hornstein;* (quartz-agate grossier. Dufrénoy. T. II, p. 146).

La présence de la silice en masse concrétionnée militerait plutôt en faveur d'une violente action plutonique, que la présence d'un trachyte, qui a pu se former à une grande profondeur, et s'élever lentement au courant d'un million d'années, tandis que le minerai de quartz nous rappelle toujours un *Geiser*. Le grès et l'argile proviennent de la démolition des rivages par les vagues, de la decomposition par les atmosphérites, et de l'atterrissement des molécules par les eaux courantes. Le calcaire doit son origine tantôt à l'influence vitale des êtres organiques sur l'eau marine, tantôt à leur mort. La prépondérance énorme des deux premièrs dans cette formation nous enseigne, que les terrains d'alors quoique moins spacieux étaient pourtant nombreux; que leurs rivages étaient rongés par les tempêtes violentes, et que les averses ont balayé les terrains, en emportant à la fois les produits de la destruction, pour les déposer comme sédiment au fond de la mer.

Les roches constituantes de cette formation sont le *grès*, *l'argile*, *le calcaire*, *la marne*, *le fer* et *la houille*.

Le *grès* ferrugineux à différente couleur, cimenté par l'argile ou la marne, tantôt dur, tantôt friable renferme du fer oolithique, des morceaux de bois carbonisé, rarement de l'ambre jaune. Cette circonstance indique l'antiquité de cette résine. Le grès brun à petits grains, coloré par le fer hydraté, mou, durcit dans l'atmosphère. Le grès gris, foncé, presque noir ressemble à la *grauwacke* et au *quartzite*. Le grès blanc, clair est quartzeux. Au lieu du grès on trouve souvent du sable blanc, jaune, verdâtre et glauconitique. Le grès et le sable commençant le plus souvent cette formation constituent sa partie essentielle.

Le *calcaire* tient la seconde place après le grès dans cette formation. Sa structure est en grande partie oolithique, mais elle est aussi schisteuse, lamelleuse se laissant couper en tables; ou compacte et cristalline, à cassure saccharoïde. Ses variétés sont: *calcaire oolithique brun*, ou *oolithe ferrugineux*; *calcaire oolithique blanc*, mou se laissant couper à la scie; *calcaire oolithique blanc à grands globules* ou *pisolithe*; *calcaire crinoïdine*, cristallisé en spath-calcaire; *calcaire compacte*, blanc, jaune clair, gris, foncé, noir. *Lumachelle* ou *breccia* de débris de coquilles.

L'argile est rarement pure, se composant alors de terre à foulon; le plus souvent mêlée de calcaire. Elle se change en marne d'une structure schisteuse et d'une couleur jaune, bleuâtre, verdâtre, grise et brune. Quand l'argile est bitumineuse, elle est brune foncée et noirâtre; elle renferme des pétrifications en fer brun et sulfuré, du pyrite et des sphérosidérites.

Le *fer* se trouve sous forme caractéristique de fer oolithique ($Fe^2\ H^3 + Fe\ O$), lenticulaire, brun, foncé en nids, étages et lits dans l'argile ferrugineuse, ou comme sphérosidérite et fer argileux, en globe en rognons dans l'argile.

Le *charbon* se rencontre dans les différents étages de cette formation, associé au grès et à l'argile. Dans les étages inférieurs il provient des plantes marécageuses comme des fougères et équisètes; qui ont conservé leur direction verticale, fournissant un combustible d'une valeur médiocre. Dans les étages supérieurs il présente des lits dignes d'être exploités d'une houille grasse, provenant des *cycadées*, à laquelle Brongniart a donné le nom de *stipit*.

Toutes les roches plus haut indiquées, superposées sans aucun ordre déterminé et d'une puissance très variable dans les localités différentes, représentent cette formation, qui a été partagée par les géognostes en trois étages, *inférieur*, *median* et *supérieur*.

Pour prouver que cette division n'a pas de base solide, j'ajouterai que quelques savants distingués enregistrent les couches inférieures de cette formation dans la formation précédente.

Les savants n'ayant pas trouvé de base solide pour déterminer les limites des étages par la pétrographie, ont eu recours à la paléontologie. Laissant cette pénible entreprise aux savants géognostes, je me contenterai d'indiquer les caractères principaux des êtres organisés. Les fucoïdes se trouvent de préférence dans les grès des couches inférieures et supérieures: *caulopteris*, *chondrites*, *sphaerococcites*; plus rarement dans le calcaire *caulopteris*, *halymenites*. Cette circonstance indique une double inondation, et un double soulèvement du fond au dessus des eaux, à un intervalle considérable. Les plantes marécageuses et terrestres sont représentées par les fougères, les *calamites*, les equisétites, les cycadées et les conifères. Plus rarement on rencontre les *isoëtes*, les *lycopodites*, les *liliacées* et les *pendanées*. Elles forment des lits de houille susceptibles d'exploitation dans les grès, le calcaire et l'argile. Les troncs des conifères sont souvent pétrifiés.

La faune nous offre une quantité plus notable d'amorphozoaires, de spongiaires, de foraminifères, de coraux et de bryozoaires. Ce qui prouve, que les tempêtes avaient lieu plus rarement, et que pendant un long temps les eaux ont regagné leur limpidité. Les bryozoaires se trouvent tantôt groupés autour des coraux, tantôt forment des parasites sur les coquilles des mollusques univalves ou bivalves.

Les *échinides* et principalement les *crinoïdes* sont très nombreux; changés en calcaire, leurs entroques forment des assises d'une grande épaisseur et étendue.

Les *brachiopodes*, excepté les *chynchonellas* et les *térébratules* qui sont de vrais cosmopolites, sont en décadence et remplacés par les mollusques bibalves et gastéropodes.

Parmi les céphalopodes, les bélemnites et principalement les ammonites sont les guides de cette formation. Les serpules jouent alors un grand rôle. On a trouvé beaucoup d'insectes dans le calcaire; les plantes étaient donc ornées de fleurs, exhalant une douce odeur et renfermant des liqueurs douces. Les écrevisses se rencontrent plus souvent dans les couches supérieures; cela nous indique une eau douce et courante. On trouve une assez grande quantité de poissons, qui ont laissé leurs ichtyodorulithes, leurs dents, dans le calcaire; ils appartiennent au genre *hybodus*, *strophodus*, *pycnodus*, *ganodus*, *leptocanthus*, *psittacodon* etc.

Les reptiles ont perdu leur prédominance. Comme nous n'avons aucun indice de cataclysmes violents, il faut attribuer leur successive disparition aux changements, qui s'opéraient peu à peu dans le climat, et dans la capacité des bassins de leur habitation. Les reptiles trouvés dans cette formation diffèrent par les genres et les espèces de leurs aînés. A cette formation appartiennent le *megalosaurus Bucklandii*, *teleosaurus cadonensis* et *thaumatosaurus oolithicus*. Les premiers avant-coureurs des mammifères quadrupèdes apparurent. On les a rangés parmi les didelphes. Ce sont les *amphitherium Prevosti*, *amphitherium Broderipii* et *phascolhoterium Bucklandii*.

Quand nous ajouterons à ce tableau quelques coquilles d'eau douce, nous en arriverons à conclure, que pendant cette formation les terrains de l'Europe devinrent temporairement plus spacieux et plus élevés, enfoncés ça et là par des bassins, dans lesquels l'eau douce des petites rivières se déversa.

Formation Corallienne.

J'ai donné la dénomination de *corallienne* à cette formation, parceque les polypiers, les spongiaires, les foraminifères par leur parenté avec les bryozoaires, ayant atteint leur maximum de développement, formèrent des bancs et des récifs de coraux, qui ensuite poussés en haut par l'expansion centrale nous présentent les chaînes imposantes de montagnes nommées *Jura*. La formation corallienne diffère de la précédente par la prédominance du calcaire clair et de la marne calcifère, tandisque le grès, le sable et l'argile jouent un rôle subordonné, en intercalant les assises de calcaire de leurs lits d'une puissance modérée.

La géotecthonique de cette formation nous démontre qu'une inondation a submergé les terrains de l'Europe, qui existaient avant et qu'une température élevée, le calme et la limpidité des eaux ont favorisé le développement des animaux infiniment petits.

Le calcaire est souvent associé à la dolomite contenant des cristaux de gypse. L'un et l'autre renferment des excavations de grandeurs différentes et même de spacieuses cavernes. Comme ces cavernes communiquent à des fentes et à des fissures, elles nous portent à en déduire, que tout ce sédiment s'est déposé dans une lagune circonscrite ou dans un lac salé, où les sels de magnésie et de chaux, par l'échange réciproque de leurs acides, et de leurs bases ont formé la dolomite, le gypse et qu'en même temps le sel gemme s'est cristallisé par l'évaporation; mais ensuite l'ébranlement du fond, ou même son élévation séculaire a déchiré les roches contenant le sel gemme, en formant des fentes et des fissures, à travers lesquelles l'eau en pénétrant a dissous le sel gemme, au lieu duquel sont restées des excavations et des cavernes.

Les grès, le sable et l'argile en quantité subordonnée nous enseignent que grâce au calme, les eaux n'ont pas rongé les rivages des îles petites et dispersées. La houille, les matières bitumineuses et le fer se trouvent en quantité moindre. Ce dernier fait nous prouve, que les émanations des vapeurs métalliques étaient alors exceptionnelles.

Pourtant le grès quartzeux, la chalcédoine, la pierre à fusil et le calcaire sphéroïde quartzeux trouvés dans l'argile à *madrépores avec chailles* prouvent, que l'eau très chaude et saturée de silice jaillissait à plusieures reprises et d'une profondeur notable au courant de cette formation. C'est sans doute elle qui a participé à la lixiviation du sel gemme.

Le calcaire présente des variétés différentes. Le calcaire compacte, blanc ou jaune clair, rougeâtre et gris, souvent morcelé et collé ensuite, nous offre une espèce de conglomérat ou plutôt de breccias. Ceci nous indique, que des secousses ont ébranlé ce terrain; pourtant le calcaire compacte ayant une structure schisteuse se laisse couper en tablettes. Le calcaire compacte gris foncé, ou noir est souvent bitumineux. Le calcaire oolithique clair, dont les globules ont une grosseur différente, quoiqu'il soit quelquefois schisteux ne renferme pas de fossiles;

cela nous indique, que son origine n'est pas sédimentaire, mais qu'il provient de la pétrification, comme le calcaire spongiaire provient de la pétrification des amorphozoaires. Le calcaire corallien forme des récifs de coraux, petrifié souvent en spath ou en silice. La *lumachelle* et le *calcaire saccharoïde* ont une texture cristalline. La *marne* compacte ou schisteuse d'une couleur grisâtre ou bleuâtre forme souvent le ciment du calcaire.

Le *grès* occupe la seconde place dans cette formation, il est quelquefois ferrugineux, renfermant des rognons de *hornstein*, ce dernier ressemblant à la pierre à fusil est amassé en lits. Le grès est parfois remplacé par un sable vert glauconitique.

La *dolomite* pauvre en fossiles, accompagnant en quelques localités le calcaire, tranché par des fissures, renferme des cristaux de gypse et des cavernes.

L'oolithe et le *pisolithe* ferrugineux remplissent le plus souvent les fissures et les fentes. Cette circonstance nous enseigne, que les ovipares ont cherché des lieux tranquilles et protégés de toutes parts, pour déposer leurs oeufs, en les préservant de la voracité des ennemis; mais un plus grand ennemi, l'eau ferrugineuse et probablement chaude les empêcha d'éclore, en les changeant en oolithe ou pisolithe ferrugineux.

Combustibles des plantes terrestres: la houille et le lignite sont très rares; le peu qu'on en trouve ne révèle aucun caractère végétal, c'est pourquoi quelques savants attribuent leur origine aux êtres animaux, qui ont donné naissance à l'asphalte.

Toutes ces roches citées plus haut, superposées et alternantes sans ordre déterminé ont une puissance, qui dépasse quelquefois trois cents mètres et dont la plus grande partie appartient au calcaire. Pour faciliter l'étude de cette formation on l'a divisée en trois étages: inférieur, médian et supérieur, et même en six étages. Cette division dépassant le cadre de mon ouvrage appartient au domaine de la géologie locale.

Quand aux fossiles, cette formation est pauvre en règne végétal et très riche en règne animal. L'inondation des terrains s'étant très étendue, les plantes sont pour la plupart marines.

En fait de fucoïdes, on trouve des *halymenites*, *chondrites*, *spherococcites*, *munsteria*, *codites* et *caulerpites*; on enregistre les derniers parmi les conifères. Les plantes terrestres plutôt marécageuses ont été transportées par le courant, ce sont: les *sphenopteris pizolilites*, *anthrotaxites*, *odontopteris*, *pecopteris*, *Nillsonia* et *pterophylla*. Les troncs des cycadées et les fruits, les *carpolithes* se rencontrent à l'état de pétrification.

La faune nous donne le tableau général suivant. Les *amorphozoaires* forment dans l'étage médian des assises pétrifiées de calcaire spongiaire; à ce genre appartiennent les *scyphia*, *cnemidium*, *tragos*, *manon*, *achilleum*. Les polypiers concourent avec les précédents en abondance. Entre autres prédominent les genres *astrea*, *antophyllum*, *lithodendron*, *agaricia*, *maeandrina*, *sarcinula*, *columnaria*, avec lesquels sont entremêlés les bryozoaires *ceriopora*.

Les échinodermes enrichissent cette formation après les spongiaires et les coraux.

Les crinoïdes sont représentés par les *eugeniacrinus*, *pentacrinus*, *apiocrinus*, *rhodocrinus* et *solanocrinus*; les astérides par *comatula* et *ophiura*; les échinides par *cidaris*, *hemicidaris*, *diadema*, *echinus*, *discoidea*, *disaster* etc.

L'abondance des échinides indique la profondeur des eaux. Des branchiopodes les *terebratula* et *rhynchonella* douées d'une *vita tenax* se trouvent en abondance, les autres n'apparaissent que très rarement.

Les conchifères sont représentés par une multitude de genres, d'espèces et d'individus comme *ostrea*, *pecten*, *panopaea*, *pholodomya*, *diceras*, *astarte*, *pleuromya*, *ceromya*, *gryphaea*, *lima* et *trigonia*, qui donnent une nouvelle preuve de la haute mer.

Le genre *nerinea* prédomine parmi les gastéropodes, tels que *pterocerus*, *chemnitzia*, *natica*, *pleurotomaria*, *trochus*, *turbo* et *rostellaria*.

Les céphalopodes sont en décadence, principalement les ammonites dans les étages supérieurs; le *belemnitus hastatus* et *nautilus aganiticus* sont caractéristiques pour cette formation avec le genre *d'aptychus*.

Parmi les articulés, les écrevisses: *mecochirus*, *eryon*, *glyphea* et *prosopon* sont ensevelies dans le calcaire, accompagnées de la *serpula*. Comme les terrains étaient petits, les insectes deviennent rares, il est probable que les plantes ornées de fleurs ont presque disparu.

Les poissons se montrent en grande multitude. Beaucoup d'entre eux ont laissé des empreintes entières parfaites; d'autres ne nous ont laissé que des dents, des écailles et d'autres parties de squelette. 56 espèces différentes de poissons se rencontrent dans le calcaire schisteux de *Solhofen*, comme *caturus*, *leptolepis*, *tharsis*, *pachycornus*, *megalurus*; dans l'argile de *Kimmerridge* on trouve les espèces: *ischyodon*, *asteracanthus*, *microdon*, *gyrodus*, *sphaerodus*, *sphenodus* etc. Cette circonstance est d'une haute valeur, parce qu'elle nous indique, que l'origine non seulement des espèces, mais même des genres dépend uniquement d'influences locales et mystérieuses, qui jusqu'à présent sont pour nous cachées.

Des reptiles, les sauriens commencent à disparaître, excepté les *pterodactylus* et *rhamphorynchus*; les *geosaurus*, *plesiosaurus* et *machinosaurus* deviennent plus rares. On pourrait en conclure, que le reste des sauriens habitant les bas-fonds des baies et les environs des marais, dont l'étendue a successivement disparu, y trouvèrent la mort.

On ne trouve pas de traces de quadrupèdes terrestres, parce que l'étendue de la terre ferme était alors très circonscrite.

En général, nous voyons que la géographie, l'hydrographie et le développement des êtres organisés étaient au courant de cette formation en complète harmonie, et que l'un explique l'autre.

Formation houillère supérieure (wealden).

1. Le nom anglais *wealden*, qui pourrait être traduit en français par *forestier* désigne, la formation au courant de laquelle les forêts, en se dépouillant périodiquement de leur feuillage, ont entassé une abondance de terreau et d'humus, qui mêlés à l'argile servent de nos jours comme engrais pour fertiliser les champs sablonneux ou calcaires. Cette condition présente d'elle même le caractère général de cette formation et indique, que si la formation précédente corallienne, prenant naissance dans la profondeur des eaux, est un produit marin, le wealden placé très souvent sur la précédente s'est formé au dessus du niveau de l'océan et a présenté, j'ose le dire pour la première fois, une terre ferme proprement dite, un continent couvert d'une végétation terrestre, offrant asile et nourriture aux premiers mammifères quadrupèdes. Si

nous ajoutons qu'elle abonde en houille, qui ressemble à celle de la formation houillère, nous serons forcé d'avouer que des cinq formations de la troisième époque décarbonisante c'est elle qui dévoile le mieux ce caractère.

2. La ressemblance avec la formation houillère devient encore plus frappante par cette double raison:

a) Que toutes deux se distinguent par l'alternance plusieurs fois répétée des couches terrestres, carbonifères et des atterrissements superposés remplis d'êtres qui habitent les eaux.

b) Que toutes deux témoignent d'une grande énergie de l'expansion centrale, parceque leurs couches se caractérisent par des déviations de la position horizontable à tel point, qu'elles ont souvent acquis une direction verticale ou même renversée.

Cette formation par rapport à son étendue, de mieux en mieux étudiée, mérite un meilleur sort que celui qu'elle a eu. Plusieurs savants en effet, l'ont réduite en lambeaux inférieurs, relégués par eux dans la formation corallienne et supérieurs, comptés dans la formation crétacée; et ils ont refusé de lui donner le nom d'une formation particulière, parce qu'elle est très limitée. Pourtant prenant en considération, qu'excepté les formations les plus anciennes et les plus profondes, qui ont toujours une grande étendue, toutes les formations plus jeunes, commençant par la houillère sont plus ou moins limitées et insulaires, et que leur extension dépend tantôt de l'empiètement des eaux sur les terres, tantôt de l'exhaussement du fond au dessus du niveau des eaux, nous donnerons alors une position à part à cette formation dans la géotechtonique terrestre. Elle le mérite d'autant plus que ses terres fertiles abondent en houille compacte et en coquilles d'eau douce, mêlées aux êtres marins. Enfin que l'apparition des quadrupèdes terrestres trahit une élévation évidente du sol au dessus des eaux.

3. Je vais présenter un tableau succinct de cette formation le plus développée on Angleterre et en Allemagne; là n'ayant qu'environ 300 mètres de puissance, elle est plus circonscrite; ici elle dépasse 400 mètres en puissance, ayant une expansion plus grande. Toutes deux présentent trois groupes de roches caractéristiques.

a) L'étage inférieur consiste en calcaire alternant avec la marne et l'argile bleuâtre, déposés dans un terrain à plusieurs reprises exhaussé et inondé. Dans l'argile on trouve des troncs verticaux de conifères et de cicadées petrifiés. Le calcaire brun contient des coquilles d'eau douce, comme *cypris*, *limnaeus*, *volvata*, *planorbis*, *cyclas*, *paludina*, *cyrena*. Pourtant l'afflux d'eau marine a apporté les *ostrea*, les *serpules*, le *cardium*, les *échinodermes*. Parmi les poissons on distingue les *lépidotus* et *microdon*; parmi les reptiles les *macrorhynchus* et les *chéloniens*. Nouvellement on a découvert dans cet étage 14 espèces de mammifères quadrupèdes, qui ont péri évidemment par l'inondation.

b) L'étage médian sablonneux contient du sable, des galets, du grès ferrugineux brun, et même des conglomérats; on y trouve le lignite formé de fougères. Les débris animaux consistent en *unio*, *cyclas*, *paludina*, *cyrena*, *melania*, en dents et écailles de *Lepidotus Mantelli*; en carapaces de *trionyx* et *emys* et en squelettes de *megalosaurus*, *plesiosaurus*, *hylaeosaurus* et *d'iguanodon*. A la formation de cet étage ont contribué évidemment les averses, qui ont inondé et balayé les petits continents, en emportant les êtres organiques dans le bassin.

En Allemagne, il est riche en lits d'une houille noire, grasse, bitumineuse et luisante, qui ne le cède pas à la meilleure qualité de la formation houillère, étant formée de cycadées, conifères, pinites et autres plantes arborescentes.

c) L'étage supérieur est argileux, bleuâtre et gras; on y trouve des *cyclas*, *poludina*, *melania*, *cypris* etc. C'est un sédiment qui se précipita, et s'accumula lentement sur le sable et les galets, qui étant plus pesants formaient l'étage précédent.

Toute cette formation s'est accrue évidemment par les exhaussements successifs du fond, qui ont produit une augmentation sensible du globe terrestre.

Formation crétacée.

1. La crétacée étant la dernière formation de la troisième époque décarbonisante, mérite non moins d'y être rangée par l'énorme quantité de calcaire déposé alors, par sa végétation visible et supposée au courant de sa durée, et par l'absence absolue de tout vestige d'une action volcanique désoxydante. Bien qu'elle doive son nom à la craie, qui pour la plus grande partie forme sa couche culminante, elle se compose d'une série de couches pétrographiquement différentes, alternantes ou inter-

calées les unes dans les autres. Les parties prédominantes des couches mentionnées sont: la silice, l'argile et la chaux dans lesquelles sont intercalés et englobés, le fer, le zinc, le phosphate de chaux et les dépouilles organiques.

2. Avant d'étudier ces parties quant à leur origine, pour pouvoir nous faire une idée de l'histoire de cette formation par rapport à la géogénie, il faut prévenir le lecteur, que les géognostes les plus distingués ont groupé les couches composant cette formation en cinq étages de bas en haut; ce sont les suivants:

I. Conglomérats, grès, sables glauconitiques inférieurs.

II. Argile, argile schisteuse souvent glauconitique;

III. Conglomérats, grès, sables glauconitiques supérieurs;

IV. Marnes;

V. Craie proprement dite avec pierre à fusil.

Les Anglais ont désigné les étages pétrographiquement.

I. Loower greensand. II. Gault and speetonclay. III. Upper greensand. IV. Chalk-marl. V. Loower and upper chalk.

Les Français leur donnent, des noms latins, empruntés aux localités où ils sont le plus complètement formés.

I. Néocomien. II. Aptien. III. Cénomanien. IV. Turonien. V Sénonien.

Ce tableau nous montre d'un coup d'oeil, que le fond de l'océan a été ébranlé deux fois par une action plutonique unie à l'échauffement de l'eau, et qu'après chaque ébranlement a succédé une forte évaporation. Un courant d'eau d'une violence inouie, produit par les averses, provenant des terres récemment émergées s'est précipité vers le large, et en emportant et roulant le détritus dans la mer il déposa un sédiment de molécules minces suspendues dans l'eau sous forme d'argile ou de marne et de cailloux roulés. Nous voyons d'ailleurs, que l'action plutonique en échauffant l'eau a dissous une quantité de silice pour former un silicate ferrugineux vert, nommé *glauconite*.

Voyons maintenant de près les minerais de cette formation.

3. La silice sous le rapport pétrographique nous présente les variétés suivantes:

a) les minerais quartzeux d'une origine ancienne roulés et non cimentés,

b) les mêmes minerais cimentés en conglomérats nommés par les Belges, *tourtia*. Le ciment consiste en calcaire, argile, marne ou silice. Les deux minerais proviennent des ruines des roches plus grandes, tantôt morcelées par l'ébranlement du fond de l'océan, tantôt transportées par l'action des averses;

c) les sables libres, dont les grains ont une grosseur et une couleur différentes;

d) les grès blancs, jaunes, bruns et verts provenant de l'agglutination des sables d'une différente grosseur et dont le ciment est quartzeux, argileux, marneux ou ferrugineux. Les Allemands leur ont donné le nom de *Quadersandstein*.

Ces deux minerais doivent leur origine aux détritus de roches plus grandes, et proviennent toujours de loin, transportés par l'action mécanique de l'eau.

e) Un silicate hydraté de protoxyde de fer et de potasse, nommé *glauconite* renfermant des grains d'une grosseur différente, qui mêlés au sable, au grès, à l'argile et à la marne, leur donne sa couleur verte et le nom de *glauconitiques*.

f) La silice constituant un ciment pour les grès quartzeux.

g) La silice pure sous forme de quartzite, ou de pétrification des plantes en dendrolithes et d'êtres animaux, dans lesquels entrent principalement les amorphozoaires et les polythalmiens, qui donnent naissance à la pierre à fusil.

Les trois dernières catégories indiquent une solution silicatique, plus ou moins concentrée, probablement à une température plus élevée.

4. L'argile en général représente un membre subordonné dans la formation actuelle. Etant d'une couleur gris-foncé ou verte glauconitique, elle forme une masse homogène, nommée par les Anglais *gault* et *speeton-clay*. Comme elle est la partie la plus légère des détritus des roches clastiques, l'argile est transportée de très loin par les courants provenant des terres fermes balayées par les averses. Quand ces averses se furent périodiquement répétées, le sédiment argileux acquit la structure schisteuse. Mêlée en différente proportion à la chaux, elle donne des marnes nommées par les Anglais *calk marl*, par les Français *craie tuffeau* ou *craie chlorite*, par les Allemands *Kreide-mergel*, *Pläner*, *Flammen-mergel* et *Glimmer-mergel*, quand elle est parsemée de molécules micacées.

4. Le calcaire représente une partie prédominante de la formation crétacée; par rapport à son origine et à sa structure, il offre des variétés notables. Le calcaire compacte, blanc, grisâtre, unicolore ou tacheté de veines de

couleur verte, rouge et jaune, provient des détritus des roches calcaires anciennes. Après avoir subi des chocs violents, il est devenu cristallin, avec une cassure saccharoïde. Les sels calciques, comme les sulfates ou les chlorures par l'altération des corps organiques, se sont changés en carbonate de chaux, qui forme la matière pétrificative des êtres organiques de cette formation. Ainsi nous trouvons des calcaires *oolithiques*, *pysolithiques*, *corallins*, les *liimsteen* des Danois, *crinoïdines*, *hippuritiques* etc.

Enfin les carapaces et les tests des animaux microscopiques ont formé une roche nommée *craie*, d'une consistance terreuse, renfermant plus de 10 millions d'êtres dans un demi-kilogramme. La craie est le plus souvent blanche, souvent grise, quelquefois jaune, colorée par des oxydes métalliques.

6. Le fer se rencontre surtout dans les couches inférieures comme pysolithes, oolithes ferrugineuses, sidérite et sphérosidérite. D'après Rivière les minerais de zinc se trouvent dans la formation crétacée en Espagne.

7. La houille forme des strates d'une puissance trop mince, pour servir comme objet d'exploitation; on la rencontre dans les roches quartzeuses, ce qui prouve que les plantes étaient emportées avec les cailloux roulés. Pourtant il y a des couches où la houille s'élève d'un demi-mètre jusqu'à deux mètres et présente d'excellentes qualités. Elle provient des fucoïdes et des algues marines auxquelles appartiennent les *caulopterites*, *munsteria*, *keckia*, *chondrites*, *sphaerococcites*, *cylindrites* etc. Dans la marne et les pierres à fusil on trouve des carapaces de diathomées. Les plantes marécageuses et terrestres sont plus rares, transportées toujours par les averses; ce sont, les *fougères*, les *palmes*, les *cycadées*,

cupressées; plus rarement on trouve des feuilles de *salicinées*, *d'acérinées* et des *carpolithes.*

Outre les plantes grilées en houille, elle présentent des pétrifications en *hornstein*, pierre à fusil, opale, oxyde de fer. Le nombre des plantes monte à 500 espèces.

8. Le tableau pour ainsi dire normal de la formation crétacée, présentée plus haut ne se rencontre que très rarement. Il n'existe peut être pas une autre formation, qui puisse montrer autant de variations de la superposition pétrographique que celle-ci. Là les deux ou trois étages inférieurs font défaut; ici les étages supérieurs manquent complétement, ou bien deux étages du milieu n'existent pas; ailleurs une couche de grès forme l'équivalent de la marne ou du calcaire; dans un autre endroit c'est justement le contraire. De sorte que pour mieux déterminer les étages de cette formation, il faut bon gré malgré avoir recours à la paléontologie. Pourtant je dois avertir le lecteur, que c'est une opération souvent fallacieuse. Les araucarias par exemple, et les kangourous étaient autre fois répandus sur tous les continents; à présent ils se sont retirés en Australie. Il est évident, que les squelettes de kangourous, ou les empreintes d'araucarias, que nous trouvons en Europe sont loin d'être contemporains des mêmes espèces de l'Australie. C'est la somme des conditions ambiantes, qui fait naître ou périr les types organiques. Mais cette somme ne peut jamais être universelle, ni même très étendue, parceque ce n'est pas en harmonie avec les changements successifs des nappes d'eau avec les terres fermes.

9. En parlant de la houille, nous avons en général mentionné les types des plantes les plus répandues de cette formation. Nous n'y ajouterons plus rien, à moins

d'entrer dans des détails, que le cadre de notre ouvrage ne nous permet pas d'aborder. Nous donnerons à présent un coup d'oeil sur la faune de cette formation.

Les *amorphozoaires* étaient très répandus, parceque cette formation est de préférence marine. On les rencontre dans les marnes et la craie pétrifiés en silice ou en spath calcaire.

Les *foraminifères* forment la majeure partie de cette formation, principalement dans le calcaire, la marne et la craie proprement dite. Ils sont même l'élément de la pétrification glauconitique. Cette abondance phénoménale de foraminifères est très explicable. De même qu'un cadavre est dévoré par des millions de vers et d'insectes, faisant la police naturelle pour empêcher le développement pestilentiel, ainsi les géants des dernières formations périssant de faim un à un, sont tombés dans la mer, pour servir de pâture à des millions de milliards de foraminifères pour empêcher la pourriture et l'infection des eaux.

Les *coraux* exigeant une eau limpide, un calme, une température tropicale et une profondeur médiocre ne pouvaient se développer dans les couches de grès, de sable et de conglomérats, qui s'étaient formées dans les grandes profondeurs par un courant d'eau. Mais les calcaires, les marnes et la craie abondent en coraux, ce qui prouve que pendant cette formation la température était encore très élevée.

Des *échinodermes*, les crinoïdes ne sont représentés que par quelques espèces; mais les *échinides* sont caractéristiques pour cette formation et ils indiquent à la fois une profondeur notable des eaux.

Les *bryozoaires* forment une partie essentielle de la craie et de la pierre à fusil.

Les *brachiopodes* n'ont sauvé dans leur décadence que les *terebratula*, *terebratella* et *rhynchonella*. Pourtant les espèces de *megas*, *thecidium* et *crania* sont aussi caractéristiques de cette formation.

Les *rudistes* sont des types singuliers, qui apparurent pour la première fois au courant de cette formation, et ont fini leur existence éphémère avec la crétacée. Par rapport à leur structure, ils sont une énigme pour les naturalistes, parce qu'ils tiennent le milieu entre les coraux et les mollusques bivalves. Leur fécondité est à tel point surprenante, qu'ils forment des couches énormes d'un calcaire rudistique composé de deux espèces des *hippurites* et des *sphaerulites*.

Les *mollusques bivalves* se rencontrent en quantité énorme d'espèces et de genres différents, tandisque les gastéropodes univalves ne sont représentés, que par un nombre d'espèces modéré. Parmi les céphalopodes, ce sont les *ammonites* et les *belemnites* qui ont atteint leur point culminant, pour périr tous à la fin de cette formation. Les ammonites revèlent de grandes déviations de leur forme primitive, c'est à dire au lieu d'être enroulées en spirale sur un plan, elles sont tantôt roulées en foret, tantôt rectilignes, ou recourbées en crochet d'un côté ou des deux côtés. A toutes ces formes différentes on a donné les noms de *crioceras*, *ancyloceras*, *toxoceras*, *scaphites*, *turilites*, *hamites*, *baculites* etc. On rencontre aussi quelques espèces de *nautilus*.

Des *articulés* les crustacés sont moins représentés, que les vermiformes et spécialement des espèces de *serpula.* Cette condition prouve de sa part la profondeur des eaux.

De même les *poissons* n'ont laissé de leurs squelettes que des dents et des écailles éparses; parce que c'est un principe, que plns une formation se développe dans la profondeur des eaux, moins on rencontre de poissons. Cet axiome est encore plus applicable aux *amphibies*, *sauriens*, *chéloniens* et *batraciens*, dont l'existence est liée aux bas-fonds et aux marais d'une profondeur modérée.

C'est pourquoi toutes ces espèces périrent peu à peu au courant de cette formation.

Les *ptérodactyles* qui grâce à leur parachute pouvaient se lancer en l'air, pour s'accrocher aux sommets des roches, ou aux troncs d'arbres, sont probablement les derniers, qui ont survécu au déluge de la mer crétacée. Suspendus en haut, ils épiaient leur proie pour satisfaire leur voracité. Mais les êtres, qui leur servaient de nourriture disparurent les uns après les autres, et les ptérodactyles réduits par la faim, dépourvus de leur force musculaire sont tombés pour se noyer dans l'abîme des eaux.

10. Un monde organique entier a disparu; un monde organique nouveau composé de types tout à fait étrangers devait naître à l'avenir, sur d'autres parages et dans d'autres conditions ambiantes. Mais d'où venaient les moules des nouvelles créatures. Serait-ce la création, qui aurait recommencé a épeler, pour ébaucher les organes un à un et former de nouvelles expressions organiques ? Ou seraient ce des naufragés, qui après avoir longtemps lutté contre des dangers de toutes sortes, auraient heureusement trouvé un asile, dans lequel forcés par des conditions nouvelles, ils auraient changé leur organisation ancienne tout d'un coup, comme un mendiant change ses habitudes, s'il

devenait soudain millionnaire? Mais la nature n'exerce pas le métier de prestidigitateur. Les différences organiques entre les types passés et futurs sont si grandes, qu'il a fallu des millions d'années pour qu'une telle métamorphose progressive pût s'accomplir. Pourtant la chaîne de la création est tout d'un coup rompue; ses deux bouts restent libres, et on ne trouve nulle part les anneaux intermédiaires pour les renouer. Nous voyons donc, que c'est une question très profonde, et un esprit même éminent, doué des vastes ailes de l'imagination et muni du fort parachute de la science peut facilement se noyer, comme le dernier des ptérodactyles dans la profondeur crétacée. Neanmoins, il est hors de doute, que notre globe a tout a fait changé. Climat, hauteur, composition et pression de l'atmosphère; dislocation des eaux et des terres, élévation du sol, organisation des plantes et des animaux et même rotation du globe, tout était autre. L'influence qui a amené ce changement devait être énorme. Cherchons, peut-être pourrons-nous indiquer la cause probable qui l'a produit?

XI

HISTOIRE DE LA LUNE.

SA NAISSANCE, SA VIE ET SA MORT

ÉTABLIES D'APRÈS LES PHÉNOMÈNES TERRESTRES.

> A ce point de vue, les corps célestes apparaissent comme de grandes unités... Ils naissent, vivent et meurent (1).

1. Nous avons décrit l'histoire des changements progressifs du globe, pour ainsi dire sa physiologie, comme conséquence nécessaire de son organisation. Nous n'avons mentionné que légèrement des influences cosmiques qui résident hors du globe. Mais le globe n'est pas un corps abstrait sans relation avec le cosmos, au contraire il représente un membre d'une nombreuse famille avec laquelle il est intimement lié et dont il subit l'influence.

2. Chacune des planètes et des satellites, qui composent notre système solaire a son propre poids spécifique, quoique d'après la théorie de Laplace leur origine soit commune et identique. Il est donc évident qu'au courant de millions d'années, chacun de ces corps a acquis une concentration moléculaire variable, accompagnée d'une émanation de la chaleur latente, qui par elle-même ne pouvait pas être sans action sur ses voisins. D'ailleurs à mesure que par l'agrégation moléculaire les corps célestes

---

(1) Von diesem Gesichtspunkte aus, erscheinen die Himmelskörper als grosse Einheiten... Sie enstehen, leben und sterben.

B. von Cotta. Geologie der Gegenwart. Seite 308.

diminuèrent de volume, leur attraction réciproque changea, je ne dirai pas par rapport à leur force, mais certainement à leur direction visible. Ainsi, par exemple, le verre et un liquide versé dedans s'attirent réciproquement; mais en définitive, ce qui frappe les yeux, c'est le verre qui attire le liquide en le soulevant à l'entour. On peut donc formuler cet axiome, que entre deux corps célestes d'une agrégation moléculaire inégale, le plus compacte manifeste et exerce son attraction sur le moins compacte. Cette vérité se trouve constatée par la marée, comme effet de l'attraction de la lune complètement compacte.

3. L'action réciproque des corps célestes sur leur développement mutuel si concevable qu'elle puisse paraître, est pourtant inabordable. Loin de vouloir la toucher, qu'il me soit permis d'indiquer l'influence sur notre globe d'un corps céleste le plus rapproché de lui, d'un corps qui avec lui faisait autrefois partie intégrante et même jusqu'à présent, comme le pendule l'est d'une horloge, c'est à dire de la lune. J'exposerai avant tout les changements matériels nécessaires, qui ont dû se produire sur la lune; après j'indiquerai l'effet probable de ces changements sur l'existence du globe terrestre.

4. L'analyse spectrale des corps célestes et les analyses chimiques des aérolithes nous apprennent, que le système solaire entier se compose des mêmes éléments primitifs. Partant nous pouvons conclure que ces éléments sont partout gouvernés par les mêmes lois chimiques et physiques sur le modèle de notre globe.

5. Nous avons indiqué plus haut la différence variable du poids spécifique des corps célestes, nous ajouterons qu'il provient de deux causes admissibles.

a) De la différente agrégation moléculaire, c'est à dire de la différente compacité.

b) Que la distribution primitive des molécules plus pesantes n'est pas partout égale; c'est à dire que sur une planète, les métaux pesants prévalent, tandisque sur l'autre, se sont des métalloïdes, les alcalis et les terres, qui sont en prépondérance.

6. La matière de la lune et du globe terrestre formait autrefois un sphéroïde cosmique énorme, dont le rayon excédait la longueur actuelle du centre de notre globe au delà de la route lunaire. Ce sphéroïde par sa rotation sur son axe, se sépara en deux parties; l'une intérieure, qui s'est changée en globe terrestre et l'autre extérieure, transformée ensuite en sphéroïde lunaire. A présent, ce satellite de notre globe forme un corps totalement solide et compacte à tel point, qu'il est même dépourvu d'atmosphère et par conséquent de liquides. Pourtant son poids spécifique ne dépasse pas 3, tandis que celui de la terre est de 5,6. Cette circonstance nous autorise à conclure, que probablement avant la séparation du sphéroïde cosmique en deux parties, les molécules les plus pesantes s'étaient déjà concentrées vers le milieu, pour participer à la formation du globe terrestre; tandisque les molécules plus légères flottaient à la périphérie du sphéroïde, pour faire partie de la lune future. Par conséquent des éléments primitifs, ce sont les métalloïdes, les alcalis et les terres alcalines, qui entrent de préférence dans la composition de la lune. Des métaux il n'y a que les moins pesants, qui se combinent avidement avec l'oxygène, comme le wanad, l'arsenic, le tellure, l'antimoine, le chrome, le zinc, le fer et le manganèse qui forment probablement le centre de la lune.

7. La matière lunaire une fois formée en sphéroïde tournant sur son axe, commença à obéir aux lois de la gravitation vers le centre. Les métaux unis aux métalloïdes: le soufre, le phosphore, le chlore, l'iode, le brome etc., s'accumulèrent au milieu du sphéroïde; les alcalis, les terres alcalines et les terres, après être entrés en combinaison avec l'oxygène, se placèrent au dessus des vapeurs métalliques; l'hydrogène combiné avec l'oxygène entoura comme vapeur aqueuse les combinaisons précédentes; enfin le charbon formant l'acide carbonique et l'azote flottèrent à la periphérie du spheroïde lunaire.

8. Par la compression des couches supérieures, le sphéroïde lunaire devenu de plus en plus compacte, atteignit le minimum de son volume, et dégageant alors une grande chaleur spécifique, la lune était brillante de sa propre lumière. Sa chaleur intérieure agissant en force expansive, rompit l'action comprimante des couches superposées et la lune commença à croître. Tournant ensuite autour de son axe, et circulant autour du globe terrestre pendant d'incalculables millions d'années, la lune perdit dans l'espace peu à peu de sa chaleur et de sa lumière, au point de devenir un corps sombre.

9. Dans sa masse alcali-terreuse se formèrent des silicates, qui par l'attiédissement successif et la pénétration de l'eau de l'océan se changèrent en une couche plastique, qui subit les mêmes vicissitudes, que la couche plastique terrestre, tourmentée qu'elle était de deux côtés, par la pression de l'extérieur et par l'expansion centrale. Avec la progression du refroidissement, l'océan de la lune précipita de sa solution une quantité de silicates cristallins; plus tard une autre quantité de silicates décomposés par

l'acide carbonique forma de grands dépots sur le fond de l'océan.

Par la transformation des silicates en carbonates, l'atmosphère lunaire commença à diminuer de poids. Enfin la température était tellement modérée qu'une époque survint, pendant le cours de laquelle une vie végétale apparut; qui décomposa l'acide carbonique en charbon et en oxygène, et en s'assimilant l'azote pour former le protoplasme, elle amena un nouveau déchet de l'atmosphère lunaire. C'était donc une période décarbonisante.

10. La lune actuelle tourne une fois autour de son axe dans le cours de 29 jours et demi-terrestres. Il est inadmissible qu'une différence notable de rotation ait existé dans ces temps reculés. Donc chaque point de la lune reste plus de 14 jours et demi exposé aux rayons solaires, et pendant autant de temps il est dans les ténèbres.

Etant donnée cette condition, le climat de la lune ressemble à peu près à celui des régions polaires du globe terrestre, où les jours et les nuits sont plus longs, et où par conséquent la végétation ne pouvait jamais atteindre un grand développement.

11. Nous supposons que l'abondance de l'acide carbonique de l'atmosphère primitive lunaire, pénétrable à la chaleur lumineuse du soleil, faisait obstacle au dégagement de la chaleur sombre et que cette condition atmosphérique a pu longtemps contribuer à une température élevée de la lune. Mais finalement pendant les époques décarbonisantes plusieurs fois répetées, l'atmosphère peu à peu dépourvue d'acide carbonique, perdit cette qualité; et la chaleur solaire, qui pénétra et échauffa le sol lunaire pendant 14 jours et demi, rayonna vite dans l'es-

pace pendant les 14 jours et demi de ténèbres, en amenant un abaissement de température funeste à la végétation.

12. Ces deux conditions; les ténèbres prolongées et le froid si souvent alternant avec la chaleur, peu favorables à toute vie, nous indiquent que la vie organique en général et spécialement la végétation n'étaient que très médiocrement développées. Des végétaux, il n'existait probablement que les types inférieurs, sans fleurs, sans parfum, sans fruits et qui se reproduisaient par leurs boutons détachés. Il est à peine admissible, que des animaux même inférieurs aient vécu dans la lune. J'ose même être d'avis que l'azote qui est indispensable à l'organisme animal, et qui sur notre globe forme un diluant de l'oxygène, pour modérer son action pendant la respiration, faisait défaut dans l'atmosphère lunaire comme un superflu, parce que les animaux ne l'habitaient pas, ou du moins que sa quantité nécessaire à la végétation inférieure n'était, que très restreinte.

De sélénites qui ont du bâtir des forteresses dans la lune il n'en faut pas même parler. La Sagesse qui a calculé d'avance, que l'éternité de la vie lunaire serait moins longue, que celle des autres corps célestes, n'y aurait pas créé des êtres doués de sentiment et de raison pour si peu de temps.

12. Quoi qu'il en soit la primitive végétation aquatique a peu à peu détaché le carbone et l'azote de l'atmosphère lunaire, en lui laissant l'oxygène plus léger. Pour cette raison l'expansion centrale prit son élan et exhaussa le fond de l'océan, jusqu'à ce qu'il apparût au dessus de son niveau en croûte ferme, plùs on moins étendue et élevée. Sur les nouveaux terrains, une végétation qui leur

était conforme prit racine, pour participer à la décomposition ultérieure de l'acide carbonique, et à la diminution du poids de l'atmosphère, à tel point que l'expansion centrale rompit la croûte solide et l'action volcanique commença l'oeuvre de la désoxydation atmosphérique. Car selon toute probabilité, les volcans lunaires lancèrent une quantité de vapeurs métalliques parmi lesquelles les sulfures métalliques se trouvèrent en abondance, lesquels incorporant l'oxygène soit comme acide sulfurique, soit comme oxydes métalliques diminuèrent peu à peu la quantité de l'atmosphère lunaire. Les éruptions volcaniques lunaires mentionnées ne sont point un produit de l'imagination, mais une nécessité constatée par les observations astronomiques analogues. On a rangé les étoiles fixes en 20 catégories. Il arrive que les étoiles, qui par leur éclat n'appartiennent qu'à la 12-e catégorie, commencent à briller d'une lueur croissante et après avoir atteint l'éclat de la huitième catégorie, perdent peu à peu leur éclat, pour revenir à la douzième. Il arrive même que dans le firmament apparaît tout d'un coup une nouvelle étoile luisante, dont l'existence n'est qu'éphémère, parce qu'après un temps plus ou moins long, elle s'éteint sans laisser de trace de son existence. Ces deux phénomènes ne s'expliquent que par des éruptions volcaniques temporaires sur les étoiles fixes ou sur leurs satellites sombres.

14. A chaque éruption volcanique le déchet de l'atmosphère augmenta, donnant libre carrière à l'expansion centrale de pousser le fond de l'eau en haut, de faire surgir de hautes montagnes vomissant des matières inflammables. Il est impossible de déterminer combien de millions d'années a duré dans la lune l'époque antévolcanique et volcanique, mais on peut sûrement les compter

par plusieurs centaines de millions d'années, sans commettre une faute notable dans le calcul.

15. L'action décarbonisante d'un côté et désoxydante de l'autre, a amené une si grande raréfaction de l'atmosphère lunaire, que toutes les eaux commencèrent rapidement à s'évaporer, et par cette évaporation elles ont produit un abaissement rapide de la température, comme nous le voyons dans la fabrication de la glace artificielle. Les eaux évaporées retombèrent en glace et en neige et l'agonie de la lune commença. Une végétation chétive, rabougrie a depuis péniblement existé pour décomposer le reste de l'acide carbonique, le feu volcanique s'enflamma encore de temps à autre, pour brûler le reste de l'oxygène; mais le dernier lichen s'est durci, la dernière goutte d'eau se cristallisa, et la dernière flamme volcanique disparut; non par le manque de combustible, mais par le défaut absolu d'oxygène. La lune devint un cadavre céleste sans vie, sans atmosphère, sans liquide et sans feu. A celui qui fera des objections à cette conjecture sur la lune, je répondrai par les mots d'un grand naturaliste et philosophe B. de Cotta. ,,Le naturaliste ne connaît pas le doute, il voit partout la nécessité. Chaque phénomène est pour lui le résultat normal des lois naturelles".

16. L'état actuel de la lune affirme le mieux son passé. Le volume de la lune est 49 fois moindre, que celui de la terre et sa masse 88 fois plus légère. Cela nous explique pourquoi son attiédissement et ensuite son refroidissement ont exigé moins de temps, et ses phases de changements successifs ont été probablement plus courtes que celles du globe terrestre.

17. Les montagnes de la lune sont relativement à son volume plus grandes que celles de la terre. Le Tycho atteint une hauteur de 6151 mètres, Newton 7264, Doerfel 7603 mètres. Le plus haut mont Everest dans l'Himalaja atteint 8840 mètres, représentant la 740-ème partie du rayon terrestre, tandis que le mont Doerfel correspond à la 22-me partie du rayon lunaire. Cela nous prouve, que la profondeur de l'océan lunaire, dans lequel se sont formés de si abondants précipités de silicates, de carbonates et d'argile, était relativement à sa masse plus grande, et nous indique en outre que l'expansion centrale lunaire était extrêmement active, puisqu'elle pouvait soulever de si hautes montagnes.

18. Les montagnes de la lune, dont le nombre sur la partie visible s'élève à 50000, ne forment qu'exceptionellement de petites chaînes; mais pour la plupart elles sont isolées, et présentent des cônes volcaniques, comme le Jurullo et le Vésuve. Cela nous montre, que l'élévation des montagnes lunaires était volcanique, rapide, saccadée, comme nous le voyons par le Monte Nuovo, le Jurullo, l'île Julia sur notre globe, et ne s'effectuait pas avec lenteur durant des millions d'années, pour former d'énormes chaînes, dont les pentes nous rappellent l'histoire de plusieurs époques géologiques du globe.

19. La surface de la lune est sombre, seulement les sommets des montagnes sont couronnés d'un blanc pur; ce qui prouve une accumulation de neiges éternelles sur ces sommets. Au milieu de cette blancheur, qui fait un cercle sur les sommets, on voit des trous arrondis, profonds et sombres, qui par leurs formes ressemblent complétement aux cratères des volcans terrestres. Cette découverte prouve que la lune avait jadis une atmosphère, qui a ali-

menté la combustion des matières volcaniques; car sans atmosphère une éruption volcanique devient inconcevable, comme une flamme dans un vide.

20. Les cratères des volcans lunaires sont beaucoup plus grands, que les cratères terrestres. Le cratère du Tycho a 80 kilomètres de diamètre; celui de Copernic 88, celui de Ptolémée 180; tandisque le cratère de *Kilauaea* dans les îles Sandwich, le plus vaste du globe, ne mesure pas même 4 kilomètres. Cela nous prouve que chaque éruption partielle a consommé et solidifié une énorme quantité d'oxygène, en diminuant la masse de l'atmosphère lunaire.

21. Par l'action organique, qui a peu à peu consommé le charbon et l'azote; puis par l'action volcanique, qui a absorbé l'oxygène formant les oxydes et les acides, l'atmosphère lunaire a successivement diminué jusqu'à complète disparition. Cela nous explique pourquoi les rayons solaires, parvenant à la surface de la lune ne subissent aucune réfraction ou déviation de la ligne droite.

22. Quand la raréfaction de l'atmosphère, effet de son déchet, eut atteint un haut degré, tous les liquides quelle que fût leur composition chimique, subirent une rapide évaporation, unie à l'abaissement de la température par laquelle tout liquide se durcit, se cristallisa et se changea en glace et en neige. Avec l'abaissement notable de la température toute vie disparut.

23. Dans l'éternité tout est éternel, c'est pourquoi chaque diminution partielle de l'atmosphère lunaire, jusqu'à sa complète disparition, s'est faite dans un intervalle de temps incalculable et avec elle augmentèrent l'abaissement de la température, la diminution de la lune en voume et l'apparition des fentes étroites, rectilignes, le plus

souvent isolées, rarement entrecroisées, longues de 16 à 200 kilomètres, appelées *rainures*.

24. Je n'ai pas envie de tourmenter l'esprit du lecteur avec des hypothèses prophétiques, pour expliquer l'effet qu'exercera à l'avenir sur notre globe la diminution progressive de la lune en volume. Je laisse cette besogne à un naturaliste, qui vivra quelques millions d'années après nous. Mais je tâcherai de montrer l'effet probable, presque certain que le passé de la lune a eu sur le passé de la terre.

25. L'histoire du globe terrestre exposée dans les chapitres précédents et l'histoire de la lune racontée dans ce chapitre, sont fondées sur la même base; les deux atmosphères enveloppant ces deux corps célestes étaient d'abord plus massives, plus lourdes et d'une composition chimique différente de l'actuelle; mais dans l'espace de quelques millions d'années l'une et l'autre ont peu à peu diminué en masse, pesanteur et composition chimiqe, soit par la force de l'affinité des corps inorganiques, soit par la force vitale des êtres organisés.

L'action de ces deux forces a été suivie d'une série de trois conséquences, logiquement liées l'une à l'autre.

Première conséquence: Les deux atmosphères sont devenues peu à peu plus légères et plus raréfiées et comme couvercles de l'eau, l'ont moins comprimée.

Seconde conséquence: L'eau supportant un moindre poids, commença à s'évaporer, et cette évaporation suivant en proportion directe la raréfaction de l'atmosphère, a diminué la pression de l'eau sur la croûte terrestre, là où cette dernière était couverte par les grands bassins aquatiques.

Troisième conséquence: La croûte terrestre, grâce aux deux conséquences précédentes, obéissant à l'expansion centrale, poussée en haut, forme la terre ferme et les montagnes. On voit que la création se sert des plus petits moyens pour produire les plus grands effets. La raréfaction de l'atmosphère ne se fit pas uniquement par le déchet de sa matière, qui se solidifia en corps solides, parce qu'une autre force, l'attraction des corps célestes y participa.

Il est hors de doute, que la terre et la lune par leur attraction simultanée, soulevèrent, allongèrent et rapprochèrent leur atmosphère réciproque, comme parties meubles; on ne peut nier, que quand ces deux corps célestes étaient entourés de leur atmosphère respective, leur attraction mutuelle s'exerça avec moins d'énergie, parce que l'une contrebalançait l'autre. Mais à mesure, que l'atmosphère lunaire se solidifia de plus en plus, la force d'attraction de la lune vers l'atmosphère terrestre se manifesta et s'exerça avec plus d'énergie; de sorte que la raréfaction de l'atmosphère terrestre se fit avec une vitesse double; parce que sa masse avait perdu de la matière, et en même temps cette masse diminuée occupa un espace de plus en plus grand. Cette théorie seule peut résoudre facilement les plus grandes énigmes de l'histoire du globe, savoir: l'apparition des plus hautes montagnes au courant de la dernière époque géologique; l'époque glaciaire plusieurs fois répétée; le diluvium, et les admirables changements dans l'organisation des plantes et des animaux.

XII

ÉPOQUE DIXIÈME ET DERNIÈRE.

RARÉFACTION DE L'ATMOSPHÈRE PAR L'ATTRACTION LUNAIRE.

> Je dirai seulement que les terres fermes ont constamment gagné en surface par des exhaussements fort lents, quelquefois interrompus çà et là par des affaissements momentanés.
>
> Ch. Cantejean—Géologie—pag. 498.

Les terres fermes et les montagnes s'élevèrent de l'océan à cause de la raréfaction de l'atmosphère, et la diminution quantitative de l'eau par l'évaporation — revue de la raréfaction précédente de l'atmosphère par les voies chimiques et organiques — l'attraction lunaire sur le globe s'accroît par le déchet croissant de son atmosphère — l'élévation des montagnes comme conséquence de cette attraction — construction primitive des montagnes — l'apparition des volcans à cause de la raréfaction atmosphérique — division de cette époque en trois périodes — leurs caractères en général.

Période antéglaciaire.

Tableau synchronique de Charles Mayer — la température diffère en raison de la latitude — énorme évaporation vers les tropiques — énorme accumulation des neiges vers les pôles—pétrographie de cette période—contemporanéité des phénomènes volcaniques, plutoniques et de la formation du sel gemme comme preuves de l'accroissement du globe — abondance de lignite, comme preuve de l'action décarbonisante — énorme étendue des anciens volcans, comme preuve désoxydante de l'atmosphère—flore et faune de cette période.

Période glaciaire.

La neige s'accumule sur les pôles en avançant vers les basses latitudes—elle s'accumule sur les hautes montagnes en avançant vers les vallées — conditions favorables pour la formation d'un glacier — explication graphique de la formation successive des glaciers — abaissement de la température — pourquoi les glaciers ont cessé de se former? — durée de la période glaciaire et étendue des anciens glaciers — remarques sur le

mouvement orogénique et séculaire — la forme primitive des montagnes différait beaucoup de l'actuelle — la vie organique pendant cette période.

Période postglaciaire ou diluvienne.

Traces que nous a laissées la période glaciaire — érosion successive des montagnes par la fonte des neiges — leur abaissement successif — formation des lacs et des grands fleuves — l'existence des glaciers et des lacs actuels est limitée — vallées d'érosion — diluvium — deltas — la période algide a envahi le globe plus d'une fois — tableau représentant une double invasion algide — à l'avenir aucune période algide n'aura lieu — disparition des glaciers et nivellement des montagnes en général — l'alluvion — les deltas — les dunes — les asars en Scandinavie — le limon — le Löss en Allemagne et en Chine — la terre grasse — la flore et la faune — les brèches osseuses — les cavernes osseuses — définition des roches éruptives — leurs caractères explicables — leurs caractères énigmatiques — opinion de Zirkel sur l'origine du granit résultant d'une fusion — conclusions sur les roches éruptives — trois séries chronologiques des roches éruptives, correspondant aux trois grandes périodes géologiques: azoïque, mesozoïque et känozoïque — le tableau chronologique des roches éruptives indiquant leurs poids spécifique et leur quantité de silice — le rôle que jouent les volcans dans l'économie du globe — coups d'oeil sur le genre humain.

1. Je donne à cette époque un sommaire d'une certaine étendue, pour que le lecteur puisse d'un coup d'oeil embrasser le tableau grandiose des forces de la création. Cette époque durant laquelle la température tropicale passa peu à peu à la température glaciaire et ensuite à celle d'à présent, ressemble sous ce rapport au cours d'une année, qui commençant par l'été se refroidirait pendant le printemps vers l'hiver et se rechaufferait pendant le printemps vers l'été. La comparaison sera plus exacte encore, avec le changement de température qu'on observe en montant une très haute montagne pour la descendre après. Ici nous parcourons la route de nos propres pieds, là ce sont les montagnes qui ont parcouru cette route par leurs propres masses.

C'est la dernière époque historique du globe, que je vais décrire; il faut avant de me séparer du lecteur, qu'il soit persuadé de la vérité de tout ce que j'ai exposé jusqu'ici, et de ce que je vais exposer encore succinctement.

La colonne atmosphérique actuelle exerce une pression de 10,000 kilogrammes par mètre carré au niveau de la mer. Nous avons des montagnes qui atteignent une hauteur de 6000 mètres au dessus de ce niveau. Il est évident que quand leurs cimes étaient plongées sous ce niveau, la pression de l'atmosphère devait nécessairement être plus grande. Sous ce rapport tous les géognostes sont d'accord, que l'atmosphère était jadis plus lourde qu'aujourd'hui. Le bassin aquatique qui recélait dans son sein une montagne d'une hauteur de 6000 mètres, avait au moins une profondeur égale. Mais la cime de cette montagne immergée, faisait des milliards d'années auparavant partie unie du fond de l'océan primitif. Donc il est évident que ce fond s'éleva progressivement de la périphérie primitive de la croûte jusqu'à 12000 mètres, formant l'élévation actuelle de la cime, et que la pression qu'exerça sur lui la colonne d'eau unie à la colonne d'atmosphère a diminué des milliers de fois; car autrement l'élévation du fond de l'océan à une telle hauteur reste inexplicable.

2. Nous passerons rapidement sur le passé, pour nous rappeler les moyens simples et compliqués, dont la Sagesse s'est servi pour diminuer peu à peu cette pression.

La loi hydrostatique nous apprend (1) „que la pression en un point du fond ne dépend ni de la forme de

(1) P. A. Daguin. Traité de physique. T. I. p. 149.

vase, ni de la quantité absolue de liquide qu'il contient, mais seulement de la hauteur de ce liquide".

D'après mon calcul (I. 22) la profondeur de l'océan primitif était d'environ 7 myriamètres, mais l'eau en s'imbibant dans sa base, entra en combinaison avec ses parties constituantes, et la hauteur de la colonne d'eau diminua jusqu'à 4 myriamètres. Donc bien que le poids de l'eau imbibée et de l'eau liquide restât la même, néanmoins sa pression était réduite presque de moitié par l'abaissement de la hauteur.

De même l'atmosphère primitive ayant une hauteur d'environ 2 à 3 myriamètres et un poids de 2350 kilogrammes sur un centimètre carré (I. 19, 20, 21), a peu à peu perdu de sa hauteur et de sa pression, par la dissolution dans l'eau de l'océan, la concentration de son acide carbonique gazeux en liquide, et sa pénétration dans cet état dans la profondeur de la croûte plastique (I. 22, 23). La pression diminuée par ces deux causes générales donna l'élan à l'expansion centrale, qui repoussa la croûte plastique dans toutes les directions en augmentant le volume du globe.

Un nouvel agent chimique, la transformation des silicates en carbonates, ayant solidifié une énorme quantité d'acide carbonique diminua le poids, la hauteur et la pression de l'atmosphère. D'autre part, en accumulant de grands précipités localisés, il arriva que l'élévation du fond cessa d'être uniforme, couvert qu'il était de bosses et de protubérances.

Pendant le développement ultérieur du globe la vie organique des végétaux s'est jointe aux influences précédentes, pour diminuer la pression atmosphérique; ils s'assimilèrent le charbon de l'acide carbonique en laissant à l'atmosphère l'oxygène plus léger. Les précipités minéraux, mêlés de molécules charbonneuses formèrent d'énormes roches, qui ont de leur côté augmenté l'inégalité du fond.

La pression atmosphérique sur la surface des eaux diminuant peu à peu par les causes énumérées cessa d'être un obstacle à l'évaporation de l'océan. En présence d'une température tropicale une énorme quantité de vapeur s'éleva en forme de nuages, en diminuant la pression hydrostatique sur le fond, qui était repoussé partout, excepté où le trop grand amas de précipités lui faisait résistance.

Le fond apparut au dessus du niveau des eaux, et déchiré par l'expansion centrale, a donné libre issue aux matières inflammables, qui ont consumé l'oxygène de l'atmosphère en diminuant de nouveau son poids, sa hauteur et sa pression. Dès lors commence une très longue série d'actions décarbonisantes et désoxydantes de l'atmosphère, dont chacune lui enleva d'une part le carbone, de l'autre l'oxygène. Le premier était déposé sous forme de houille, l'autre était solidifié en acides et oxydes de métaux et de métalloïdes. Ces deux actions qui ont appauvri l'atmosphère étaient insulaires, circonscrites et se transportèrent d'un lieu à l'autre, à mesure que le fond de l'océan s'élevant au dessus des eaux forma de petites îles. Plus l'atmosphère devint pauvre, légère et rarifiée, plus l'évaporation des eaux s'accrut, le fond de l'océan supportant dans la même proportion un fardeau moindre, s'éleva de plus en plus. Néanmoins malgré le concours de tant d'agents, l'exhaussement du fond et la formation des terres solides se faisait avec une lenteur excessive, parce que c'est l'éternité qui fonctionnait. L'oeuvre n'était pourtant pas finie. L'atmosphère était encore trop lourde, trop épaisse et trop chargée d'acide carbonique. Elle n'était respirable que pour un plesiosaurus, ou un pterodactylus, mais elle eut été étouffante pour nos poitrines, étouffante même pour un dinotherium. Les petits terrains qui venaient de paraître, commodes pour les didelphes et les rongeurs, eussent été trop étroits pour les grands pachydermes, les ruminants de haute taille et les carnassiers. Il paraît, que les agents fonctionnant alors avaient épuisé leur force. Et voilà qu'un nouvel agent, la lune vient en aide aux précédents. C'est à cette époque en effet, que son influence attractive se révéla dans sa grandeur, et attira pour ainsi dire la croûte terrestre du notre globe au dessus du niveau des eaux.

3. Cette époque se caractérise par trois phénomènes totalement nouveaux; savoir:

I. par l'élévation des montagnes à une hauteur jusqu'alors insolite;

II. par l'accroissement en nombre, étendue et l'activité des volcans à cratère;

III. par les changements de types organiques, qui deviennent de plus en plus semblables aux types actuels.

Nous tâcherons à présent d'expliquer succinctement ces trois phénomènes d'après notre théorie, en nous réservant la description des détails dans la suite de notre ouvrage.

Étant donnée une partie pyramidale du globe *A. B S.*, formée du noyau métallique *N.*, de la couche fondue *F.*, de la couche plastique *P.* et de la couche compacte *C.* La dernière se compose d'une partie solide dans toute son épaisseur *I.* et d'une partie solide renfermant un profond bassin aquatique *Q.*

La pression des couches superposées au noyau *N.* n'est pas égale, parce que la partie *I.* ayant un poids

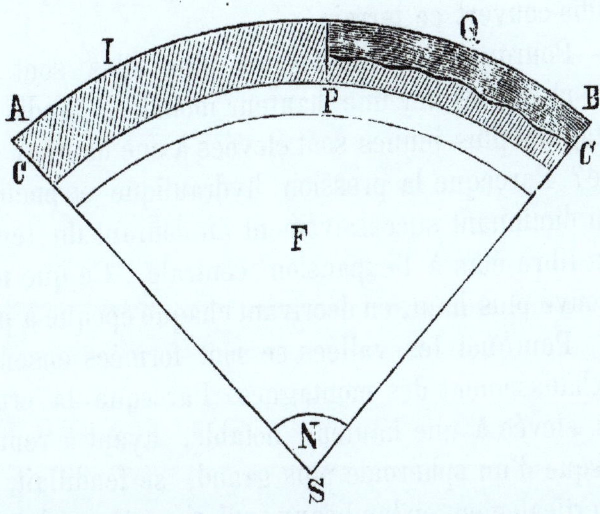

spécifique trois fois plus grand que la partie Q., exerce une pression autant de fois plus grande. Donc s'il arrive un déchet continuel de l'eau par l'évaporation, l'expansion centrale trouvant une résistance de plus en plus petite à *Q.* que partout ailleurs, soulève son fond et érige au courant des siècles une série de montagnes. Voilà la raison pour laquelle toutes les chaînes de montagnes sont sorties de la profondeur des eaux par l'action séculaire de l'expansion centrale, d'où elles apportèrent sur leurs fronts le sceau de leur naissance — les coquilles.

Ma théorie outre qu'elle explique clairement l'orogénie, éclaircit les autres phénomènes suivants.

a) Pourquoi les montagnes se sont élevées plus haut à mesure que la latitude géographique a diminué? Parceque l'évaporation dans les basses latitudes étant plus copieuse, a d'autant plus diminué la pression hydraulique contre le fond du bassin.

b) Pourquoi les hautes montagnes occupent un terrain limité, formant des chaînes? Parceque ce terrain nous présente la forme du bassin aquatique, très profond, qui a jadis couvert ce terrain.

c) Pourquoi les montagnes plus elles sont anciennes, plus elles ont une hauteur moindre, tandis que les montagnes plus jeunes sont élevées à une hauteur considérable? Parceque la pression hydraulique et pneumatique en diminuant successivement au courant du temps, laissa un libre élan à l'expansion centrale. Ce que nous avons prouvé plus haut, en décrivant chaque époque à part.

d) Pourquoi les vallées se sont formées ensemble avec l'exhaussement des montagnes. Parceque la croûte terrestre élevée à une hauteur notable, ayant à remplir un ménisque d'un sphéroïde plus grand, se fendillait, se brisait verticalement en lambeaux, qui s'écartèrent les uns des autres formant *des vallées par déchirures.* Ce que nous avons représenté plus haut par les dessins.

La croûte terrestre est formée d'une série de couches superposées, dont les profondes étant plus anciennes, sont plus dures et plus compactes; mais à mesure qu'elles sont placées plus haut, elles deviennent plus friables et détritiques. Donc quand de la profondeur des eaux s'élève une éminence, une protubérance, que nous appelons haut plateau, ou montagne, elle a à son centre un noyau composé de roches plus anciennes: granit, syénite, gneiss, schiste cristallin, schiste argileux, ardoise etc., et une enveloppe composée de roches plus récentes, formées de sédiments de calcaire, de sable, d'argile, de marne, de conglomérats, de cailloux roulés etc.

Le noyau en s'élevant emporta sur son dos les formations plus récentes; pourtant il arrive qu'il perce les couches moins compactes superposées, en s'élevant au dessus d'elles. Mais à proprement parler, ce sont les dernières, qui en se glissant sur la pente du noyau, s'éboulent, comme nous le représente la figure suivante.

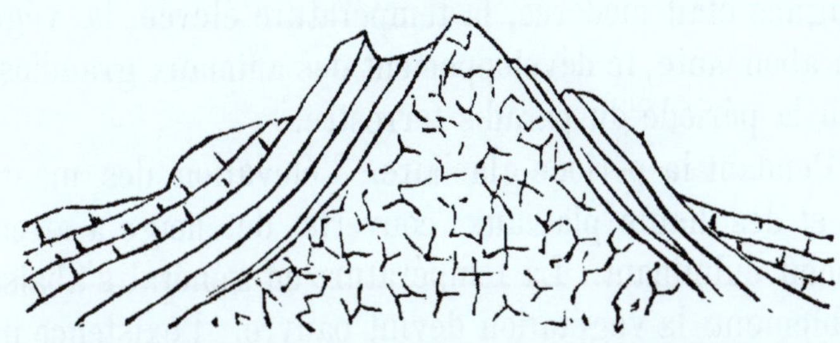

Cette circonstance rend la chronologie orogénique compliquée.

Il arrive quelquefois qu'au milieu du continent un mont s'élève; mais alors il est isolé, et son origine est plus rapide et volcanique, par exemple le *Jurullo*.

Le lecteur comprendra facilement que la configuration primitive des montagnes a beaucoup changé jusqu'à nos jours, par la destruction successive de leurs couches supérieures détritiques. Nous en parlerons plus bas.

5. Les mêmes influences qui ont causé l'orogénie, ont participé à l'apparition, à la distribution et à la véhémence des volcans à cratère, qui se rencontrent le plus souvent près des bords des bassins aquatiques, étant à la fois plus nombreux dans les zones basses. Enfin l'influence de l'élévation du sol au dessus du niveau de l'océan sur la vie organique est si bien connue et constatée, que le lecteur comprendra les changements successifs dans l'organisation des plantes et des animaux, qui devaient avoir lieu dans le cours de cette époque, durant plusieurs centaines des milliers d'années.

6. Cette époque représente trois gigantesques tableaux, et par conséquent se divise en trois très longues périodes: *antéglaciaire*, *glaciaire* et *postglaciaire.*

Au cours de la période antéglaciaire, l'élévation des montagnes était modérée, la température élevée, la végétation abondante, le développement des animaux grandiose. C'était la période du paradis terrestre.

Pendant la période glaciaire, l'élévation des montagnes et des hauts plateaux couverts de neige a atteint son point culminant. La température en général s'abaissa sensiblement; la végétation devint pauvre, l'existence des animaux pénible. C'est la période du combat entre le passé heureux et l'avenir pénible; qui continue jnsqu'à nos jours. C'est le temps du développement des forces organiques.

Durant la période postglaciaire ou *diluvienne* les hautes montagnes et les hauts plateaux commencèrent leur dégradation, par la fonte de la neige et la décapitation des cimes élevées par l'érosion. La température s'éleva peu à peu; du passé organique la majorité s'était noyée dans les vagues diluviennes, et ensevelies dans les sédiments; le reste commença à se modeler et s'accomoder aux vicissitudes et aux opportunités du temps.

A présent passons aux détails.

Periode antéglaciaire.

7. Je désigne sous ce nom ce que les géognostes appellent *formation tertiaire.* On l'a divisée de bas en haut en quatre étages: *éocène*, *oligocène*, *miocène* et *pliocène* fondés sur le nombre croissant des mollusques fossiles, identiques aux actuels. Mais depuis que les recherches ont prouvé, que ce nombre s'augmente toujours, la division mentionnée n'a qu'une valeur historique.

Charles Mayer a fait un tableau synchronique de cette période, représentée par des degrés successifs, ou *facies* de bas en haut, qu'il a désigné par des localités où les couches sont le plus caractéristiques; en indiquant en même temps quelles sont les couches contemporaines pétrographiquement identiques ou différentes, qui se sont formées dans les autres localités. Le tableau suivant de Charles Mayer indique à la fois la puissance de chaque degré.

Tertiaire inférieure			tertiaire supérieure		
1. Flandrien de	100	mètres	8. Aquitanien	3000	mètres
2. Soissonnien	100	„	9. Langrien	1000	„
3. Londres	260	„	10. Helvétique	800	„
4. Paris	300	„	11. Tortonien	300	„
5. Bartonies	1200	„	12. Messanien	300	„
6. Ligurien	300	„	13. Astien	200	„
7. Tongrien	600	„			

La puissance en somme de ces degrés s'élève à 8560 mètres. Supposons que leur élévation se soit faite avec la même lenteur, que se fait l'élévation actuelle de la péninsule Scandinave, presque un mètre par siècle, donc l'élévation des terrains mentionnés exigerait 856,000 années. Selon nous, cette division qui a une haute valeur pour la géologie speciale, est assez problématique et donne une notion très confuse; tandis que la géogénie exige une idée claire et nette.

8. Sous ce rapport nous attirerons avant tout l'attention du lecteur sur la température du globe, qui étant presque tropicale dans les zones tempérées actuelles, s'était considérablement refroidie aux pôles. Ainsi dans les zones tempérés actuelles, même vers le nord de l'Europe

une énorme évaporation devéloppée par une haute température nourrit au début de cette période la plus luxuriante végétation, comme les palmiers, le liquidambar, le cinnamome, au milieu de laquelle les nombreux troupeaux des nouveaux types d'animaux pour la plupart herbivores, séjournèrent, tandis qu'un abaissement sensible de la température vers les latitudes plus hautes a empêché aux coraux de construire des récifs, et en même temps a forcé une quantité de mollusques à émigrer vers les tropiques.

Cette différence de température est d'une haute influence sur le développement ultérieur du globe. L'étendue des terres fermes pendant cette période était beaucoup moindre que l'étendue actuelle. Si la proportion entre les terres fermes, et la nappe d'eau d'àprésent est comme 3 à 8, celle d'alors était probablement à peine comme 1 à 10. Par la raréfaction de l'atmosphère et par la chaleur tropicale, les nuages qui s'élevèrent de ces larges étendues aquatiques, chassés par le courant atmosphérique habituel de ces régions supérieures vers les pôles, y sont retombés en neige. Par conséquent, l'expansion centrale dans les latitudes basses, débarrassée d'une énorme quantité d'eau, poussa le fond de l'océan avec plus d'énergie, tandisque l'accumulation de la neige aux pôles faisant résistance par son poids à l'expansion centrale, maintenait leur aplatissement primitif. De là datent ces énormes amas de glace et de neige aux pôles.—Les grands bassins aquatiques sont des fabriques de rochers, qui après les avoir formés, les poussent en haut, pour les changer en terre ferme. Comme aux époques précédentes, pendant la présente le globe terrestre s'accrut en volume par l'élévation incessante du fond de l'océan, et de même qu'autre fois, à présent l'élévation ne s'est pas faite sur une place sans interruption, mais elle était alternante avec son inondation; de sorte que nous pouvons dire, que le fond de l'océan montait comme un homme qui monte un escalier, posant un pied après l'autre sur une marche toujours plus élevée. C'est ce que nous apprend le tableau synchronique de Charles Mayer.

Voilà pourquoi nous trouvons toujours les couches alternantes, et différentes quant à leur constitution pétrographique et à leurs fossiles; tantôt marins, tantôt terrestres; parce que ce sont des catacombes étagées, recouvertes de terres meubles, provenant de différentes localités, et de différentes roches originaires. Mais comme par les déplacements continuels des eaux, et des terres se formèrent souvent des estuaires, dans lesquels confluèrent l'eau salée et l'eau douce provenant des pluies et des petites rivières (les grands fleuves n'existaient pas alors), voilà pourquoi on rencontre très souvent des coquilles marines et fluviatiles mêlées aux squelettes des poissons, des reptiles, des quadrupèdes et des oiseaux, tombés victimes d'un déluge partiel.

9. Quant à la pétrographie, nous ne pouvons formuler aucune règle. Les matériaux qui ont composé les couches alternantes provenaient des sédiments locaux, formés moins par voie chimique, qu'apportés comme détritus par l'inondation unie au charriage, à l'atterrissement et aux alluvions.

J'indiquerai en général le caractère pétrographique et paléontologique, que nous a laissé cette période, en dirigeant l'attention sur les points saillants.

Les roches principales formant des couches plus puissantes sont: le *calcaire*, le *grès*, la *marne*, les *conglo-*

mérats, les *pierres roulées* et le *sable*. Les roches subordonnées sont le *quartzite*, le *lignite*, la *houille*, le *sphérosidérite*, le *sel gemme*, le *gypse*, *l'ambre jaune*, le *trachite*, le *basalte* et le *tuf*.

Le *calcaire* est marin, grossier et poreux, composé souvent de coquilles marines comme: *nummulites*, *cerithium*, *litorinella*, *turitella*; ou il est amassé dans une plante marine *lithothamnium ramosissimum*· Il est aussi fluviatile et alors peu compacte, marneux, renfermant souvent des coquilles d'eau douce. Il est tantôt clair, tantôt foncé et bitumineux, trouvé dans le voisinage de la houille. Etant quartzeux, il est dur, compacte et renferme la calcédoine, le hornstein et le glauconite.

Le *grès* est en général peu compacte ayant un ciment argileux ou marneux; en Suisse, il est appelé *molasse*. Il renferme des nummulites et d'autres coquilles, et alors il s'appelle *coquillier*. Quand il est d'origine marine, il est *quartzeux*, plus dur, renfermant des parcelles de mica ou de grains glauconitiques.

L'argile le plus souvent plastique et onctueuse; on l'appelle en Autriche *tegel*. Elle est quelquefois schisteuse, et avec les fucoïdes forme l'ardoise; alternante avec le calcaire elle donne le *flysche* ainsi nommé en Suisse. L'argile renferme des septariens (des sillons et des fentes radiés dans l'intérieur), et l'oolithe ferrugineux, alors elle s'appelle *ferrugineuse*.

La *marne* est grise, bleuâtre, mêlée de sable fin, de gypse, de calcaire et de lamelles de mica.

Les *conglomérats* se trouvent assez souvent dans cette formation; leur ciment est le plus souvent sablonneux ou marneux. En Suisse, un conglomérat appelé *Na-*

gelfluhe est très répandu dans les cantons de Lucerne, de Vaud, de Fribourg, de Genève etc.

Le *pierres roulées* de différente grandeur et les *galets* accompagnent souvent les conglomérats.

Le *sable* est tantôt marin, tantôt fluviatile et se distingue par les coquilles qu'il renferme. Il est blanc, jaune, verdâtre, glauconitique, micacé etc.; mêlé de coquilles, il s'appelle chez les anglais *crag*. Le calcaire, la marne, le grès, le sable et les conglomérats très répandus durant cette formation étaient, superposés en couches d'une épaisseur différente, sans ordre déterminé, provenant d'un détritus des roches et des terrains plus anciens; ils se précipitaient les uns sur les autres, selon que le courant d'eau les apportait de différentes contrées, ou selon que les bords élevés au dessus d'un bassin, minés par l'érosion s'éboulèrent peu à peu. Ainsi se sont formés probablement la *molasse* et le *nagelfluhe* en Suisse. Habituellement, les couches sont horizontales et parallèles entre elles, rarement légèrement ondulées, ce qui démontre, que leur élévation était séculaire. Cependant quand elles furent percées par des hautes montagnes, elles entourèrent leur base dans une direction inclinée formant pour ainsi dire, le soulier de leur pied.

Le *quartzite*, le *glauconite* et le *jaspe* appartiennent aux roches de cette époque et nous indiquent l'influence d'une chaleur volcanique, d'autant plus qu'on trouve le jaspe dans le voisinage des trachites, des basaltes et du tuf.

Le *célestin*, le *gypse* et le *spath barithique* nous rappellent la désoxydation de l'atmosphère par la combustion du soufre et la formation de l'acide sulfurique.

Une partie de fer sulfuré décomposé par l'eau forma un oxydule de fer et l'hydrogène sulfuré.

Le premier donna naissance au sphérosidérite, oolithe ferrugineux, argile ferrugineuse etc.; l'autre imbibé dans la marne, le calcaire et l'argile, facile à être décomposé, a laissé des cristaux abondants de soufre en Sicile à Girgenti, Roccalmuto, Grotte, Catolico etc. et en Galicie à Szwoszowice (prononcez Chvochovitsé), bien que dans cette dernière localité, aucune trace ne trahisse l'action volcanique.

L'ambre jaune est une spécialité de cette période dont *Samlande* près de *Königsberg* est la patrie.

Quoique je me sois occupé plus haut de ce minerai, je vais présenter de sa formation de bas en haut l'esquisse suivante (1).

1. Terre bleue, appelée *terre d'ambre*, riche en glauconite, mêlée d'argile et de muscovite d'une puissance de 4 pieds. On y trouve une demi-livre d'ambre jaune par pied carré.

2. Sable mêlé d'argile et glauconite; 4—8 pieds de puissance, sans ambre.

3. Sable vert glauconitique 50—60 pieds de puissance; dans sa partie inférieure collé en grès ferrugineux.

4. Sable quartzeux à gros grain renfermant peu de glauconite et de muscovite; 25 pieds de puissance, contenant 5—10 pieds de glaise.

5. Sable à grain fin, qui embrasse une couche de glaise de 4 pieds et une couche de lignite de 4 pieds; ici on trouve l'ambre en nids dispersés.

6. Sable à grain fin micacé, contenant deux lits de lignite dont le supérieur a 8 pieds, l'inférieur 6 pieds de puissance. Dans le dernier les gros troncs d'arbres sont

---

(1) G. Leonard. Grundzüge etc. Leipzig, 1874, p. 390.

régulièrement placées les uns près des autres. Les plantes qui ont fourni le lignite et l'ambre jaune sont: les *pinnites*, *thuya*, *sequoja*, *taxodium*, *glyptostrobus*, *prunus*, *alnus*, *populus*, *quercus*.

Du régne animal on trouve des pelycipèdes: *ostrea*, *pectunculus*, *cyprinus*; des gastéropodes: *natica*, *fusus*, *tornatella*, et plus de **1000** espèces, appartenant aux *insectes* (diptères), *arachnoïdes*, *myriapodes* et *crustacés*. Cette abondance d'insectes nous prouve, que la végétation était couverte de fleurs odorantes, renfermant du miel.

Le *Sel gemme*. Il est à remarquer que la formation du sel gemme a débuté à deux grandes époques du développement du globe, annonçant deux grands changements des êtres organisés. Pendant la seconde période désoxydante (mezozoïque) ce furent les sauriens et batraciens à quatre pattes qui apparurent les premiers; dans la présente, ce sont les animaux quadrupèdes qui naquirent les premiers. Mais ce qui est plus remarquable encore, ce sont les volcans, qui agissent au courant de ces deux époques. Il est donc évident que les grands changements dans l'atmosphère, la salure de l'océan, et le contour du globe sont toujours parallèles et isochrones avec les changements organiques des plantes et des animaux.

10. La contemporanéité des phenomènes volcaniques, plutoniques et de la formation du sel gemme nous donne une nouvelle preuve de l'accroissement du globe. Parce que la cristallisation du sel gemme étant inadmissible dans une eau profonde, se fit plutôt dans un bassin élevé à tel point, que son bord a dépassé le niveau de l'océan, pour empêcher la lixiviation du sel gemme cristallisé. Mais la géologie nous apprend, que le sel gemme avec son associé le gypse se formait à plusieurs reprises

dans le même bassin, par les couches superposées. Il est donc évident qu'autant de fois le fond de l'océan était périodiquement poussé en haut, et que chaque fois son niveau dépassant les bords du bassin y déversa une nouvelle quantité d'eau saline. Bref la même mécanique de l'élévation partielle et alternante de la croûte terrestre se répéta pendant la cristallisation du sel gemme, comme au courant de la formation houillière. Chacun qui a pénétré dans les profondes salines de *Wieliczka* ou *Berchtesgaden* doit se demander, quelle devait être la grandeur de notre globe, quand ces salines formèrent des bassins à sa superficie, d'où l'eau par l'évaporation a déposé ces cristaux de sel gemme, de gypse et d'anhydrites? Le dépot du sel gemme pendant cette époque est énormement grand.

Je ne veux mentionner que le sel gemme dont les *steppes* et les déserts de l'Asie et de l'Afrique sont pavés. La quantité de sel gemme exploitée dans les mines de Sicile, Calabre, Toscane, Galicie, Hongrie et Transylvanie est incalculable. D'après les forages exécutés en Transylvanie, on suppose que le sel gemme couvre une étendue de 400 lieues carrées à une profondeur quelquefois de 600 pieds. En Espagne à Cordone, un bassin également profond s'est rempli de sel gemme par l'évaporation de l'eau salée. Après avoir été poussé en haut par l'expansion centrale, il se présente à nos yeux comme une montagne de sel à 300 pieds au dessus du niveau du Cordonero. C'est une preuve évidente de l'accroissement du globe.

Puis nous indiquerons les représentants des deux actions décarbonisante et désoxydante de l'atmosphère, c'est à dire le lignite et les produits volcaniques, qui par leur simultanéité ont causé l'apparition d'un monde nouveau.

méritent d'autant plus notre attention, qu'ils n'ont pas

cessé de révéler ensemble leurs forces jusqu'à nos jours.

11. Le *lignite* en Europe présente tous les degrés de grillage, depuis une consistance, qui ressemble à la houille, jusqu'à celle qui étant brune et friable ressemble plutôt à de la tourbe. Cette différence de consistance dépend de la quantité et de la force des secousses, reçues du bas, qui ont plus ou moins carbonisé les amas végétaux. Ainsi que les lits de houille, ceux de lignite sont élevés, brisés, courbés, principalement dans les contrées montagneuses. Ce qui prouve, qu'ils ont été surpris par des secousses violentes; bien qu'en général les couches sédimentaires de cette époque aient conservé leur horizontalité habituelle.

L'épaisseur de ces couches est très différente; elle varie entre quelques centimètres et 30—40 mètres. Le meilleur lignite, qui s'est formé au début de cette époque est exploité en Carinthie, Kraina, Styrie, Istrie, Dalmatie, Hongrie, Bohême, à Häring et Borgo en Tyrol; à Monte Bolca, Arzignano, Bulle Negri dans les Alpes Vénitiennes, à Entrévernes en Savoie, à Anzeidoz près Brex. Ces mines et tant d'autres nous donnent la conviction, que l'action décarbonisante était alors très développée.

12. Mais en revanche les énormes masses de trachite, de basalte, de phonolite, de dolérite et de tuf nous montrent d'autre part, que l'action désoxydante était très énergique. Ces masses volcaniques, depuis l'Eifel jusqu'au Rhön au centre de l'Allemagne, dominent sur une étendue de plus de 100 lieues carrées. Si nous ajoutons les montagnes volcaniques de la Bohême, les montagnes trachitiques en Hongrie, les basaltes en Souabe et à Bade, les volcans éteints de l'Auvergne, l'île Staff à l'ouest de

l'Ecosse et tant d'autres, nous verrons évidemment toute la série des révolutions terrestres par lesquelles l'Europe a passé, avant de former un continent solide. Nous verrons d'ailleurs, que les éruptions volcaniques et les tremblements de terre de nos jours, qui troublent l'Europe si souvent, ne sont que la continuation de ces temps reculés.

13. La paléontologie nous présente un tableau qui diffère totalement du passé. La flore montre son origine marine dans les couches inférieures, nummulitiques par des fucoïdes du genre *chondrites* et les *nullipores* par l'espèce *lythothamnium*, qui a absorbé le calcaire et changé sa masse en calcaire nulliporique. Quant à la flore terrestre, les *cryptogames* sont plus rares: ce sont par exemple quelques fougères et *lastraea*. Les graminées se multiplièrent comme: *chara*, *arundo*, *phragmites* etc. Les *palmiers* étaient très abondants. Les *conifères*, comme *pinnites*, *pinus*, *thuya*, *libocedrus*, de même que les arbres à feuilles plates, tels que les bouleaux, hêtres, chênes, figuiers, peupliers, saules, érables, platanes, aunes, noyers formèrent des forêts et des bois selon les conditions plus ou moins favorables. Les *cyprés* étaient représentés par le *glybtostrobus*, *taxodium*, *myrte*; et les plantes tropicales par le *liquidambar*, *cassia*, *cinnamomum*, *laurus* etc.

Nous avons donc tout d'un coup une végétation qui ressemble presque à celle d'à présent, si non par les espèces, du moins par leurs genres. La différence qui les sépare consiste seulement en ce, que les plantes tropicales s'accrurent dans les latitudes 45—48 du Nord. Pourtant un abaissement de la température au courant de cette longue époque est perceptible en Europe. A son début, le climat tropical a dépassé le 50-me degré de latitude nord, au milieu de la période la flore ressemble à celle du nord de l'Italie; à la fin elle était presque celle d'aujourd'hui. Notre théorie de la raréfaction de l'atmosphère, indique la cause qui a produit cet abaissement progressif de la température.

14. La faune de cette époque offre aussi des caractères saillants qui méritent notre attention.

Les *coraux* sont très rares, n'avancent plus vers les hautes latitudes et ne forment plus de récifs; mais sont isolés et appartiennent plutôt aux *bryozoaires*. Tout cela indique que la température de l'eau a notablement perdu de sa chaleur. Les espèces les plus communes sont *dendrophyllia*, *antophyllum*, *turbiniola* et les autres.

Les spongites ont disparu complètement. Des foraminifères: les *orbitulites*, *triloculina*, *textilaria*, *nodosaria*, *globulina*, *rotalia*, *operculina*, *nummulites* et des centaines d'autres espèces prouvent de leur part un abaissement de la température vers les latitudes plus hautes, parce que malgré qu'ils soient très répandus sur le globe entier, on ne les rencontre, que dans les parages plus rapprochés des tropiques.

Les nummulites principalement mêlés au sable, à l'argile, au calcaire et à la marne, leur ont donné le nom de nummulitique. Avec le calcaire nummulitique on a construit les pyramides d'Egypte. Ils font partie constituante des Alpes, des Apennins, des Carpathes, des Pyrennées, de l'Atlas, du Caucase, de l'Himalaya. Ils ont été emportés par les cimes des Alpes à une hauteur de 4000 mètres, et au Thibet même à 6000 mètres. En conséquence ils ont une valeur chronologique relative, parce que les montagnes qui les ont emportés sur leur dos sont plus jeunes que les nummulites.

Des échinides on trouve peu d'espèces : *coroclypus*, *pygorhynchus*, *scutellina*, *scutella*.

De la nombreuse famille des *brachiopodes* il ne resta qu'une orpheline, la *terebratula*.

Mais en revanche les *pélécypodes* ont pullulé en abondance. Les plus répandus sont: *l'ostrea*, *cardium*, *pecten*, *pectunculus*, *corbula*, *cardita*, *cyrena*, *tucina*, *chama*, *spondylus*, *leda*, *crassitella*, *cytherea* et les autres.

Les *gastéropodes* étaient non moins communs; comme *natica*, *cerithium* (qui a atteint souvent une longueur de deux pieds), *fusus*, *turritella*, *conus*, *trochus*, *murex*, *cyclostoma*, *litorinella*. Aux gastéropodes d'eau douce appartiennent *physa*, *paludina*, *limnaeus*, *helix*, *planorbis*, *melania*, *cyclas* etc. L'abondance de ces derniers prouve, que les terrains étaient plus étendus et renfermaient de grands bassins d'eau douce.

Des *céphalopodes* on ne rencontre que le *nautilus*. Il semble que les céphalopodes aimaient l'eau très salée, et nous avons indiqué plus haut quelle quantité de sel gemme se cristallisa sur le globe entier.

Les *annélides* étaient représentés par les *serpula*.

Les *insectes* par des milliers d'espèces de *diptères*.

Des crustacés on trouve les *cypris*, *cancer*, *cythère* et *balanus*.

Des *poissons* on en compte jusqu'à 20 espèces: tels que les *hais*, *carcharias*, *lamna*, *oxyrhina*, des *raies*, *aetiobatis*, *myliobatis*, *zyglobatis*; des *ganoïdes homocerques*: *lepidotus*, *pycrodus*, *leuciscus*, *cyprinus*, *aspius*, *pycnodus*, *smerdis*, *meletta*, *tinca*, *cyclurus*, brochets, saumons, harengs, soles, maquereaux, perches etc.

15. Les amphibies diffèrent beaucoup de ceux d'aujourd'hüi. Ce sont des chéloniens: *testudo*, *emys*, *trionix*,

palaeochelys, *colossochelys*, *atlas* (de la grosseur du rhinocéros) *chelonia;* des lacertiens: le *crocodile*, *gaviale*, *alligator*; des serpents: *paleryx*, *paleophis;* des batraciens: le *paleobatrachus*, *rana*, *andrias* etc.

Des *oiseaux* on en distingue 6—10 espèces par les empreintes de leurs pieds et leurs oeufs. Leurs os ne se trouvent que séparément.

16. Les *mammifères marins* ont plusieurs espèces comme: *halianassa*, *zeuglodon*, *phoca*, *dauphin.*

Des *ruminants* on trouve les os d'un *palaeomerix*, une espèce de cerf, de bos moschatus et des girafes.

Les *pachydermes* sont dominants dans cette époque comme: les *mastodontes*, le *dinotherium*, les *rhinocéros*, les espèces des *tapirs*, *lophiodon*, les *cochons*, *hyotherium*, *palaeotherium*, *anolopterium*, *anthracotherium*.

Des chevaux on trouve *l'hippotherium*, *l'elasmotherium*, espèce de cheval très gros.

En Amérique on trouve deux animaux colossaux: le *mylodon* et le *megatherium*, tous deux appartiennent aux herbivores.

Les *rongeurs* sont représentés par l'écureuil, la souris, le lièvre, le hamster, la marmotte et le castor.

Les *insectivores* sont: la chauve-souris, *hopolopherus*, *glyptodon*, *manis gigantea*.

Les *didelphes* sont représentés par *l'opossum;* en Australie par le *diprotodon* de la grosseur du rhinocéros, ayant les dents d'un dinotherium.

Les *carnassiers* nous ont laissé: *l'hyaenodon*, *felis parisiensis*, *canis parisiensis*, *canis giganteus*, le *renard*, la *belette*, *l'ours*.

Même l'avant-coureur de l'homme, le singe avait des représentants. En Angleterre, le *maccacus escenus*;

en Grèce, *mesopithecus pentelicus*; en France *pithecus antiquus*. Tous ces singes avaient 32 dents, tandisque les singes d'Amérique en ont 36.

Il est à remarquer que les poissons, reptiles, chéloniens et les oiseaux de cette période diffèrent de ceux d'à présent, tandisque les quadrupèdes se rapprochent plus des types modernes. Comment expliquer ce phénomène singulier par la transformation successive des types en types? Les herbivores étaient pour la plupart munis d'une trompe plus ou moins longue et armés de défenses courbées en différentes formes, qui leur servaient à fouiller la terre pour chercher leur nourriture.

Période glaciaire.

17. Le télescope nous a découvert jusqu'à 50000 cratères sur la partie visible de la lune; il est présumable qu'une quantité pareille se trouve dans sa partie cachée à nos yeux. Ainsi cent mille fourneaux ont travaillé jour et nuit à brûler et pétrifier l'oxygène de la lune. Ils n'ont pas agi tous à la fois, mais ainsi que sur notre globe, les uns après les autres. Néanmoins chaque cataclysme volcanique lunaire, en solidifiant une quantité de son atmosphère, a exercé une attraction plus intense sur l'atmosphère terrestre. Celle-ci s'élargit, s'allongea en devenant toujours plus raréfiée, abstraction faite de la décarbonisation et de la désoxydation simultanées sur le globe terrestre, constatées par les lignites et les produits volcaniques, qui ont de leur côté participé à la raréfaction de l'atmosphère terrestre.

Nous avons dit plus haut que les nuages, emportés par le courant habituel atmosphérique vers les pôles, y retombèrent en neige. Par ces nuages vers les pôles, que je nomme *erratiques*, par comparaison à des *pierres erratiques*, qui venaient des pôles, une énorme quantité d'eau se transporta peu à peu de la latitude plus basse vers la plus haute, pour ne pas revenir sitôt sur ses pas. Aux pôles les incalculables masses de neige, et de glace s'accumulant et abaissant la température de plus en plus du rayon qui l'entourait, s'avancèrent toujours vers les latitudes plus basses, envahissant le Groenland, la Scandinavie, l'Ecosse etc. Les grands bassinsjuxta-tropicaux ayant perdu une quantité équivalente d'eau et exerçant une pression moindre sur leurs fonds donnèrent libre champ à l'expansion centrale pour les pousser en haut (1). Alors commence l'apparition des hautes montagnes sur le globe, placées dans les basses latitudes sortant de la profondeur des eaux. Et voilà que leurs entourages élargis, pour ainsi dire leurs bases, en se touchant mutuellement formèrent les hauts plateaux, et les continents proprement dits. Et voilà que sur les hautes montagnes les vapeurs condensées retombèrent en chute de neige, qui entama la période glaciaire.

18. Les conditions qui ont favorisé le développement de la période glaciaire étaient semblables à celles d'à présent qui forment les glaciers. Plus les étés sont pluvieux, plus les glaciers s'accroissent. Une grande accumulation d'eau glacée sur les hauteurs des montagnes ne peut se former, que par le concours simultané d'une basse température habituelle sur leurs cimes, et d'une abondante évaporation à leurs bases. La dernière exige

---

(1) La formation nommée en Suisse *molasse* donne une preuve évidente de l'élévation du fond entier, parce que ses couches, d'abord horizontales ont pris une direction verticale, tandis que les couches superposées contenant les plantes, et les animaux de cette période sont déposés horizontalement.

une température élevée ou une rarefaction de l'air. Mais justement la simultanéité d'une température élevée dominant sur les vastes bassins aquatiques, et de la raréfaction de l'atmosphère favorisant l'évaporation a fourni d'épais nuages, qui retombèrent en neige sur les cimes des hautes montagnes.

19. Pour mieux expliquer les phénomènes que se sont passés autrefois, voyons ce qui se passe devant nos yeux.

Il neige en abondance et à gros flocons vers la température *O*, ou un peu au dessus. Quand la température s'abaisse à 6—8 degrés, les très petits cristaux brillants, flottants dans l'air forment les *frimas*. Plus la température s'abaisse plus l'air devient transparent et le ciel serein. Donc la réalité nous apprend, que la théorie qui pour expliquer la période glaciaire, chasse le système solaire entier dans les régions de l'infini de l'espace, où une température très basse devait régner habituellement, est une fable; parce qu'une température très basse empêche avant tout l'évaporation de l'eau, et ensuite la possibilité de la formation des glaciers.

Quand un nuage s'approche pendant un grand froid, la température s'élève à l'instant; parce que la vapeur du nuage se cristallisant en neige rend son calorique latent à l'atmosphère. Les nuages exclusivement apportés par le vent d'Ouest ou Sud Ouest amènent une chute de neige au Nord. Le vent d'Est qui vient d'un grand continent, et le vent du Nord où l'évaporation est nulle sont secs.

Plus nous approchons des pôles et plus l'obliquité des rayons solaires augmente, plus s'accroît annuellement le nombre des jours pendant lesquels il neige, et durant lesquels la neige séjourne. Le même phénomène concerne l'altitude des montagnes. Plus la montagne s'élève, plus son atmosphère est raréfiée, et moins elle présente d'appui aux rayons solaires pour se fixer. D'après les observations de J. Thurman, à la hauteur de 700 mètres, il y a 33 jours de chute de neige par an; à la hauteur de 1700 mètres 67 jours. D'après le même observateur, entre 700 et 1000 mètres de hauteur, la neige séjourne trois mois; au de là de 1600 mètres, 6 mois; au de là de 3000 mètres de hauteur si les conditions sont favorables, la neige se fixe, et forme un glacier. Outre une abondante évaporation, trois conditions sont nécessaires à la formation d'un glacier.

1) Un abîme ou un profond ravin, appelé *cirque du glacier*, sur une haute montagne dans lequel la neige amassée soit garantie de l'action fondante du soleil.

2) L'isthme de cette vallée doit regarder le pôle, protégé du vent tiède des parages équatoriaux.

3) La quantité de neige tombée doit être plus grande, que celle qui fond par le dégel.

Voyons à présent ce que devait se produire durant de la période glaciaire.

Le déchet successif de l'atmosphère lunaire jusqu'à sa disparition totale se fit avec une lenteur infinie. La raréfaction de l'atmosphère terrestre, l'évaporation de l'eau et l'élévation des montagnes la suivirent avec la même lenteur. Mais à mesure que les élévations de la croûte terrestre poussée en haut formèrent des montagnes croissant en hauteur, la vapeur changée en neige s'accumula sur leurs cimes durant un plus grand nombre de jours, et y séjourna une plus grande partie de l'année. Enfin plusieurs montagnes se sont élevées a une telle hauteur, que sur leurs cimes la neige accumulée s'est conservée d'une année à l'autre, formant un glacier. Alors commence la période appelée proprement *glaciaire*.

20. Le développement des glaciers quant à leur quantité et à leur étendue a été très lent; un glacier après l'autre se forma et s'accrut, selon les conditions favorables. Supposons qu'au dessus de la croûte *A. D. B. E. C.*

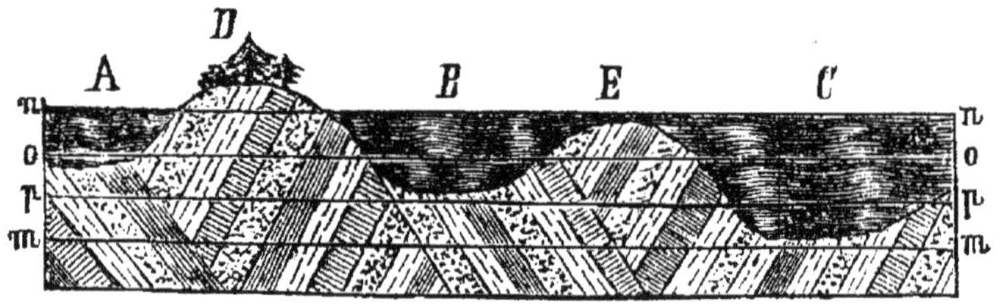

se soit élevé le niveau de la mer *n. n.* au début de la formation nummulitique; mais qu'elle ait été de plus en plus poussée en haut jusqu'à ce qu'elle ait dépassé le niveau *m. m.*

Quand le niveau de l'eau fût à *n. n.* le terrain *D.* forma un plateau peu élevé avec une température tropicale. Quand le fond entier fût poussé au dessus de *o. o.* la végétation fut tropicale dans la région *A.*, mais à la hauteur *D.* la neige persista une grande partie de l'année; sur le plateau *E.* la température fut modérée. Quand le fond monta au dessus du niveau *p. p.*, sur *D.* se forma un glacier étendu, sur *E.* un second glacier commença à se former, sur le haut plateau *A.* l'hiver devint très rigoureux, dans la région *B.* la température moyenne de l'année fût plus élevée. Bref, abstraction faite de la latitude géographique, la température subit des vicissitudes selon la hauteur du sol au dessus du niveau de la mer, et selon le voisinage des grands glaciers, qui exerçaient leur influence sur les vallées, par le courant de l'air réfroidi, venant des cimes. Comme par exemple le font les glaciers entourant les environs d'Interlaken.

21. Quand les glaciers ont atteint le point culminant de leur développement, par rapport à leur nombre et à leur étendue, la température s'abaissa notablement en général sur le globe, non seulement par le courant de l'air réfroidi, que j'ai mentionné plus haut, mais principalement à cause du changement de l'atmosphère dans ses parties constituantes. L'acide carbonique d'un côté était presque totalement décomposé en lignite et oxygène, d'un autre côté les énormes volcans à cratère ont ravagé l'oxygène. Une telle atmosphère n'a plus mis obstacle à la chaleur obscure, qui s'échappa rapidement.

22. Avec l'abaissement notable de la température la formation ultérieure des glaciers cessa. C'est ce que nous expliquerons bientôt. Dans la création cause et effet sont tellement liés entre eux, que la cause devient effet, et l'effet devient cause. Ainsi par exemple une flamme s'éteint, parcqu'elle brûle. La cessation des glaciers est toute naturelle. Par l'abaissement notable de la température l'évaporation de l'eau diminua, et les nuages n'alimentèrent pas les glaciers par les abondantes chutes de neige. D'ailleurs les montagnes élevées par la raréfaction de l'atmosphère accumulèrent sur leurs flancs d'énormes quantités de neige, qui peu à peu contrebalancèrent par leur poids l'expansion centrale, jusqu'à dépasser sa force expansive. Avec le temps où les montagnes cessent de croître en hauteur, la période *postglaciaire*, dit *pleistocène* commence; caractérisée par le décroissement progressif des glaciers, qui continue son oeuvre destructive encore de nos jours.

23. Comme la durée de la période glaciaire fut très longue, le nombre et l'extension des glaciers étaient alors extrêmement grands. Ils couvrirent toutes les élévations du Nord en glissant dans ses plaines, et ses vallées. Ils occupèrent toutes les montagnes de l'Europe orientale, comme les Balkans et les Carpathes, et de l'Europe centrale comme les montagnes Hercyniennes, les Ardennes, les Sudètes, le Boehmerwald, le Hundsrück, le Haard, le Schwarzwald, le Voralberg, les Alpes; ne s'arrêtant que dans la vallée du Po. Pourtant comme de l'atmosphère primitive, et de l'océan primitif ne nous sont restées, que des parties restreintes, de même des glaciers primitifs il ne s'est conservé de nos jours qu'une quantité très modérée.

Les défunts nous ont laissé des inscriptions lapidaires sur leurs tombeaux en moraines, cailloux usés et rayés, en roches polies, cannelées et striées, en pierres arrondies et moutonnées et en blocs erratiques. Mais le nombre des glaciers qui ont existé durant cette période, et qui ont disparu sans nous laisser la moindre trace d'existence, est probablement encore plus grand. Car ces traces tantôt ont subi des influences destructives, tantôt se sont cachées devant nous. Ainsi par exemple, quand j'admirais le lion de Thorwaldsen à Lucerne en 1871 je ne me doutais pas, que je foulais les vestiges d'un glacier; mais y étant rétourné en 1877, j'ai vu qu'on avait découvert près du lion d'énormes chaudières creusées dans le calcaire, contenant de grandes pierres roulées, qui pendant des milliers d'années emportées par un courant d'eau, en tournant à la même place avaient rend ces chaudières de plus en plus profondes.

Tout près des chaudières s'élève une montagne escarpée, dont on peut atteindre la cime en dix minutes au moyen de degrés dressés en bois ou taillés dans la roche. Il est évident qu'ici s'élevait jadis une plus haute montagne couverte d'un glacier, d'où un torrent s'est précipité durant un bon nombre d'années sur le calcaire et a creusé ces chaudières en roulant les blocs sur eux mêmes.

24. Charles Contejean dans le chapitre, *mouvement du sol* (1) sépare le mouvement séculaire du mouvement orogénique, attribuant au dernier une amplitude, une énergie et une vitesse plus grandes. Il dit même: „Nous „savons par des preuves irréfragables, que le soulèvement „des Alpes ou des Pyrénées par exemple, a eu lieu au moins „de temps que les lentes oscillations des continents, et „n'a duré qu'un instant par rapport à ces derniers".

Cette différence de mouvement est bien explicable par notre théorie. Le soulèvement séculaire des continents s'est fait pour ainsi dire, exclusivement par des forces terrestres; c'est à dire par la décarbonisation atmosphérique extrêmement lente, et par sa désoxydation qui étant circonscrite et insulaire s'effectua aussi avec une grande lenteur. Le mouvement séculaire est même à peu près calculable. Ainsi l'ensemble des mesures de l'exhaussement de la péninsule Scandinave a donné une moyenne séculaire de 1,33 mètres pour le golfe de Bothnie.

En 1834 Charles Lyell visitant cette contrée trouva que depuis 1820 la côte suédoise s'était exhaussée de 100 à 125 millimètres au nord de Stockholm (2) ce qui fait 875 millimètres pour un siècle.

---

(1) Géologie page 449.
(2) Ch. Contejean Géologie p. 274.

Mais nous ne sommes pas en état d'en tirer des conclusions pour le mouvement orogénique, qui a été produit par des influences cosmiques, comme résultat de la solidification de l'atmosphère lunaire.

Eu égard à l'énorme grandeur des volcans lunaires, il est bien possible que le déchet de l'atmosphère lunaire s'est fait rapidement, en un temps très court relativement à l'éternité, ou même s'est répété par intervalles peu éloignés entre eux.

Outre ces deux mouvements du sol, il faut en admettre un troisième, volcanique; c'est celui qui a exhaussé le Jurollo, le Monte Nuovo, et qui a soulevé le sol au Chili, à Santa Maria, dans la Nouvelle Zélande de quelques mètres en quelques minutes, durant le tremblement de terre (V, 9).

25. La forme primitive des montagnes, et des hauts plateaux différait beaucoup de la forme et de la hauteur actuelles. C'étaient plutôt des masses grossières sillonées, que dominaient des élévations culminantes. Leur dégradation progressive s'est faite plus tard, pendant la période diluvienne et continue encore de nos jours, comme nous le prouverons après.

C'est sur ces étendues élevées que l'énorme quantité de neige s'accumula, et séjourna pendant une partie de l'année plus ou moins longue. Donc il ne faut pas s'imaginer, que la période glaciaire ait eu quelque ressemblance avec le Spitzberg, ou le Groenland du Nord. Elle peut être comparée en partie à la température qui régne sur les hauts plateaux de Gobi et du Thibet; où pendant l'hiver il y a 40 degrés de froid durant plus de six mois, malgré que pendant l'été plus court la chaleur soit assez élevée, principalement dans les vallées. Une pareille distribution de la température arrive même en Europe, par exemple dans la vallée de l'Engadine, élevée de 5400 pieds au dessus du niveau de la mer. A la fin de septembre 1877 nous avions à Lucerne à midi + 19°; mais en arrivant par le chemin de fer à Rhigi-Kulm, 5541 au dessus du niveau de la mer, nous étions couverts de neige.

25. La vie organique se développe, et se plie selon la température ambiante; celle-ci varie selon la hauteur du sol. Il est donc évident que plus la période glaciaire s'avança et plus la végétation devint pauvre. Les plantes tropicales d'auparavant ont disparu totalement dans les zones plus hautes. Les arbres aux fruits doux et succulents, qui étaient autrefois répandus partout, sont devenus plus rares en se réfugiant dans les valées, pour être à l'abri du vent et du froid. Les pinnites et les graminées les remplacèrent.

Avec la pénurie croissante de la nourriture végétale, les animaux ont changé leurs habitudes et même leur organisation. Les plus forts ont assouvi leur faim en dévorant les plus faibles; et les familles carnivores du chat, du chien et de l'ours se multiplièrent. Même l'homme jusqu'alors à peine connu, parce qu'il menait probablement une vie paisible et tranquille, en se rassasiant des fruits d'arbres et des douces racines des plantes, fut forcé de s'armer d'un silex taillé, pour se procurer sa nourriture, pour se défendre des attaques des carnivores, et même pour les chasser de leurs habitations, et se rendre maître de leurs grottes. Le lecteur aura le complaisance d'avouer, qu'il est impossible d'admettre que l'homme, comme un *deus ex machina* ait apparu tout d'un coup, et que la glace soit son berceau.

Mais où sont les restes de végétaux et d'animaux, qui ont existé et combattu durant cette longue période? Nous les trouverons dans les catacombes construites par la période postglaciaire. Ils sont ensevelis dans le diluvium.

Période postglaciaire ou diluvienne.

Plus nous approchons des temps actuels, moins nous voyons clair dans le passé.
Ch. Contejean, Géologie 693.

26. Qu'il me soit permis d'ajouter aux paroles justes du professeur que, si nous voyons moins clair dans le passé, s'est en partie notre faute; parce que nous examinons le passé un microscope à la main. La dent d'un rongeur, le dessin d'une fougère nous intéresse trop; et nous négligeons la recherche des grands ressorts, qui ont gouverné le globe.

J'ai tâché plus haut de prouver graphiquement par un simple dessin (XII, 20) qu'il est impossible de séparer la période antéglaciaire de la glaciaire. Nous verrons dans la suite, que celle-ci est intimement liée à la postglaciaire appelée *diluvienne*. C'est pourquoi je serai forcé en décrivant la dernière de recourir quelquefois à la glaciaire.

Je suppose que le lecteur connaît bien les phénomenès destructifs, causés par l'eau liquide, qui gelant dans les fentes et fissures des rochers, les déchire et brise en morceaux; phénomènes de la glace flottante, qui a transporté de la Scandinavie dans l'Europe centrale les *blocs erratiques*, les traînées de collines composées de sable, gravier, argile, limon, débris de coquilles, nommées *drift*;

qu'il connaît, que le frottement des roches des unes contre les autres, les a changées en cannelées, striées et polies; que par le roulement elles sont devenues arrondies ou moutonnées; qu'il connaît la construction des glaciers, qui ayant un cirque profond au milieu, se terminent à leur extrémité inférieure par un escarpement, appelé *front du glacier*, par lequel s'échappe à torrent la fusion de la glace. Que les mouvements de nos glaciers, leur progression plus rapide en hiver, et ralentie pendant l'été, ne lui sont pas étrangers; qu'il connaît les moraines, les avalanches, les ravines et les torrents; qui provenant de la fonte de la neige emportent des débris de roches de différente grandeur; enfin les écroulements des montagnes, comme effet de l'érosion par l'eau, quand elle a eu lieu dans les parties inférieures.

27. Nous rapellerons encore une fois qu'une montagne le plus souvent se compose de deux sortes de roches; anciennes, plus compactes, formant son noyau, et d'un enduit friable et détritique de formation plus récente. A mesure que la montagne poussée en haut amassait sur sa cime une plus grande quantité de neige, la débâcle en été devenait plus énergique. Les torrents emportaient annuellement peu à peu une partie de l'enduit friable; de sorte qu'après un certain nombre d'années toute la masse détritique était balayée. La cime s'abaissait, et dans la même proportion la neige séjournait sur la montagne un temps toujours plus court, jusqu'à ce que le glacier cessât de se former à l'avenir, parce que la hauteur de la montagne diminuait à ses deux extrémités, en haut, par le déchet de la masse détritique, en bas, par son accumulation. Les monts Righi et Pilate entourés du lac des Quatre-Cantons étaient jadis des glaciers, mais leur masse détritique em-

portée progressivement par la fonte des neiges, s'accumula sur leurs pentes et dans le lac, en formant un conglomérat énorme, nommé *nagelfluhe*, tandis que leurs cimes, abaissées à la hauteur actuelle, ne peuvent plus conserver la neige pendant toute l'année.

28. Nous savons que les montagnes, pendant leur élévation, se sont fendues inévitablement dans la direction verticale, formant des abîmes, des précipices et des vallées par déchirure. L'eau, provenant de la fonte des neiges, remplit ces abîmes en les changeant en lacs d'eau douce. Plus une contrée est montagneuse, plus il s'y est formé d'abîmes, et plus elle renferme de lacs, qui sont en même temps une preuve irrécusable de l'importance des anciens glaciers. Donc, le lac n'est que la continuation d'un courant élargi et profond d'eau, quand celui-ci a rencontré dans son passage un abîme élargi, qui était souvent à tel point profond et étendu, qu'il a fallu un certain nombre d'années, avant que l'eau l'ait rempli complètement. Mais après, par l'afflux incessant d'un ou plusieurs courants d'eau au lac, celle-ci commença à le déborder, et cherchant un terrain plus bas pour continuer son cours, se creusa un lit, formant *un fleuve.* Un lac, est pour ainsi dire l'anévrisme d'une rivière, qui a deux bouts; un supérieur, par où aboutissent toutes les eaux venant de la montagne, l'autre inférieur, par lequel l'eau continue son cours comme fleuve. Le fleuve dans son cours ultérieur jusqu'à un grand bassin, grossit de plus en plus par l'eau des affluents tributaires. Les grands fleuves ne datent que de la période postglaciaire. Tout ce que les géognostes nous racontent des grands fleuves, qui devaient exister pendant la formation carbonifère, doit être accepté avec une grande réserve.

L'existence des grands fleuves sans hautes montagnes, sans grands glaciers et continents étendus devient incompréhensible.

29. En revenant au lac, le courant rapide des torrents emporte toutes les parties du détriment dans le lac supérieur, où l'eau, tout d'un coup perdant sa rapidité dans un vaste bassin, les fait précipiter au fond du lac. Il est donc évident, qu'à mesure que la montagne s'abaisse, le fond du lac s'élève. Bref, la montagne se noie dans le lac. Quand la profondeur du lac n'aura plus qu'un ou deux mètres, une végétation prendra racine, qui peu à peu changera le lac en marécage et en tourbière, dans laquelle le fleuve continuera de couler en un lit étroit. On m'a montré en Suisse quelques tourbières, qui étaient auparavant de petits lacs. Boucher de Perthes dans son célèbre ouvrage des *Antiquités celtiques et antediluviennes* cite certains débris d'un village lacustre, trouvés dans une tourbière, auprès d'Abbeville. On a vu de pareils débris près de Wurzburg et de Leipzig.

30. L'existence des glaciers et des lacs est donc temporaire et limitée. Quelques centaines de milliers d'années sont peu de chose dans l'éternité.

Par la disparition des glaciers et des lacs, les rivières et les fleuves actuels ne perdront probablement rien de leur valeur. Car, supposons que sur un glacier d'une étendue d'un kilomètre carré, s'accumulent dans le cours d'une année six mètres cubes de neiges. Après la disparition du glacier la même quantité d'atmosphérites s'évanouira peu à peu de la plaine ou d'un haut plateau, d'où elles passeront aux rivières et aux fleuves au moyen des sources. Probablement les inondations printanières seront alors moins désastreuses.—Nous avons parlé jusqu'à présent de l'eau solide et liquide, qui s'est transportée des régions les plus hautes jusqu'aux plus basses. Voyons les changements, qu'elle a apportés pendant son passage dans la partie solide du globe.

Ils est notoire, que la neige qui fond sur les glaciers ronge la cime de la montagne, emportant depuis les molécules les plus minces jusqu'aux blocs. On sait d'ailleurs, que ces ravages sont d'autant plus énergiques, que la débâcle est plus intense et rapide, et que le terrain sur lequel l'eau découle est plus détritique. Donc, si nous calculons les énormes masses solides, qui ont été transportées par la fonte des glaciers pendant des milliers et des centaines de milliers d'années, pour être dispersées sur toute la surface du continent, et dans la profondeur de l'océan, ou elles se sont précipitées en sédiments, (qui seront probablement à l'avenir exhaussées pour devenir continents et montagnes) nous aurons une idée faible, et à peine approximative de la hauteur primitive des montagnes couvertes de glaciers.

Si nous pouvions remettre ces masses sur les cimes des montagnes actuelles, nous produirions une période glaciaire artificielle. On voit que la création agit et réagit par les même moyens. L'évaporation de l'eau a érigé les plus hautes cimes des montagnes, la fonte de la neige travaille sans relâche à les niveler.

L'eau de la fonte des glaciers, coulant d'abord largement sur la masse grossière des montagnes primitives, a emporté peu à peu leurs parties détritiques. Puis, creusant des fosses et des enfoncements, croissant de plus en plus en largeur et en profondeur, a prêté aux montagnes la forme actuelle, dont plusieurs d'enfoncements ont été changés en *vallées d'érosion*.

Tous ces conduits, ces aqueducs naturels, en détruisant leur berceau glacé ont emporté ces débris sous forme de blocs, pierres roulées, cailloux, galets, graviers, sable, argile et limon pour les déposer dans les plaines les plus basses. J'ai énuméré dans l'ordre ci-dessus les débris décroissant quant à leur grandeur. Il est évident, qu'à mesure qu'ils devenaient plus minces, ils étaient transportés et déposés plus loin de leur berceau. Les fleuves emportent même les parties les plus minces, jusqu'à leur embouchure, où ils les déposent en formant des *deltas*, qui agrandissent l'étendue de la terre solide. Tous ces débris en somme s'appellent *diluvium*. Les montagnes et les hauts plateaux furent son origine, les conduits le transportèrent, enfin il vint se déposer dans les plaines, les vallées et le fond de la mer. Le diluvium distribué sur les continents, a une épaisseur qui varie depuis quelques mètres jusqu'à 1000 mètres et plus.

Tel devait être à peu près l'état du globe, quand un nouveau phénomène changea l'ordre des choses. La lune vit éclater son dernier cataclysme volcanique, engloutissant le dernier atome d'oxygène lunaire. Une nouvelle et plus grande raréfaction de l'atmosphère terrestre vint après, produisant une nouvelle évaporation extraordinaire des eaux juxtatropicales, et par conséquent un nouvel exhaussement du sol et des montagnes, et une nouvelle formation des glaciers.

31. Les recherches très consciencieuses et les analogies fondées sur des études, ont fourni des preuves certaines de la répétition de la période glaciaire. Quant à nous, nous partageons l'opinion des savants, qu'une série de périodes glaciaires a de temps en temps envahi notre globe; en ajoutant de notre part, que chaque cataclysme

volcanique lunaire plus intense, a amené un abaissement successif de la température moyenne terrestre. Pourtant deux d'entre eux ont dèpassé en énergie les autres.

Le télescope a mesuré le diamètre de Tycho à 80 kilomètres; celui de Copernic à 88, celui de Ptolémée à 180; abstraction faite des 50000 cratères visibles d'une moindre étendue. Probablement chacun de ces grands volcans, lorsqu'il était actif a amené une série de vicissitudes dans l'atmosphère de notre globe, ses océans et sa masse solide, ainsi que je l'ai dit plus haut.

Ma théorie si hypothétique qu'elle paraisse, attaque la question par la racine, et ayant un point d'appui, elle explique tous les phénomènes avec une logique impitoyable par les lois naturelles. Je dirai même, qu'elle rend la chose visible et palpable. La question principale se réduit à ces termes. *Pourquoi toute la ceinture du globe juxta tropicale, scellée par les nummulites s'est elle élevée dans la même période? Quelle force attractive a pu produire une telle élévation du fond de l'océan au cours d'un temps assez court relativement à l'éternité.* La réponse à cette question se trouve dans ma théorie. Car je doute qu'il y ait un astronome qui soit d'avis, que la disparition de l'atmosphère lunaire a été indifférente au globe terrestre.

Je tâcherai à présent, d'expliquer les faits connus de la duplicité de la période glaciaire par ma théorie.

1. Deux cataclysmes lunaires volcaniques, énormes, insolites ont amené deux raréfactions rapides de l'atmosphère terrestre.

2. Deux évaporations extraordinaires, suprenantes d'eaux vers les tropiques ont produit deux exhaussements des montagnes plongées, avec leur entourage dans

ces zones, et ont accumulé d'énormes masses de neige sur leurs hauteurs.

3. Deux élévations du fond de l'océan dans les zones tropicales ont refoulé deux fois vers les pôles l'eau qui l'avait couvert. Témoins dans l'hémisphère du nord, les deux invasions de la mer du Nord, qui ont pénétré jusqu'au centre de l'Europe, et y ont déposé en souvenir de leur passage deux séries de blocs erratiques et de *drift.*

4. Deux fois la période glaciaire fut suivie d'une fusion de neige et de glace, qui déposa deux fois un limon appelé par *les Allemands Löss,* emporté par les torrents et les fleuves contemporains.

Quel espace de temps a séparé ces deux invasions du froid, il est impossible de le déterminer. La seconde invasion fut plus faible que la première.—Toute force s'épuise.

32. Je présenterai trois reliefs de cette période:

de la Suisse d'après Marlot.	*de la grande Bretagne d'après Lyell.*	*des autres contrées du globe d'après Heer.*
1. Première formation des glaciers —pierres striées et roulées au dessous du lignite à Wetzikon — Flore alpine arctique dans les vallées.	1. Les îles Britanniques touchant au continent, plus élevées de 500 pieds qu'à présent. L'Ecosse couverte de glaciers.	1. Scandinavie couverte de glaciers. Roches polies en Scandinavie et dans l'Amérique du Nord.
2. Formation du lignite à Ulnach, Durnten, etc. avec elephas antiquus et rhinoceros Merkii.	2. Période d'affaissement — quelques îles se séparent du continent. Forêts d'arbres verticaux englouties dans le limon à Cromer.	2. Sable diluvien ancien dans la vallée du Rhin.

de la Suisse d'après Marlot.	*de la grande Bretagne d'après Lyell.*	*des autres contrées du globe d'après Heer.*
3. Diluvium schisteux à Utnach, Durnten, avec elephas primigenius.	3. Les iles Britanniques submergées, blocs erratiques sur les îles.	3. Scandinavie en partie submergée, formation *d' Assars.* L'Amérique du nord inondée.
4. Deuxième formation des glaciers.—Blocs erratiques — Rempart de gravier à Aubonne et à Morges, avec le mammouth. Flore Alpine dans les vallées.	4. Les îles Britanniques touchent pour la seconde fois le Continent. Grande extension des glaciers en Ecosse. Apparition de l'homme avec l'elephas antiquus, rhinoceros hemitöchus et hippopotamus major.	4. Formation du *Loess* dans la vallée du Rhin, avec elephas primigenius. Scandinavie exhaussée. Dispersion des blocs erratiques en Europe et en Asie.
5. Bancs de gravier dans le canton de Bâle avec elephas primigenius.	5. Les îles Britanniques se séparent de nouveau peu à peu du continent — retrait de glaciers en Ecosse.	5. Tuf calcaire à Canstadt, en Thuringe et en Franconie. Bancs de graviers dans la Somme avec l'elephas et le silex taillé. Mastodon giganteus en Amérique.

33. Après avoir décrit la période glaciaire, qui a envahi notre globe probablement plus d'une fois, je suis obligé de consoler le lecteur par cette bonne nouvelle, qu'à l'avenir ce fléau ne l'affligera plus; parce que les volcans lunaires sont à jamais éteints par le manque absolu d'atmosphère.

Je dirai plus, que de la grande quantité des anciens glaciers, le petit nombre qui s'est conservé jusqu'ici, subira le même sort, que celui de leurs congénères postglaciaires; ils disparaîtront tous. Un glacier, c'est un fleuve durci, qui coulant de sa source dans son lit incliné (cirque d'alimentation), vers l'embouchure (front du glacier), enlève sans relâche toute sorte de détritus, qu'il dépose en bas en moraines, ou jette au loin avec l'eau fondue de la neige. Supposons un glacier actuel s'élèvant à 200 mètres au dessus de la limite de la neige éternelle et creusant annuellement son lit à la profondeur de 3 à 10 centimètres. Il est évident, que ce n'est qu'une question de temps de quelques milliers d'années de plus ou de moins, pour que le glacier abaisse son lit au dessous de neige éternelle, à tel point, qu'il cessera d'éxister.

Mais ce n'est pas seulement les glaciers, parce qu'en général toutes les montagnes, quelles que soient leur hauteur et leur composition minéralogique se morcelleront par la chaleur du soleil, par l'eau qui gèle dans leurs fissures et leurs excavations, par les fibrilles et les racines, qui se glissent et pénètrent dans leurs fentes et déchirent ensuite leurs masses, par l'acide carbonique qui décompose les silicates, enfin par les pluies et les averses, qui charrient toutes les parties morcelées de haut en bas, pour les distribuer dans les vallées et les plaines, ou les transporter au fond des bassins aquatiques. Ce nivellement des montagnes forme un dépôt nommé *alluvion*, mot derivé de *diluvium*, parce qu'il ne coutient pas de débris provenent de la période glaciaire et postglaciaire.

D'autre part, les vagues font sur les côtes de la mer des remparts, qui l'empêchent d'empiéter sur le sol. Ces rempart appelés *dunes*, deviennent désastreux, quand le vent du large les pousse dans l'intérieur du contiment qu'ils enfouissent comme un déluge sabloneux. Les *deltas* et les *dunes* venant de deux directions opposées, contribuent à l'agrandissement du sol.

34. La prodigieuse grandeur des anciens glaciers est constatée par les moraines, qu'ils nous ont laissées en Scandinavie sous le nom *d'Osars*. Ce sont des accumulations de gravier, de sable, de limon, et des blocs formant des remparts longs de 27 à 40 lieues, ayant une hauteur ordinaire de 50 à 100 et 150 pieds; mais sur les bords de la mer leur hauteur atteint 1000 à 1400 pieds. Les blocs erratiques de la Suisse, qui sous le rapport pétrographique appartiennent aux roches alpines, prouvent de leur côté la grandeur des anciens glaciers. Ainsi, dans le canton du Valais, on trouve une quantité de blocs erratiques, qui ont un volume de 8000 à 50000 pieds cubes. Près de Wetzweil sur une hauteur de 140 mètres au dessus du niveau de la mer, repose un bloc erratique ayant un volume de 72000 pieds cubes. Quelle était la masse de glace, qui a emporté ou poussé en bas un pareil colosse?

Enfin je parlerai du limon appelé par les Allemands *Löss* dont l'extension a été énorme pendant cette période. Sa composition chimique moyenne de 7 analyses, donne sur 100 parties: 60 de silice, 20 de calcaire, 10 d'argile et 10 de magnésie carbonique, oxyde de fer, phosphates alcalins, parties organiques et minces pellicules de mica. Il ressemble au limon déposé par nos fleuves pendant leur crue, et au limon du Nil.

Il est répandu dans l'Europe centrale en suivant le cours du Rhin, du Danube et de leurs tributaires. Sa limite au Nord touche à la ligne des blocs erratiques transportés de la Scandinavie. D'où il résulte, qu'une quantité de ce limon a été emportée par les vagues de la mer du Nord et de la Baltique. On le trouve reparti deux fois sur une hauteur différente dans la vallée du Rhin. Une fois sur les collines d'une hauteur de 120 mètres, l'autre fois sur les plaines de 30 mètres au dessus du fond de la vallée. Il est évident, qu'entre ces deux dépôts de limon, il s'écoula un temps de plusieurs milliers d'années, pendant lequel le Rhin s'est creusé un lit plus profond de 120 mètres, et que depuis le dernier dépôt de limon, le lit du Rhin s'est enfoncé de 30 mètres. Cela confirme que la période glaciaire s'est répétée deux fois, et que la fonte des neiges a totalement changé la forme des montagnes et des vallées.

Le *Löss* en Chine mérite d'être mentionné, pour son imposante extension. Il monte à la hauteur de 2300 à 2600 mètres, avec une épaisseur de 500 mètres et plus. Il a nivelé toutes les ondulations du sol, et dans les vallées son épaisseur atteint 1000 mètres.

35. Outre les blocs erratiques et le limon, le diluvium est formé de couches non stratifiées et alternantes sans aucun ordre, composées de pierres roulées, de conglomérats légèrement cimentés, de gravier, de sable et de terre grasse, laquelle contient sur 100 parties, 30 à 50 d'argile, 16 à 25 de sable fin, et 5 à 10 d'oxyde de fer hydraté. Elle diffère essentiellement du limon par l'absence des carbonates terro-alcalins.

Les couches mentionnées sont de riches musées, dans lesquels se trouve enfoui le monde organique de ces deux périodes. Il est évident, que plus le globe s'accrut en volume, plus les terres solides prirent d'extension, le monde paléontologique se présente plutôt par les débris des végétaux et des animaux qui ont vécu sur le continent, ou dans les bassins continentaux, remplis d'eau douce. Par conséquent, la flore d'alors, excepté quelques espèces, ressemble à la flore actuelle. Les arbres, qui par leurs troncs et par leurs feuilles nous ont laissé le lignite trouvé assez abondamment en Suisse, dans la vallée du Rhin, dans le Wurtemberg, en Angleterre, tiennent la première place: les sapins (*pinus abies, silvestris, montana*), les bouleaux, les saules, les peupliers, les érables, les ormes, les tilleuls, les hêtres, les nerpruns, les aunes, les chênes. Parmi les plantes qui font partie du lignite, citons: les *scolopendrum officinale, phragmites communis, menyanthes trifoliata* et *hypnum lignorum*.

Comme la flore terrestre est prédominante, ainsi la faune aquatique présente de préférence les gastéropodes d'eau douce, qui se multiplièrent dans les lacs et les rivières. Ici se placent les genres des *pissidium, volvata, planorbis, bythinia succinea, helix, pupa, limneus* etc. Mais les mollusques marins se rencontrent quelquefois, soit isolés, soit mêlés aux fluviatiles, comme *pecten, leda, astarte, tellina, saxicava, cardium, trophon, natica, cerithium, buccinum, venus, monodonta* etc.

Aux animaux terrestres mammifères à sang chaud de cette période appartiennent.

Les *carnivores: l'ours des cavernes* (ursus spelaeus), *l'hyène des cavernes* (hyaena spelaea), plus rarement se rencontrent: *felis spelaea, canis spelaeus*, et *gulo spelaeus*, le glouton des cavernes.

Il est à remarquer, que les carnivores font défaut dans l'Amérique du Nord.

Des *pachydermes:* on trouve dans le diluvium ancien, *l'elephas antiquus* avec *l'elephas primigenius* ou le *mammouth*, les plus répandus des mammifères, et le *rhinoceros*

Merckii. Dans le diluvium plus jeune on trouve *l'elephas méridionalis* et le *rhinoceros tichorhynus.* *Sus scrofa* se rencontre dans les cavernes. *Hippopotamus major* en Italie. *Mastodon giganteum*, *toxodon* et *nosodon* dans l'Amérique du Nord.

Des *ruminants* et *herbivores sont: Bos primigenius*, *Bos priscus*, *Bos moschatus* et *l'Aurochs*, *Cervus giganteus*, *Cervus tarandus.* Le *renne* est très répandu dans le diluvium plus jeune. *L'élan* (cervus alces) le *cerf* (cervus elaphus) le *cheval fossile* (équus fossilis) dans le diluvium ancien: *equus caballus* dans le diluvium plus récent. Le *Mastodonte* et le *macrauchenia* qui ressemble au *paleothérium* vivaient en Amérique.

Les *édentés* couvraient dans l'Amérique du Sud les grandes plaines ou *Pampas*, comme le *megatherium Cuvieri*, *mylodon robustus*, *megalonyx.* On y trouve d'énormes *chéloniens* comme le *glyptodon asper.*

Les *rongeurs:* la *marmotte*, le *rat d'eau* (hypudaeus) le *liévre* (lagomys) le *castor*, le *myodes lemmus.*

Les *didelphes* habitaient l'Australie où ils atteignaient d'énormes dimensions.

La Nouvelle Zélande abondait en *oiseaux coureurs* à ailes rudimentaires. Elle a fourni le *paleopterix*, *apterornis*, *notornis*, *dinornis* etc.

36. Les os des animaux de cette période se trouvent en abondance empâtés dans les *brèches osseuses*, et dans les *cavernes.*

Les *brèches osseuses* remplissent les fentes plus ou moins larges, pratiquées dans les rochers où l'eau a emporté les os, parfois les coquilles, et en les empâtant d'argile ferrugineuse rougeâtre, ou jaunâtre a formé un conglomérat compacte et consistant. Les brèches, situées pour la plupart, à une hauteur plus ou moins élevée, nous indiquent à la fois le niveau ancien des eaux courantes, qui se sont versées dans les fentes. Des os de boeuf, de cerf, de cheval, de lièvre, de brebis, de souris, souvent mêlés aux *pupa*, *helix*, *planorbis*, *venus*, *monodonta*, *patella*, victimes du déluge, forment les parties constituantes des brèches. La différence des coquilles vient de ce que les fentes ont communiqué avec l'eau douce ou l'eau de mer. Plus remarquables sont les *cavernes osseuses*. Ce sont des excavations larges et grandes, creusées dans le calcaire ou dolomite, appartenant aux formations anciennes, comme jurassienne, permienne, carbonifère et devonienne. Cela nous prouve, que ces parties de l'écorce solide étaient élevées au dessus du niveau de la mer avant la période glaciaire. Les cavernes hantées principalement par les ours, ou par les hyènes, avaient leurs entrées et leurs parois polies par le frottement des animaux contre les roches. Elles ont servi d'habitation à plusieurs générations. Ainsi Frass a tiré de la caverne de Löventhal en Souabe 110 crânes et 275 mandibules d'ours. Dans la caverne située dans le calcaire carbonifère près de *Kirkdale* en *Jorkshire*, on a trouvé les os d'hyène de plus de 500 individus, et une énorme quantité de leurs coprolithes.

Outre les os de ces carnassiers, on trouve des os d'autres animaux, souvent usés, qui leur ont servi de pâture; tels que les os de cerf, de cheval, de jeune éléphant etc.

Les os sont étagés; 3 ou 4 étages sont séparés l'un de l'autre par un sédiment de limon ferrugineux, rougeâtre. Cela prouve que par la crue répétée, les habitants ont été plusieurs fois chassés de leur domicile, ou même noyés; mais que cela n'empêchait pas leur retour à cette habitation commode, qui les mettait à l'abri du froid rigoureux. C'est l'homme qui les en a chassés, sans leur permettre d'y retourner.

37. Les volcans à cratère, qui commencent à cette époque, sont des phénomènes de la plus haute importance. Bien que nous ayons énoncé plus haut notre idée sur ce sujet, nous sommes obliges d'examiner la formation entière, appelée par les géognostes *éruptive;* le lecteur qui connait l'édifice de notre théorie sur le développement du globe en pourra mieux apprécier la valeur.

On appelle *roche éruptive* le masse rocheuse, jadis fondue ou semi fondue, dite *pâteuse*, provenant de la profondeur du globe, qui après avoir déchiré, brisé, morcelé et pénétré la croûte terrestre compacte, superposée, s'y cristallise et s'y durcit.

Les roches éruptives, étant pour ainsi dire, les entrailles de notre globe nous révèlent sa constitution interne. La croûte terrestre se compose en bloc d'étages superposés tels que:

1. Roches cristallines granitoïdes.
2. Roches cristallines schisteuses.
3. Roches non cristallines, schisteuses sans vestiges organiques.
4. Roches non cristallines, schisteuses avec vestiges organiques.
5. Roches pour la pluspart non schisteuses, compactes avec vestiges organiques.
6. Roches non schisteuses, peu cohérentes et détritiques avec vestiges organiques.

38. Les roches éruptives pénetrent à la hauteur des différents étages. Comme les derniers se sont formés pendant des milliards d'années, les uns au dessus des autres, par conséquent, les roches éruptives ont noté ex-

actement leur chronologie; et perçant les étages plus élevés elles prouvent qu'elles sont plus jeunes.

Toutes les roches éruptives se composent de silice, d'argile, de chaux, de magnésie, de potasse, de soude, de lithine, de fer oxydé et oxydulé et de manganèse oxydé et oxydulé. Ces onze corps combinés entre eux en proportions différentes, forment environ trente minerais appelés *silicates*, rangés en trois groupes selon leur forme cristalline, leur composition chimique et la quantité de leur silice; dont les représentants sont: le feldspath, le mica et l'amphibole.

Ces trente silicates constitutifs, collés les uns aux autres en proportion différente et en différents mélanges, donnent une longue série de *roches éruptives*, auxquelles viennent se mêler une centaine de minerais *accesoires*, formés d'autres silicates, de sel, de métaux, augmentant leurs espèces.

Par cette esquisse sur la formation des roches éruptives, on voit que leur étude est très ardue, c'est une mer à boire. Donc personne ne doit s'étonner, vu leur nombre, que les dénominations, que leur ont données les savants, les surpassent également en nombre, et que leur nomenclature chaotique laisse encore beaucoup à désirer.

Zirkel dans sa pétrographie ajoute à chaque déscription d'une roche éruptive plusieurs analyses, exécutées par les notabilités en chimie, sur les échantillons provenant de différentes localités. Mais on ne trouve pas deux analyses qui soient identiques. Gustave Rose fondant une masse de hornblende dans un fourneau à fabriquer la porcelaine, a reçu une forme d'augite. Je n'ai pas l'intention de faire une déscription de toutes les roches éruptives depuis les plus anciennes jusqu'aux laves, scories et cendres volcanique de nos jours. C'est un objet qui appartient à la pétrographie spéciale. Je veux exposer les caractères successifs des roches éruptives, pour en déduire des conclusions géogéniques. Car leurs caractères changent de plus en plus, à mesure qu'elles sont plus jeunes; et nous verrons après, que sous ce rapport, les roches éruptives ont eu trois phases distinctes.

39. Chaque éruption de la masse fondue par la croûte terrestre, peut être comparée à la crue d'un fleuve pendant la débâcle; ou à la marée, qui en débordant, rompt et renverse toute écluse. Elle se caractérise de la manière suivante.

a) Elle pénètre dans la couche superposée, dans une direction verticale ou inclinée, sous forme de dyks, de troncs, de filons, d'un diamètre notable, d'où s'échappent des ramifications et des veines d'un diamètre plus étroit.

b) Quand elle a percé toute l'épaisseur de la roche superposée, ou quand elle s'est glissée entre deux couches schisteuses, elle s'étend comme un liquide en coulées, en enclaves transversales, ou elle s'élève comme une masse pâteuse en forme conique de massifs et de coupes, en rejetant souvent des filons et des veines.

c) Après avoir morcelé une partie des roches ambiantes, elle enveloppe et empâte les fragments de sa masse.

d) Elle augmente le volume de la roche percée de sa propre épaisseur, et par conséquent, elle soulève et incline les couches superposées.

e) Elle change souvent la constitution minéralogique, et même chimique de la roche ambiante, tantôt par sa propre chaleur, tantôt par le choc et la pression violente, qu'elle a exercée sur lui.

f) Elle diffère enfin de l'entourage, souvent par sa constitution minéralogique, toujours par sa couleur et sa structure.

40. Les roches éruptives caractérisées ainsi, se rencontrent partout en abondance. Il y a même des localités, où plusieurs éruptions se sont succédé, et où les anciennes ont été percées par les plus récentes, différentes quant à leur apparence. Cette fréquence des roches éruptives, et la conviction, quelles n'ont pu avoir lieu, sans produire un choc violent, perceptible à la surface du globe, m'ont donné l'idée de leur attribuer les phénomènes du tremblement de terre. D'ailleurs, il est notoire, qu'une éruption volcanique est précédée d'un tremblement de terre, et de bruits souterrains, semblables au roulement du tonnerre, qui cessent aussitôt que les masses éruptives se sont frayé un passage. Donc, le tremblement de terre est une éruption volcanique *avortée.*

Les roches éruptives nous indiqueut, que leur premier contacte a eu lieu avec l'eau extrêmement bouillante; parce qu'elles ne sont pas réduites en poudre pour former le tuf. Mais qu'après que l'eau se fût assez refroidie, elles se sont dissoutes, pulverisées en tuf, ou elles ont crevé en fragments, qui se sont ensuite soudés en formant des conglomérats.

Elles nous apprennent que tous les métaux, et les autres éléments viennent de l'intérieur du globe, d'audessous de la croûte durcie, parce qu'outre le fer, le manganèse, elles emportèrent l'étain, le titane, le cuivre, l'argent, l'or, le rutile, le chrome, le plomb, le mercure, l'arsenic, le phosphore *(l'apatite)*, le soufre, le bore *(le tourmalin)* et tant d'autres.

Elles nous montrent à l'évidence que la masse fondue, malgré sa chaleur énorme fut intimement mêlée aux corps actuels liquides et gazeux. Parce que les roches éruptives plus récentes, et les laves contemporaines, venant à la superficie du sol, sont boursouflées et gonflées par les cavéoles, cellules éllipsoïdes, amygdalines, produites par l'expansion des gaz et des liquides. Cela nous prouve aussi, que les éruptions anciennes ont eu lieu à une grande profondeur sous-marine, où le gaz et les liquides se sont échappés sans laisser de traces de leur action expansive; parce que le poids de la haute colonne d'eau et d'atmosphère a comprimé la masse fluide ou pâteuse, jusqu'à ce, quelle se durcît, en conservant la structure compacte.

Toutes les roches éruptives, malgré leur hétérogénéité, ne forment pas des conglomérats, dont les différents minerais sont collés par un ciment, mais elles composent un agglomérat homogène, dont les molécules, les grains et les cristallules des minerais différents adhèrent réciproquement par leur propre matière.

Toutes les roches éruptives ont une texture cristalline. Les cristaux, plutôt les grains pseudo-cristallins des roches anciennes sont visibles à l'oeil nu. Plus les roches éruptives sont jeunes, plus elles deviennent microcristallines et cryptocristallines, ou vitreuses, dont les cristaux ne sont appréciables qu'au microscope; ou même ils deviennent indéterminables. Cela prouve, que pour la cristallisation des silicates, leur masse fondue doit s'attiédir très lentement. Mais aussitôt qu'elle est chassée vite dans un parage respectivement plus froid, elle se durcit avant que les cristaux aient pu se développer en forme et en grandeur.

Dans les roches cristallines plus récentes, on trouve souvent des cristaux plus grands et bien formés, englobés dans la masse micro-ou-cryptocristalline. Cela prouve, que la masse fondue a détaché de l'intérieur de la croûte terrestre des cristaux bien formés, qui y étaient fixés comme les cristaux dans une géode, ou les stalactites dans une caverne, pour les emporter dans son courant, comme un fleuve déracine et emporte les arbres pendant sa crue rapide. Mon opinion est d'autant plus vraisemblable, qu'on trouve souvent les cristaux brisés et empâtés.

Donc, l'opinion des savants, selon laquelle ces grands cristaux sont une sécrétion de la masse cristalline, doit être acceptée avec réserve.

Il paraît en général, que les cristaux de terre et de silicates terreux se sont très lentement formés de la masse fondue, encore sous la croûte solide, quand même ils renferment des pores remplis d'eau ou d'acide carbonique, comme la topaze, le quartz etc. Ces cristaux étant plus légers, que la masse fondue (III, 12), nagèrent à la superficie, comme la glace nage sur l'eau, obéissant à son mouvement.

Les roches éruptives trahissent leur état jadis fluide, par la structure appelée *micro-fluctuation*; c'est à dire, que tous les cristallules sont parallèles entre eux, dirigés dans un sens, qui indique un courant onduleux, ainsi que des morceaux de bois qui flotteraient à vau l'eau.

Les éruptions les plus récentes, se sont répétées à la même place à plusieurs réprises, l'une de l'autre par un espace de temps indéterminable. Comme chaque éruption débute habituellement par des masses incohérentes, comme: cendre, pierre etc., et finit par la masse fondue, qui se durcît ensuite en masse solide; donc après une longue série d'éruptions, il s'accumula une haute montagne, composée de dégrés de roche compacte, séparés par des amas incohérents. Ces dégrés (qui en Suèdois s'appellent *trapp* de l'allemand *Treppe*) ont donné la dénomination de *trapp* à plusieurs roches éruptives; mais ce nom ne désigne que leur forme.

41. Telle est l'histoire des roches éruptives, écrite en lettres lisibles. Mais il reste l'autre partie de cette histoire, écrite en hiéroglyphes, qui demandent à être déchiffrés. Notamment.

1. Pourquoi les roches éruptives venant d'un seul foyer, diffèrent-elles tellement dans leur composition minéralogique et chimique?

2. D'où vient que les roches éruptives se succèdent-elles, alternant les *quartzeuses avec les non quartzeuses?*

3. Pourquoi les roches quartzeuses ayant dans leur composition le kali-feldspath (orthoclase) et le kali-mica (muscovite) sont elles plus claires; tandis que les roches moins quartzeuses, étant plus ferrugineuses se composent-elles *d'oligoclase* et de *mica magnésien* plus sombre?

Les phénomènes mentionnés s'expliquent en partie par notre théorie sur l'organisation du globe. Les vapeurs métalliques venant du milieu, traversent la couche fondue, homogène aux silicates (théorie de Bunsen), comme les boulles de vapeur passent à travers l'eau bouillante.

Le contact de ces deux séries de combinaisons, produit irrévocablement leur décomposition réciproque. Mais comme les métalloïdes manifestent une affinité variable avec les alcalis, terres alcalines et terres, donc en se combinant avec les uns, ils laissent les autres comme bases des silicates. Le *nosean phonolite* nous prouve que le chlorure et le sulfate de soude se forment dans la profondeur du globe. Nous ne pouvons admettre qu'ils se soient formés après l'éruption, par voie humide, car étant très solubles ils auraient subi une lixiviation. Ce contact éliminant peu à peu la silice, l'argile et les autres terres, forme deux couches superposées: l'une supérieure quartzeuse, plus légère; l'autre inférieure, pauvre en silice, plus pésante, contenant de l'argile, des terres, du fer et d'autre métaux (Durocher—Comptes rendus. T. 44, 1857, p. 326). L'expansion centrale chasse d'abord la couche quartzeuse, et ensuite la couche basique. C'est pourquoi le syénite, moins quartzeux abonde en cristaux de zircon et en titane.

Avant de présenter les caractères prédominants, spéciaux des roches éruptives, revenons à la genèse des granits.

42. Zirkel dans son éminent ouvrage (Die mikroskopische Beschaffenheit der Minerallien und Gesteine, p. 319), en vient aux trois conclusions suivantes, quant à la genèse des granits.

1. Que les granits se sont formés en présence des fluides ou des gaz concentrés en fluide.

2. Que leur consolidation s'est faite sous une énorme pression, eu égard aux fluides qu'ils renferment.

3. Que les preuves microscopiques directes *de leur consolidation d'une fonte, font défaut.*

Les deux premières conclusions du célèbre savant nous font honeur, car elles concordent avec mon exposé ci-dessus. La troisième, sans être une négation, n'est pas une certitude, et milite en faveur de la fusion.

La structure de la *microfluctuation* des roches éruptives, ne peut être imputée qu'au mouvement de courant, que la masse en fusion, remplie de *microlithes*, exerce dans un lieu limité, par ex: dans un lit, par une cheminée, ou sur une pente etc. Mais comme les granits se sont formés dans une étendue fondue, pour ainsi dire sur un *pacifique* fondu, aucun mouvement du courant n'a eu lieu. Tandis que les grands cristaux de *hornblende* dans les *syénites éruptives*, de *sanidine* dans les *trachytes*, de *feldspath* et *d'augite* dans les laves étant parallèles entre eux, et dirigés dans le même sens, indiquent d'une part un mouvement, une fluctuation de la masse fondue; d'autre part, que les cristaux étaient déjà formés, avant que la masse fondue ait pris le mouvement d'un courant.

L'écorce primitive granitique du globe, d'une épaisseur moindre, ne mit que peu d'obstacle à la masse granitique encore fondue au dessous, pour la percer et s'y durcir en granit éruptif. En effet, nous trouvons des granits éruptifs à petits grains dans les granits non éruptifs à gros grains. Mais aussitôt que nous reconnaissons l'existence des granits éruptifs, dont l'origine par fusion est indiscutable, nous ne pouvons nier la même origine aux granits en général sans contradiction. Donc de la masse fondue, restée dans un repos complet, formant jadis la base de l'océan primitif, les silicates, chacun à part, se sont cristallisés et agrégés réciproquement, et ont formé des granits et des syénites primitifs, caractérisés par leurs cristaux déterminables, ou par les grains assez gros de cristaux mal développés. Cette formation crût en puissance, à mesure que l'eau pénétra plus profondément. Abstraction faite de cette formation granitique, la masse fondue au dessous d'elle, pressée par l'expansion centrale, déchira les granits et les syénites primitifs, s'y cristallisa en petits grains, comprimée dans les fentes, formant les granits et les syénites éruptifs. Elle a même pénétré la roche superposée, sédimentaire, schisteuse, nommée *gneiss*, en se cristallisant en granit éruptif à petits grains, appelé injustement *protogyne*. Le protogyne, par son choc et sa chaleur, a quelquefois changé la structure schisteuse du gneiss en granitoïde et cristalline massive. Ce qui a poussé quelques géologues à commettre un anachronisme, en proclamant le gneiss comme masse éruptive. Mais le gneiss schisteux, métamorphosé en granitoïde est aussi peu éruptif, que le marbre ou le jaspe. De tout ce que nous avons exposé plus haut sur la formation éruptive, on peut déduire les conclusions suivantes:

A) La formation éruptive se compose de trois séries d'éruptions plutoniques ou volcaniques, qui correspondent aux trois grandes formations géologiques: azoïque, mesozoïque et känozoïque.

B) Chaque série à part, a débuté par des silicates acides, c'est à dire par des éruptions abondantes en quartz, dont la quantité a diminué dans les éruptions successives; et par conséquent, le poids spécifique des roches éruptives s'est accru, à mesure que la quantité de quartz a diminué, formant des silicates basiques.

C) Chaque série en bloc, a moins de quartz que la précédente, et plus de quartz que la suivante.

D) Le mica potassique blanc (muscovite), et le feldspath potassique (orthoclase) ont été abondants dans la première série; leur quantité a diminué dans la seconde, et a disparu dans la troisième, remplacés par le *biotithe*, le *sanidine* et les autres feldspaths *triclines*.

E) Les minerais *accessoires*, très abondants en quantité et qualité au cours de la première série, ont diminué peu à peu, pendant la deuxième et la troisième série.

F) La *première série éruptive granitoïde* a commencé après la consolidation de l'écorce primitive terrestre, et a continué à pénétrer les couches superposées jusqu'à la formation du vieux grès rouge. L'écorce étant encore incandescente, a favorisé le lent attiédissement de la fusion ou de la masse plastique. C'est pourquoi, ces roches éruptives offrent une structure granitique, granuleuse, à petits grains, composée de différents minerais constitutifs, intimement mêlés, dont les cristaux, à cause de leur pression réciproque, à peine développés, embrassent quelquefois des cristaux plus grands arrachés et emportés par le courant de la masse fondue. A cette série appartiennent: le *granit éruptif*, la *syénite éruptive*, le *diorite*, le *diabas*, le *gabro*, *l'hypersthenite* etc. Dans la pétrographie de Zirkel j'ai trouvé jusqu'à 60 minerais accessoires. J'indiquerai les suivants, pour ne pas trop fatiguer l'attention du lecteur: l'apatite, l'argent, le béryl, le chrysobéril, le chlorite, l'émeraude, l'épidote, l'étain oxydé, le fer micacé, le fer magnétique, le fer titanique, le fluorite, le grenat, le mercure, le molybdène sulfuré, l'or, le pyrite de fer, le pyrite de cuivre, le rutile, le spondumène, le titanite, le turmaline, l'urane micacé, le wolframe, le zircon.

Les nids, les veines et les géodes, sont extrêmement rares dans les roches éruptives de cette série, qui renferment l'épidote, le spath calcaire et le vésuvien.

G) La seconde série éruptive, porphyroïde a pénétré toutes les couches superposées, jusqu'à la formation crétacée inclusive. L'écorce terrestre était en grande partie attiédie; ce qui a empêché les minerais constitutifs de se séparer en entités cristallines; et partant, la fusion s'est coagulée en masse tantôt homogène, felsitique, composée de microlithes; tantôt vitreuse, cryptocristalline et hyaline, ou même en masse gonflée par les gaz, c'est à dire poreuse, cellulaire, caverneuse avec des cavéoles rondes, ou oblongues en forme d'amande. Dans cette masse et dans ces cavernes, se trouvent englobés des minéraux plus grands, appartenant à la constitution des porphyres ou aux minerais accessoires. A cette série appartiennent: *l'euryte porphyroïde*, la *retinite*, la *syénite porphyre*, le *minette*, le *porphyrite*, le *mélaphyre* etc.

Les minerais accessoires deviennent plus rares et ne dépassent pas le nombre de 20. A ce groupe appartiennent: l'apatite, le chlorite, l'épidote, le fer micacé—magnétique—oxydé—hydraté, le fluorite, le cuivre, le grenat, le spath calcaire, le titanite, le turmalin, le zinc. Dans les excavations en forme d'amande, géodes, nids, rosaires et veines on rencontre: le spath calcaire, le spath brun, le quartz, le chalcédoine, l'agate, le jaspe, l'améthiste, le graphite, le barite sulfurique, le fluorite, le manganèse etc.

H) La *troisième série éruptive, trachytoïde* (rabouteux), a commencé pendant la formation nummulitique, qui se continue encore de nos jours. L'écorce terrestre, outre son attiédissement dans ses couches supérieures, est devenue très épaisse, et par conséquent, la masse fondue avant de parvénir à la surface du sol, parcourt une longue route, dans laquelle le mouvement continuel empêche les molécules de se grouper en cristaux; tandis que les microlithes s'enchevêtrent en masse compacte, pour se durcir ensuite. Il arrive même, que la colonne fondue surpasse par son poids la force expansive centrale, et qu'elle ne parvient pas à l'orifice élevé de sa cheminée appelée *cratère*.

Le *Stromboli* nous en offre un exemple frappant.

Pourtant cette masse, fondue depuis des milliers d'années, se durcit lentement dans son tujau, et après les milliers d'années suivantes, son enveloppe détruite par l'érosion, nous laisse une masse volcanique à nu, en forme de montagnes, de collines, de cônes et de colonnes, comme les colonnes phonolitiques de Sainte Hélène. La structure des roches éruptives de cette série a dépendu du dégré de leur fusibilité. Donc, elle est tantôt compacte sans éclat, presque terreuse, tantôt compacte crypto-cristalline avec de gras éclats, ou compacte vitreuse et hyaline, enfin sphérolitique avec éclats. En tout cas, elle est souvent gonflée par les cavéoles.

L'étude des roches de cette série est extrêmement compliquée; entamée, mais loin d'être approfondie.

M'appuyant sur les profondes études de Zirkel, (Pétrographie) je désire faciliter d'un coup d'oeil la revue de ce chaos. Je divise tous les produits volcaniques de cette série en trois groupes.

I. Le groupe des trachytes, dont le feldspath est représenté par l'oligolase, sanidine et andesite. Ici se rangent: les trachytes quartzeux—non quartzeux—vitreux et leurs laves, tels que le phonolite, l'obsidienne, la ponce, le perlite, le néphélite et le leucite porphyre.

II. Le groupe des basaltes, dont le feldspath est représenté par le labrador, auquel appartiennent le dolerite, l'anamesite et les divers basaltes.

III. Le groupe des produits volcaniques contemporains, qui ne diffèrent des granits, que par leur cohésion, leur structure, et la quantité de leurs éléments; leur qualité étant toujours la même. Ce sont: les laves en massifs, en blocs, en bombes, en scories, en lapilli, en sable et en cendre.

J'ajoute une table synchronique des roches éruptives mieux déterminées par la science, en indiquant leur poids spécifique et leur quantité de silice en chiffre moyen, d'après les analyses indiquées dans la Pétrographie de Zirkel.

Roches éruptives		*poids spécifique*		*quantité de silice*
Granit éruptif, porphyre granitoïde	„	2,66	„	71,90
Syénite éruptive	„	2,82	„	59,44
Diorite	„	2,85	„	54,69
Diabas	„	2,84	„	49,47
Gabro	„	2,95	„	46,63
Hyperstenithe	„	2,99	„	50,42
Eurite porphyroïde	„	2,69	„	70,89
Pierre de poix	„	2,27	„	68,60
Syénite porphyre	„	2,61	„	59,78
Minette	„	2,77	„	55,45
Porphyrite	„	2,71	„	64,66
Melaphyre	„	2,68	„	57,72
Teschenite	„	2,95	„	47,36
Trachytes quartzeux	„	2,61	„	69,49
Trachytes non quartzeux	„	2,70	„	60,96
Phonolite	„	2,56	„	58,91
Nosean phonolite	„	2,63	„	53,56
Perlite	„	2,40	„	76,79
Obsidienne	„	2,51	„	69,10
Pierre ponce	„	2,42	„	61,88
Laves trachytiques	„		„	60,52
Nephelinite	„	2,71	„	46,25
Leucytporphyre	„	2,70	„	49,00
Dolerite	„	2,35	„	50,54
Anamesite	„	2,90	„	49,94
Basalte	„	3,00	„	41,50
Lave de basalte	„	2,89	„	49,76

Le rôle que les volcans jouent dans l'économie du globe est d'une très haute importance. Ils constituent la soupape de sûreté, par laquelle l'expansion centrale se débarrasse des masses fondues, des vapeurs et des gaz, sans démolir l'écorce terrestre par le tremblement de terre. A ce point de vue, les volcans sont un acte de bienfaisance de la création envers le globe. D'ailleurs, ils consomment le superflu d'oxygène, que la végétation prépare par la décomposition de l'acide carbonique. Car la production de l'acide carbonique s'accroît énormément grâce aux agents suivants.

1. L'accroissement de la population humaine va toujours en augmentant considérablement, en progression géometrique.

2. L'homme est forcé d'avoir soin d'augmenter la quantité de ses animaux domestiques, pour apaiser sa faim et pour soulager son labeur.

3. L'homme moderne se nourrit surtout d'aliments et de boissons préparés par le feu.

4. La préparation étendue des boissons alcooliques.

5. Les usines et les fabriques, où la force de l'homme, et des animaux est remplacée par des moteurs à vapeur.

6. Les chemins de fer, l'éclairage par le gaz, le chauffage.

7. La métallurgie et la calcination du calcaire.

8. La poudre à canon.

9. La putréfaction de la matière organique.

10. Les émanatio ns naturelles de l'acide carbonique augmentées, à mesure que l'atmosphère devient plus légère et plus raréfiée.

Cette production de l'acide carbonique est contrebalancée par les plantes, que l'homme est forcé de cultiver soigneusement, pour sa propre nourriture et pour celle des animaux domestiques. A son insu, les plantes ainsi cultivées lui rendent un plus grand service, en absorbant l'acide carbonique pour exhaler l'oxygène pur. Les volcans forment le troisième anneau de cette chaîne sans fin.

*
* *

En donnant l'histoire du globe et de ses êtres, j'ai mentionné les trilobites. Je ne veux pas dédaigner le genre humain, et le laisser totalement ignorer à la fin de mon ouvrage. L'homme a laissé le premier vestige de son existence au cours de la période glaciaire, par le silex grossiérement taillé. Ce caillou, au moyen duquel l'homme a exercé sa domination sur le globe, est le suprême témoignage de son génie. Car le silex taillé à la main, ce n'était plus l'oeuvre d'un enfant terrible, mais d'un homme mûr, qui nous montre, que n'ayant aucun modèle, il a médité, il a fait une série d'expériences continuées pendant des milliers d'années, avant de perfectionner cette terrible arme offensive et defensive. Par conséquent, sa naissance a de beaucoup précédé l'apparition du silex taillé, et fut probablement contemporaine du mégatherium, qui vivait dans la période anté-glaciaire, quand la température était élevée. D'ailleurs, il est à peine concevable qu'un genre nouveau, tellement développé, ait apparu pendant le froid. Le silex taillé, comme invention de l'homme primitif, vaut plus qu'une machine à vapeur, qu'une presse hydraulique, même plus qu'une mitrailleuse de nos jours. Imaginons-nous, l'homme sans ongles durs, sans dents proéminentes, sans défenses, sans trompe, la peau nue et vulnérable, entouré de carnassiers et d'horribles pachydermes. Il devait non seulement se défendre contre ces géants affamés, par le manque de nourriture à cause du froid; mais apaiser sa propre faim, et trouver un asile naturel dans les excavations des roches. Pour se procurer tout cela, il ne possédait qu'un morceau de silex taillé. L'histoire de David et de Goliath, n'est qu'un enfantillage en comparaison de l'histoire de l'homme primitif. Ou ne sait, ce qu'en lui on doit admirer le plus; sa force comme couséquence de son exercice, son adresse comme conséquence de la pensée, sa sûreté du premier coup, comme conséquence de la conviction; car pour le second coup, il lui manquait du temps.

Il a fait la guerre au lion et à l'hyène de caverne; il a vaincu et chassé l'ours de caverne de sa grotte, et s'est rendu maître de sa demeure. Il a combattu avec le rhinocéros et le mastodonte; il a littéralement exterminé le boeuf musqué, le bison, le renne et le mégacéras. Il a exterminé les oiseaux, qui privés d'ailes, ne pouvaient fuir sa poursuite. Ainsi périrent: le *dinornis,* le *dido ineptus* et *l'alca impennis.*

Le premier homme, l'ainé venant de l'Asie, a déclaré une guerre d'extermination à ses frères cadets, habitants de l'Europe et de l'Afrique du Nord, leur a tout arraché et s'est même approprié leur langue. Car l'adamisme des langues est tout aussi bien une fable, que l'adamisme du genre humain; et l'indo-européisme, ou comme le veulent les allemands, *l'indo-germanisme* n'est qu'une modification moderne de l'adamisme. Après avoir subjugué l'Europe et l'Afrique du nord, il a transporté la guerre d'extermination en Amérique, puis en Océanie et dans l'Amérique du Sud.

Il a voulu détruire tous les oiseaux chanteurs, parce qu'ils lui mangeaient quelques fruits; et les insectes lui ont détruit presque toute la végétation. Il a rasé les forêts, et les épidémies ont décimé la population.

Après tant de désastres, causés par l'homme, qu'a t'il donc créé?

Il a créé la *parole*, pour mettre ses pensées en relief. Il a crée *l'écriture*, pour communiquer ses idées au délà, de la portée de la voix. Il a crée la *science*, ce saint évangile, écrit en lettres de poussière et d'étoiles, pour dévoiler le mystère le plus caché de la création à son profit.

L'auteur de ces trois inventions, cet *Ecce Homo*, mérite qu'on lui consacre une étude à part.

XIII
ÉPILOGUE.

La statistique a constaté l'accroissement du genre humain en nombre, en progression géometrique. — L'homme est forcé d'augmenter le nombre de ses animaux domestiques et d'étendre l'espace pour la culture des plantes comestibles. — Est-il possible, que la Sagesse ait destiné une habitation limitée en étendue, à ses habitants illimités en nombre? — Solution de cette question par la formule mathématique de la surface d'un spheroide $x=4 (\pi. R^2)$.

Le temps, l'espace et la matière cosmique, ces trois principes infinis, deviennent en partie appréciables, par le volume limité de la forme matérielle, enlevé à l'espace, et sa durée limitée, enlevée au temps—*c'est l'existence, c'est la vie.* La forme matérielle limitée, par la diminution successive de son volume et de sa durée, devient de nouveau inappréciable—*c'est la destruction, c'est la mort.* L'existence et la destruction, la vie et la mort, le commencement et la fin, se touchent, s'enchaînent, et passent de l'une à l'autre—*c'est l'éternité.*

Le globe terrestre, ayant une forme matérielle limitée, a eu un commencement, et aura une fin. Les observations et l'expérience nous ont appris cette loi, que la durée et l'existence d'une forme matérielle limitée, est en proportion directe de sa dimension en volume. Le globe terrestre ayant un volume très—grand, a conséquemment une durée très—prolongée.

La matière cosmique, entre son commencement et sa fin, passe par trois phases. D'abord inappréciable, invisible et raréfiée, elle se concentre de plus en plus, en acquérant un volume minime—*c'est le commencement.* Après, elle s'élargit, s'augmente et croît en volume—*c'est le développement, l'existence, la vie.* Enfin, elle se resserre, diminue de volume, s'amoindrit jusqu'à disparaître, et devenir cosmique et inappréciable—*c'est la mort.*

Chacune des ces phases a une durée relative. On ne commence pas, et on ne disparaît pas dans un instant.

En décrivant l'histoire du globe terrestre, nous avons indiqué sa première phase, son commencement, la concentration de la matière cosmique en un volume minime. Après, nous avons exposé sa seconde phase, son développement et son accroissement, qui dure depuis des milliards d'années, et continuera encore pendant des milliards d'années, avant de passer à sa troisième phase de raccourcissement et de diminution en volume, comme le fait la lune.

L'accroissement de notre globe est en pleine vigueur; les tremblements de terre nous le prouvent, les bords des grands bassins aquatiques nous le confirment par leur exhaussement. Ch. Lyell commence le cinquième chapitre de sa géologie par les mots. „Ce n'est pas la mer qui s'abaisse, mais c'est le sol qui s'exhausse.“ L'accroissement du globe terrestre, est non seulement un attribut inséparable de tout développement matériel, il est aussi d'accord avec la raison et la Sagesse, qui gouverne tout.

La statistique, science sur laquelle nous fondons toutes nos conclusions pour l'avenir, a constaté, que le genre humain s'accroît en nombre dans une progression géometrique, dont l'exposant est modifié par des influences énergiques, comme la famine, la guerre, les épidémies, les inondations etc. Néanmoins il en résulte, que l'homme, dont le nombre s'accroît, pour garantir son existence, est forcé d'étendre l'espace pour la culture des plantes comestibles, et d'augmenter le nombre des animaux domestiques. J'ose demander s'il est admissible, que la création ait destiné une habitation limitée en étendue, à ses habitants illimités en nombre? Aussitôt que nous admettons cette possibilité, un excédent de la population étouffant est inévitable avec la consequence des migrations d'un lieu à autre.

Et voilà que l'histoire des temps les plus réculés cite un nombre des migrations, dont l'Asie était le centre et le point de dèpart, d'où elles se sont dirigées, et disséminées en différentes directions. Je n'en citerai que trois. La migration des *Foncés,* connus sous le nom des *Chamites* (de l'hébreu חם = *Chame,* signifant *noir*, *foncé*, *ardent*); qui est difficile à determiner par rapport à la chronologie. La migration des *Archers,* connus sous le nom *Hyksos* (de l'hébreu הקשת = Hakachosse, signifiant un *archer*; dans le saint langage hiéroglifique désigné sur les pyramides par Hak-ou-Chasse-ou (1), qui a eu lieu 2100 ans avant l'ère nouvelle. La migration *Orientale*, *Cadmon* (de l'hébreu קדמון = Cadmon, signifiant de l'Orient), personifiée par *Cadmus* à l'an 1519 avant l'ère nouvelle, et qui se colonisa en Béotie.

Cette population excessive de l'Asie était probablement le motif, qui l'a fait proclamer berceau du genre humain. Nous reviendrons à cette question ailleurs.

A présent l'Europe actuelle, étant le plus richement peuplée parmi les autres parties du globe, mérite que nous dirigions l'attention du lecteur sur la statistique la plus récente, qui nous apprend ce qui suit.

---

(1) Dr. Georg Ebers—Aegypten und die Bücher Moses. Leipzig 1868, pages 216 et 217.

Tableau statistique de l'accroissement de la population des principaux pays de l'Europe d'après Richard Andree (Allgemeiner Hand-Atlas 1881). [1])

PAYS ET SA POPULATION en...........	Accroissement actuel de sa population au courant de...........	L'augmentation moyenne de sa population par an	Chiffre calculé de sa population à la fin relative d'un siècle	Donc sa population de 100 habitants s'élève en un siècle à
1. Prusse occidentale 1816 571084 1875 1342750	*59 ans passés* 771666	13079	1878984	329
2. Saxe 1815 1178802 1875 2760586	*60 ans passés* 1581784	26363	3815102	323
3. Pomeranie 1816 682652 1875 1462290	*59 ans passés* 779638	13214	2004052	293
4. Prusse orientale 1816 886174 1875 1856421	*59 ans passés* 970247	16444	2530574	285
5. Royaume de Pologne 1826 [2]) 3850000 1870 6895200	*44 ans passés* 3043200	69163	10766300	279
6. Province de Rhin 1816 1870901 1876 3804381	*60 ans passés* 1933480	32770	5147901	275
7. Brandenburg 1816 1283616 1875 3126641	*59 ans passés* 1843025	31237	3407316	265
8. Silesie Prussienne. 1816 1942063 1876 3843699	*60 ans passés* 1901636	31693	5111363	263
9. Duché de Posen 1816 820176 1875 1606084	*59 ans passés* 785908	13320	2152176	262
10. Galicie 1869 5418066 1876 6000326	*7 ans passés* 582260	83130	13736066	253

[1]) Les chiffres de la première colonne sont pris de R. Andree, les chiffres des quatre autres sont le resultat d'un calcul.

[2]) Balbi Adr. Abrégé de Géographie. — Paris 1833, page 475.

PAYS ET SA POPULATION en.........		Accroissement actuel de sa population au courant de.........	L'augmentation moyenne de sa population par an	Chiffre calculé de sa population à la fin relative d'un siècle	Donc sa population de 100 habitants s'élève en un siècle à
11. Basse Autriche.		*7 ans passés*			
1869	1954251	189677	27096	4663851	238
1876	2143928				
12. Silesie d'Autriche.		*7 ans passés*			
1869	511581	46615	6659	1177481	231
1876	558196				
13. Bohême.		*104 ans passés*			
1772	2315795	3047205	29300	5244795	226
1876	5362000				
14. Suède.		*8 ans passés*			
1870	4168525	362938	45367	8705225	208
1878	5431463				
15. Bukowine.		*7 ans passés*			
1869	511964	36554	5222	1034164	202
1876	548518				
16. Angleterre.		*8 ans passés*			
1871	32021592	2495408	311926	63214192	197
1879	34517000				
17. Belgique.		*47 ans passés*			
1831	3785814	1690854	35975	7383314	195
1878	5476668				
18. Bade.		*59 ans passés*			
1816	1005899	501280	8496	1855499	184
1875	1507179				
19. Italie.		*7 ans passés*			
1871	26801154	1408466	201209	46922054	175
1878	28209620				
20. Russie d'Europe. [1]		*44 ans passés*			
1826	51084000	16809616	382036	89287600	174
1870	67893616				
21. Espagne.		*80 ans passés*			
1797	10541221	6082117	76025	18143721	172
1877	16623338				
22. Hesse Darmstadt.		*56 ans passés*			
1819	642821	240397	4292	4387147	166
1875	884218				

[1]) Adr. Balbi—Abrégé de Géographie, pages 473—4 —5.

PAYS ET SA POPULATION en..........	Accroissement actuel de sa population au courant dè..........	L'augmentation moyenne de sa population par an	Chiffre calculé de sa population à la fin relative d'un siècle	Donc sa population de 100 habitants s'élève en un siècle à
23. **Suisse.** 1870 2669147 1880 2840977	*10 ans passés* 171830	17183	1072021	164
24. **Westphalie.** 1816 643821 1875 884218	*59 ans passés* 240397	4074	1051221	163
25. **Bavière.** 1818 3707966 1875 5022390	*57 ans passés* 1314424	23060	6013966	162
26. **France.** 1810 28630468 1869 38698200	*59 ans passés* 10067732	170639	45694368	158
27. **Moravie.** 1869 1997897 1876 2079826	*7 ans passés* 81929	11704	3168297	158
28. **Styrie.** 1754 696600 1876 1178069	*122 ans passés* 481169	3943	1090900	156
29. **Tyrol.** 1818 652852 1848 758109	*30 ans passés* 105257	3508	1003652	153
30. **Wurtenberg.** 1816 1410684 1881 1881505	*65 ans passés* 470821	7243	2134984	151
31. **Hanovre.** 1833 1662629 1864 1924172	*31 ans passés* 261543	8436	2506229	150
32. **Salzburg.** 1817 134015 1869 148025	*52 ans passés* 14010	284	162415	121
33. **Kraïne en Autriche.** 1857 451941 1869 463273	*12 ans passés* 11332	944	546341	120
34. **Hongrie.** 1869 13561245 1876 13724442	*7 ans passés* 163197	23314	15892645	118

Il serait d'un grand interêt pour l'humanité et pour la science, d'étudier les causes topographiques, sociales et morales, qui contribuent aux résultats divergeants de l'accroissement de la population des différents pays. Mais l'analyse de cette matière, dépassant le cadre de notre ouvrage, nous sommes forcés de nous contenter d'un résumé en bloc.

D'après ce résumé, constaté par la statistique du passé, l'augmentation moyenne de la population de l'Europe, dans le cours d'un siècle sélève de 100 à 204. Ce chiffre, accepté comme normal, donnera en chiffres ronds pour l'avenir, le progrès suivant de la population.

Après 1 siècle — 100 : 204 = 204 : x = 416
après 2 siècles — 100 : 204 = 416 : x = 848
après 3 siècles — 100 : 204 = 848 : x = 1730
après 4 siècles — 100 : 204 = 1730 : x = 3529
après 5 siècles — 100 : 204 = 3529 : x = 7199
après 6 siècles — 100 : 204 = 7199 : x = 14678

Cela suffit.

Admettons en attendant, que l'étendue actuelle territoriale, habitée et cultivée par l'homme, ne fasse que la centième partie du sol; mais que, dans le cours de six siècles la nécéssité, l'étude de l'agronomie, et le progrès des sciences en général, viennent en aide à l'homme, de façon, qu'il rende rélativement cultivable et habitable toutes les terres connues.

Quand même cela arriverait, un avenir peu éloigné de nous, se présente très désastreux; et le fantome de la famine, de la misère, et du crime se dresse terrible devant nos yeux; parce que, après six siecles, l'habitat ne sera que cent fois plus étendu que l'actuel, tandis que les habitants seront beaucoup plus que cent fois plus nombreux.

Nous aurions envie d'accuser la Sagesse d'avoir commis une grande erreur, je dirai même une grande faute, en calculant l'éternité de notre globe, si nous n'avions pas toute confiance en son infaillibilité.

Voyons l'autre face de la médaille.

La géométrie, science infaillible, nous apprend à calculer la surface d'un sphéroïde x, ayant la longueur de son rayon *R*, selon la formule $x=4(\pi R^2)$. Je présenterai au lecteur un tableau, qui nous indiquera par des chiffres, l'accroissement rapide de la surface d'un sphéroïde en mètres carrés, quand son rayon n'augmentera que d'un mètre en longueur.

Longueur du rayon en mètres	*Surface du sphéroïde en mètres carrés*	*Accroissement de la surface en mètres carrés*
10	1257	243
11	1520	
100	125663	2527
101	158190	
1000	12566370	25146
1001	12591516	
1000000	12566370600000	25132753
1000001	12566395732573	

Nous voyons donc, que plus le rayon d'un sphéroïde est long, plus sa surface s'agrandit par le moindre prolongement de ce rayon.

Le rayon terrestre équatorial actuel a une longueur de 6377397 mètres. Si le globe terrestre était un sphéroïde régulier, il aurait une superficie de 510380177 kilomètres carrés; mais étant un ellipsoïde aplati à ses deux pôles, il n'a que 509950714 kilom □.

Abstraction faite de son aplatissement, supposons qu'il est un sphéroïde d'une superficie de 510830177 kilom: □, et que son rayon, au courant d'un temps indéterminé, se prolongera d'un mètre, ayant la longueur de 6377398 mètres. Sa superficie aura alors 511089240 kilomètres carrés; c'est à dire, elle sera plus élargie de 259063 kilomètres carrés. Cet élargissement concernera autant la superficie territoriale, que celle des eaux. Comme la proportion des eaux, et des terres-fermes par rapport à leur étendue, est $^{8}/_{11}$: $^{3}/_{11}$; l'élargissement strictement territotial ne fera que 70653 kilomètres carrés.

La Belgique, pays le plus peuplé sur le globe, habitée par une population de 5336183 hommes, a une étendue de 29455 kilomètres carrés. Donc l'accroissement du rayon terrestre *seulement d'un mètre*, élargira l'étendue du terrain plus que deux fois, que celle de la Belgique, en pretant une asile commode aux 14 millions d'hommes environ.

De la théorie passons à la réalité.

Dans le cours de notre ouvrage, à chaque époque géogénique nous n'avons omis aucune occasion, d'indiquer l'agrandissement du globe en volume. Sous ce rapport, nous avons même péché par l'excès. Nous avons étalé toutes les preuves possibles; nous avons dans ce combat lancé toutes nos flèches; notre carquois est vide.

Si le lecteur doute encore de cette vérité, que le globe terrestre s'accroît en volume, il nous reste à attirer son attention sur un phénomène bizarre et grandiose.

* *
*

Je montrerai ailleurs, que le berceau du genre humain a été à la cime des montagnes, au courant dé la période antéglaciaire, quand la température sur notre globe était encore élevée. C'est depuis-la probablement, que date le mythe du paradis. Mais quand l'exhaussement progressif des montagnes a aménée l'abaissement de la température et la formation des glaciers, l'homme forcé par le froid et le manque de nourriture, descendit de plus en plus dans les vallées, où le froid était moins rigoureux et la végétation plus abondante; et marchant le long des cours d'eau pendant des milliers d'années, il est enfin arrivé à l'embouchure des fleuves.

Au courant de ce très long et pénible voyage, ayant acquis une certaine culture, et ayant accumulé un trésor d'expérience, il a bâti à l'embouchure des fleuves les premiers monuments de son intelligence, et de sa civilisation. Ce n'était plus des tentes transportables *des Nomades*, mais c'était une habitation solide, construite en pierres, et en briques; c'était une ville sur le bord de la mer.

Ces monuments sont àprésent en ruine, ou même enfouis dans la terre. Jci je mentionnerai: Troie, Carthage, (*Carta Chadacha* = קרתא-חדשה), même l'ancienne Massilla (Marseille). Mais ce qui est bizarre, c'est que tous ces monuments sont éloignés de la côte d'une distance plus ou moins grande. Et même, que les villes côtières des temps historiques, suivent l'exemple de leurs soeurs ainées, en se retirant du bord. Les savants expliquent ce phénomène par l'exhaussement du sol. Ils ont raison. Quoiqu'ils eussent mieux expliqué cette étrange apparition par l'accroissement du globe. Cela revient au même.

Voyons ce que nous raconte, à ce sujet, Richard Andree dans son Atlas de 1881, page 5.

„Les exhaussements et les affaissements séculaires, consistent en changements du niveau du sol, qui n'étant pas redevables aux forces volcaniques, manifestent leur action en sens vertical *de quelques mètres au cours d'un siècle*. C'est à l'avenir qu'il reste à résoudre, si ces deux mouvements ne sont pas le résultat d'un effort réciproque d'équilibre, et *quelles sont les causes qui les produisent?* Il est caractéristique, que les embouchures des grands fleuves forment de spacieux deltas *par l'exhaussement de la côte*, qui doivent probablement diminuer, et disparaître pendant l'affaissement du sol (??).“

„Les parties continentales de l'Europe, qui subissent un exhaussement sont: la péninsule de Crimée, et la côte Ouest de la Mer Noire. Le même phénomène se manifeste en Morée, en Crète, en Sicile, en Sardaigne, au midi de la France, et au Sud Ouest de la péninsule Ibérique“.

„Les côtes de l'Est et de l'Ouest de l'Angleterre s'affaissent. L'Irlande et l'Ecosse s'exhaussent. De même l'Islande et les côtes Scandinaves s'élèvent; excepté le point Sud proéminent de la Suède, qui s'abaisse. Un large affaissement se fait voir sur la côte d'Allemagne, et se prolonge sur les Pays Bas, la Belgique, et la France, jusqu'au golfe de Biscaye“.

„Quand les catastrophes météoriques, comme les fameux courants orageux de la mer du Nord, viennent se joindre aux affaissements séculaires des côtes; alors de grands terrains engloutis deviennent victimes de la mer; ce que les côtes de la Frisie nous prouvent. On remarque un exhaussement continuel au nord de l'Asie; le même mouvement s'observe de la part des péninsules et des îles, qui regardent vers le Pacifique. Ainsi s'élèvent le Kamthchatka, riche en volcans, les Curilles, l'île Sachalin, le Japon, quelques parties de la côte de la Chine; les îles Liu Kiu, Formose et les Philippines. D'ailleurs on a constaté des exhaussements aux Mollusques, aux îles de la

Sonde, à Ceylan, à la côte orientale des Indes, à la côte de la Perse, à la côte Ouest de l'Arabie. Tandis que Katche, les Laccadives, les Maledives, et les îles Chagos s'abaissent".

„La Syrie et l'Asie mineure s'exhaussent".

„La côte de l'Afrique du nord s'élève à Maroc et à Tunis, tandis qu'elle s'abaisse en Egypte (1).

„S'exhaussent de même: la côte Ouest de la Mer Rouge, de Zanzibar, de Madagascar, et les volcaniques Mascarins. Les groupes des îles Comores, et Seychelles s'enfoncent".

„Sur toute la côte de l'Amérique du Sud, on remarque une élevation de terrain sur une longueur de 1200 lieues, évidente par les dépots marins, et les lignes caractéristiques sur le rivage, qui près de Valparaiso *atteignent à une élévation de 366* mètres au dessus du niveau. La côte Ouest du golfe du Mexique monte; l'embouchure du Mississipi descend. La côte de l'Amérique du Nord, jusqu'à l'embouchure du fleuve de Saint Laurent s'affaisse, en revanche la côte de Labrador s'exhausse. La côte Ouest du Groenland s'affaisse continuellement. La nouvelle Guinée s'exhausse à l'Ouest; la côte Est d'Australie s'affaisse, la nouvelle Zélande s'élève à l'Est, s'abaisse à l'Ouest".

D'après ce que nous avons emprunté à Richard Andree, le mouvement intérieur du sol n'est limité ni par les localités, ni par le temps, mais il est universel et incessant; par conséquent la force, qui le provoque est continuelle et très grande, et son résultat final est l'accroissement progressif et séculaire du globe en volume.

---

(1) L'abaissement de l'Egypte doit être accepté avec réserve; parce qu'il est connu, que le delta du Nil s'accroît évidemment.

* * *

De tout cet énoncé nous arrivons aux conclusions suivantes.

1. Que l'étendue du terrain exhaussé est en somme plus spacieuse, que celle du sol affaissé. Ce phénomène est explicable par l'élargissement successif de la surface du globe.

2. Que les affaissements territoriaux sont illusoirs; c'est à dire ils ne consistent qu'en inondations partielles des terrains, provoquées par l'écoulement des eaux d'un lieu à un autre.

3. Que l'accroissement successif du globe devient indubitable.

4. Qu'une très grande surface du sol, comme préventive, a précédé l'apparition du genre humain, et de tout autre être vivant, territorial.

5. Que les étendues, qui jusqu'à présent ne sont habitées, que par une fraction d'un homme, ou par quelques individus sur un kilomètre carré, sont des centaines de fois plus spacieuses, que les étendues plus ou moins habitées.

6. Qu'exceptée l'Europe, la population actuelle sur les autres parties du globe est très éparse. Ainsi que nous le présente le tableau qui suit (1).

Partie du globe	*Quantité des habitants*	*étendue en kilomètres carrés*	*habitants par un kil. carré*
L'Europe	312398480	9896197	31,6
L'Asie	881000000	44828000	18,5
L'Afrique	205219000	29932448	6,9
L'Amerique	86116000	40938500	2,1
L'Australie et L'Oceanie	4411000	8865627	0,5
en Somme	1439145300	134460770	11,9

(1) Hand-Atlas der neueren Erdbeschreibung, für Haus und Schule. Leipzig—Berlin 1875—1880.

7. Que même enEurope, exceptés la Belgique avec 181, le Pays Bas avec 117, et la Grande Britagne avec 106 habitants sur un kilomètre carré, la population des autres états européens n'atteint pas le nombre des 100 individus par kilomètre carré.

8. Que les contrées les plus peuplées, et le mieux cultivées, comme la Belgique, où 181 hommes habitent sur un kilomètre carré, jouissent pourtant d'un bien être. La misère, le crime y sont relativement assez rares, et par conséquent ces terrains sont en état de nourrir une population plusieurs fois plus grande que l'actuelle.

9. Que la fecondité du genre humain, outre les influences climatiques et topographiques, dépend en grande partie des conditions sociales et morales, dans lesquelles il reste. Avant tout, de son penchant pour la vie de famille, pour le foyer domestique, et son attachement pour la mère de famille. Sous ce rapport, c'est à peine la moitié de la population de globe, qui cultive cette vertu; tandis que chez la majorité, la femme est dégradée au rôle d'une femelle, servante ou esclave, et même chez beaucoup de peuples barbares, l'homme abandonne la femme aussitôt, qu'elle engendre et devient mère, lui laissant les soucis pour sa progéniture.

10. Que la vitalité et la conservation d'une bonne santé respective, soit des enfents, soit des adultes, dépend de la rationnelle higiène publique, cultivée par l'état. Mais c'est à peine la quatrième partie de la population du globe, qui se peut venter de cette bienfaisante protection higienique. Tandis que la majorité est decimée par la famine, les privations de toute sorte, la malpropreté et les fléaux épidemiques. Donc vu les deux moments plus haut cités (9 et 10), l'agrandissement de la

population en Europe ne peut servir comme norme pour les autres parties du globe.

11. Que quand même le nombre de la population s'accroît en progression géometrique, l'élargissement de la surface du globe se fait selon la progression du carré du rayon terrestre, multiplié par 4 π.

12. Que par conséquent jamais une superpopulation n'aura lieu sur notre globe.

13. Que jamais il ne manquera d'espace à l'homme, pour cultiver la terre pour sa nourriture, ni pour la pâture de ses animaux domestiques; car plus la population se multiplie, d'autant plus l'espace s'agrandit.

14. Que le calcul de la Sagesse est sublime, et la perspective d'une éternité est inabordable.

* * *

Nous passons à une autre question. Pouvons nous mésurer la vitesse, ou pour mieux m'exprimer, la lenteur de l'accroissement du globe rélativement à un temps déterminé?

Nous fondant sur la pésenteur specifique des couches primitives superposées, nous avons calculé la prolongation successive moyenne du rayon terrestre, 30 et quelques kilomètres, soit même 40 kilomètres par un million d'années. Ce qui fait 4 millimètres par un siècle, ou un mètre par 25 mille ans. Le chiffre de 4 millimètres par un siècle est très petit, mais au courant de l'éternité, il présente une énorme grandeur, qui pourtant n'est pas en harmonie avec le calcule de l'accroissement de la population en progression géometrique, laquelle après six siècle deviendra 150 fois plus nombreuse. De l'autre côté, nous avons lu plus haut chez Richard Andree, que les deux mouvements (exhaussement et affaissement) *manifestent leur action de quelques mètres en sens vertical, dans le cours d'un siècle.* Le lecteur aura raison de s'écrier avec Spiridion de Georges Sand „ubi est veritas?"

Pour satisfaire le lecteur, je tâcherai de résoudre cette grave question d'une manière indirecte.

Les savants étant d'accord sur le ralentissement de la rotation du globe, sont arrivés en même temps à la conviction, que ce ralentissement est très minime. Par conséquent, l'accroissement du globe, étant probablement en rélation directe avec le ralentissement de la rotation, ne peut être, que très minime.

L'étendue du globe est de 509950714 kilomètres carrés. La géologie nous enseigne par des inombrables exemples que, tandis qu'une partie du globe s'exhaussa, l'autre s'affaissa, ou à proprement parler, l'autre devint inondée

Supposons que dans le cours d'un siècle une étendue d'un million de kilomètres carrés, c'est à dire, un espace presque deux fois plus grand que la France, ait subi un exhaussement de quelques mètres. Il est évident, qu'il faudra plus de 500 siècles, avant que toute l'étendue du globe, une partie après l'autre, soit élevée de quelques mètres. Donc notre calcul n'est pas erroné, parce que cela revient au même, que dans un siècle le rayon terrestre s'allonge en chaque direction de 4 millimètres, ou dans 500 siècles il s'allongera de quelques mètres.

* * *

Après ce temps, la science constatera probablement quelques phénomènes suivants:

1. Que la pression atmosphérique moyenne est un peu moindre, parce que le baromètre ne s'élévera au niveau de la mer comme à présent.

2. Que la rotation du globe est un peu ralentie, parce que la durée actuelle d'un jour: 23 heures, 56 minutes et 4,09 secondes, sera de quelques secondes plus longue. Donc, les savants seront forcés de corriger toutes les horloges astronomiques.

3. Que par les atmosphérites les montagnes ont perdu de leur hauteur, et les vallées de leur profondeur.

4. Que le nombre de glaciers a successivement diminué, et que les debâcles printaniaires sont moins impétueuses, que l'histoire de nos jours le raconte.

5. Que des nouvelles îles ont apparu, et quelques continents devinrent plus larges; tandis que les îles et les continents de nos jours constateront une diminution de leur étendue.

Les savants seront donc forcés de rétirer nos cartes géographiques, comme inexactes dans les musées d'antiquités, et de dessiner des nouvelles cartes géographiques, d'après des nouvelles mésures géodésiques.

6. Que les organismes de plantes, et d'animaux ont subi certaines modifications. Les savants expliqueront ces changements, tantôt par la culture plus soignée, et par l'éducation plus rationelle; tantôt par les modifications climatiques. Parce qu'il est présumable, que la nivellation successive des montagnes et des vallées influera de rendre le olimat plus régulier. Avant tout on apercevra, que les poitrines respirant un air plus raréfié deviennent plus développées et plus larges. Mais cela ne doit surprende personne, parce que de nos jours les monta-

gnards ont le thorax d'une capacité plus grande, ayant à la fois l'avantage d'être des bons chanteurs.

7. Il est même possible, que la craniométrie prouvera, que les dimensions diffèrent de nos crânes actuels, comme ceux-ci diffèrent des crânes des troglodytes. Car il serait arrogant d'admettre, que malgré nos qualités et nos défauts, nous sommes la dernière, et la plus parfaite oeuvre de la création.

* *
*

Pourtant est ce que c'est possible, que le développement organique sur le globe marche toujours et sans cesse en avant vers le progrès?...

Probablement après des milliards d'années recommencera l'époque de rétrogradation. Mais jusqu'à ce temps là les phénomènes enumérés, et quelques autres encore deviendront de plus en plus perceptibles, et appréciables par les générations, qui viendront plusieurs millions d'années après nous jusqu'à la fin.

Et cette fin ?.....

Mais dormez tranquille lecteur, elle ne viendra pas de si-tôt, parce que c'est la Sagesse qui gouverne, c'est l'éternité qui agit.

TABLE DES MATIÈRES.

ERRATA.

page	ligne		Lisez.
2	10	cetet	cette
14	20	Zyrkel	Zirkel
15	19	lytine	lithine
19	1	= kilogr.	= 1781320 kilogr.
47	3	le	se
64	6	corumdums	corindons
78	18	itacumulite	itacolumite
80	1	ecculées	écoulées
103	30	nominée	nommée
119	8	dyabas	diabase
132	9	copulus	capulus
154	4	phucoides	fucoïde
191	7	segenaria	sagenaria
196	20	fusilina	fusulina
197	10	posydonomia	possydonomia
202	14	Sud-Wals	Sud-Wales
211	11	wanad	vanadium
214	6	le lasuli	l'azurite
216	14	modosaria	nodosaria
221	15	grevilia	gervilia
225	28	géogénesique	géogénique
226	28	igaunodons	iguanodons
230	2	trachites	trachytes
231	1	géogénesie	géogénie
232	10	arcos	arcose
235	7	pysolithe	pisolithe
240	18	dyatomées	diatomées
243	2	resinite	retinite
250	28	pholodonya, astrate	pholodomya, astarte

page	*ligne*		*Lisez.*
255	23	peudanées	pandanées
256	9	bibalves	bivalves
257	21	géotecthonique	géotectonique
261	26	Solhofen	Solenhofen
268	24	calkmarl	chalkmarl
272	5	megas	magas
288	24	**le printemps**	**l'automne**
301	26	le celestin	la célestine
306	22	glybtostrobus	glyptostrobus
307	12	turbiniola	turbinolia
308	8	crassitella	crassatella
318	12	Jurollo	Jorullo
327	5	Ulnach	Utznach
338	31	le tourmalin,	la turmaline
345	22	vesuvien	vésuviane
346	15	rabouteux	raboteux
346	28	tujau	tuyau
347	15	l'oligolase	l'oligoclase
347	20	le dolerite	la dolérite

www.ingramcontent.com/pod-product-compliance
Ingram Content Group UK Ltd.
Pitfield, Milton Keynes, MK11 3LW, UK
UKHW012007240726
13965UKWH00001B/212